百山祖国家公园龙泉片区
生态人文价值保护传承研究

鲁可荣　余英　叶飞◎编著

安徽师范大学出版社
ANHUI NORMAL UNIVERSITY PRESS
·芜湖·

图书在版编目（CIP）数据

百山祖国家公园龙泉片区生态人文价值保护传承研究 / 鲁可荣, 余英, 叶飞编著. -- 芜湖 : 安徽师范大学出版社, 2025.5. -- ISBN 978-7-5676-7254-3

Ⅰ. S759.992.553

中国国家版本馆 CIP 数据核字第 2025DR1701 号

百山祖国家公园龙泉片区生态人文价值保护传承研究　　　　鲁可荣　余　英　叶　飞◎编著
BAISHANZU GUOJIA GONGYUAN LONGQUAN PIANQU SHENGTAI
RENWEN JIAZHI BAOHU CHUANCHENG YANJIU

责任编辑：胡志立　吴顺安

装帧设计：张　玲　汤彬彬

责任印制：桑国磊

出版发行：安徽师范大学出版社

　　　　　芜湖市北京中路2号安徽师范大学赭山校区

网　　址：https://press.ahnu.edu.cn

发 行 部：0553-3883578　5910327　5910310（传真）

印　　刷：安徽新华印刷股份有限公司

版　　次：2025年5月第1版

印　　次：2025年5月第1次印刷

规　　格：787 mm×1092 mm　1/16

印　　张：18.75　　插　页：8

字　　数：327千字

书　　号：978-7-5676-7254-3

定　　价：128.00元

编委会

一、编委会组成人员

主　任　刘福明　林晓军

副主任　叶兰华　余　英　叶立新　沈庆华

成　员　叶　飞　马　毅　刘胜龙　余盛武　刘玲娟　瞿承伟　周伟龙

　　　　张　军　彭　辉

二、编撰人员

主　编　鲁可荣　余　英　叶飞

编写人员（按姓氏笔画排序）

　　　　万　莼　马　毅　王　丹　方万力　仲　妮　刘庆华　刘玲娟

　　　　刘胜龙　李美琴　李琳琳　余盛武　汪雪芬　张　军　陈真亮

　　　　陈雅妮　林雅静　季慧杰　周伟龙　周寒棣　郑海晶　钟祺裕

　　　　骆珍莎　彭　辉　蒋　培　鲁先锋　臧晓霞　瞿承伟

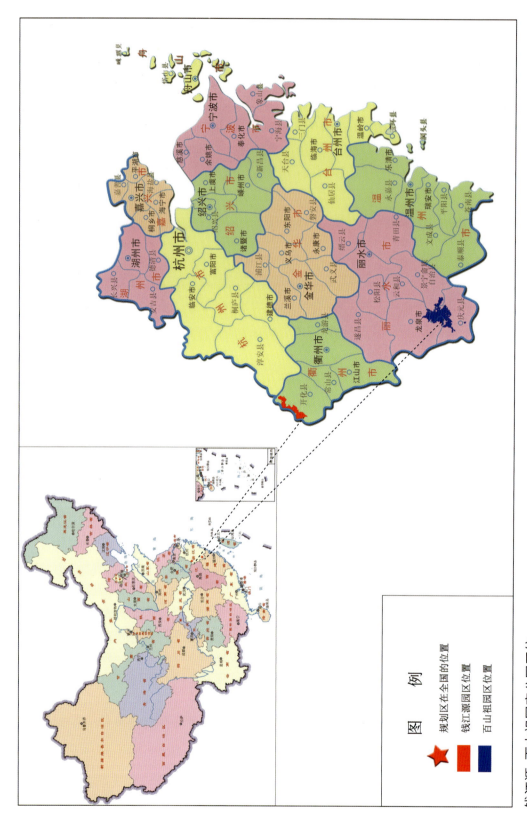

钱江源-百山祖国家公园区位

百山祖园区龙泉片区规划图

百山祖园区龙泉片区示意图

风云凤阳山（潘劲草）

大山深处藏古村

凤阳湖景色（黄一彦）

滚雪（张路明）

日出（范正欢）

凤阳尖佛光（张有钢）

将军岩（殷小明）

走马灵峰将军岩（胡友龙）

绝壁奇松之晨（陈水松）

春色山谷（陈水松）

峰顶观碑（钟鸣）

瓯江源头（刘胜龙）

周岱村风景

周岱村夜景（黄邦辉）

凤阳尖远眺

屏南风景（一）

黄茅尖

屏南风景（二）

云海梯田（鲁可荣）

兰巨乡风景

烧香岩

狮子岩

黑麂（温超然）

南方红豆杉（胡友龙）

凤阳山蛙类（宋世和）

| 武夷湍蛙 | 淡肩角蟾 | 天目臭蛙 |
| 阔褶水蛙 | 大绿臭蛙 | 棘胸蛙 |

娃娃鱼（陈士平）

小燕尾（王云梅）

白鹇（宋世和）

黄腹角雉（宋世和）

凤阳湖柳杉群（张路明）

猴头杜鹃（金成树）

大小天堂湿地（蔡道高）

椴木香菇（郑智豪）

屏南镇南垟村柳杉

屏南镇南垟村兰果树

屏南镇上畲村古树

龙南乡五星后岙柳杉

橙黄鹅膏菌

金星蕨科

长叶猕猴桃

兰巨乡灵芝谷

瑞垟水库（殷小明）

屏南镇南垟村除夕篝火活动

冬日山村（张有钢）

龙南乡下田村五显庙

凤阳庙会（殷小明）

凤阳庙外景（潘世国）

兰巨乡何氏宗祠

龙南乡安和村禹王庙

大庄村

均山村

屏南镇地畲村郭氏宗祠

屏南镇库粗坑村传统农耕器具

屏南瑞垟水库

屏南镇地畲村地兴廊桥

龙南乡传统建筑群落

龙南乡五星村柳家大屋

余家大屋

顺德桥（祝坚军）

屏南镇南垟村古道

屏南镇南垟村迎神节

屏南镇上畲村古道

屏南镇横坑头村甘井泉

民俗文化木偶戏

龙南乡建兴村马氏仙宫

民俗文化菇民戏

五显庙·菇源圣地

目　录

国家公园是我国自然生态系统最重要、自然景观最独特、自然遗产最精华、生物多样性最富集的部分，是中华大地的瑰宝。设立国家公园、建立健全以国家公园为主体的自然保护地体系和管理体制，是以习近平同志为核心的党中央站在实现中华民族永续发展的战略高度作出的重大决策，这对于推进自然生态保护、建设美丽中国、促进人与自然和谐共生具有重要意义。在高质量推进国家公园建设中，有必要加强国家公园生态人文调查与保护传承工作及其理论研究。本章主要分析国家公园研究背景及研究现状、百山祖园区龙泉片区生态人文价值研究对象及主要内容等，为全书的研究奠定理论与方法基础。

第一节　国家公园研究背景、现实意义及研究现状

本节对国家公园概念的提出及中国特色国家公园体制建设情况、百山祖园区龙泉片区生态人文价值研究的背景与现实意义、国内外关于国家公园研究现状进行阐释。

一、研究背景与现实意义

（一）国家公园概念的提出及中国实践

国家公园（National Park）是指由国家批准设立并主导管理，边界清晰，以保护具有国家代表性的大面积自然生态系统为主要目的，实现自然资源科学保护和合理

利用的特定陆地或海洋区域①。可以说，国家公园是自然保护地的"最高级"，保护强度、等级都是最高的。1832年，美国艺术家乔治·卡特林首次提出现代意义上的国家公园概念，旨在保护美国西部印第安文明、野生动物和荒野。1872年，美国建成世界上最早的国家公园——黄石国家公园。迄今为止，全世界已有100多个国家设立了国家公园。国家公园作为自然保护与可持续发展的典范，受到世界各国推崇，成为国际主流的自然保护地模式。

我国国家公园建设是"国之大者"，是生态文明建设的重大制度创新，是践行习近平生态文明思想的生动实践和重要成果。构建具有中国特色的国家公园体制，是习近平总书记亲自策划、部署并推动的国家重大战略。2013年11月，党的十八届三中全会首次提出要建立国家公园体制。2015年5月，国务院批转的发展改革委《关于2015年深化经济体制改革重点工作的意见》提出"在9个省份开展国家公园体制试点"，随后国家发展改革委等13个部门联合印发《建立国家公园体制试点方案》。2017年9月，中共中央办公厅、国务院办公厅印发《建立国家公园体制总体方案》。2019年6月，中共中央办公厅、国务院办公厅印发《关于建立以国家公园为主体的自然保护地体系的指导意见》，确立了国家公园在自然保护地体系中的主体地位，构建了国家公园制度体系的"四梁八柱"。全国已建立东北虎豹、祁连山、大熊猫、三江源、海南热带雨林、武夷山、神农架、普达措、钱江源-百山祖和南山10处国家公园体制试点，涉及浙江、青海、吉林、海南等12个省份，总面积约22万平方公里，占陆域国土面积2.3%。2021年10月12日，习近平主席在《生物多样性公约》第十五次缔约方大会领导人峰会上发表主旨讲话，宣布中国正式设立三江源、大熊猫、东北虎豹、海南热带雨林、武夷山等第一批5个国家公园。第一批国家公园正式设立，标志着我国已初步建成国家公园体系，而且国家公园建设开始迈入法治化、系统化的新发展阶段。这也表明，我国国家公园体制试点目标任务已基本完成，并在统一管理机构、健全法治保障、完善资金机制、强化技术支撑、推进共建共享、促进合作交流等方面取得了重要进展，为全面推进国家公园体制建设奠定了坚实基础。2022年9

---

① 2019年6月，中共中央办公厅、国务院办公厅印发《关于建立以国家公园为主体的自然保护地体系的指导意见》，规定"国家公园是指以保护具有国家代表性的自然生态系统为主要目的，实现自然资源科学保护和合理利用的特定陆域或海域"。

月，国务院批复《国家公园空间布局方案》，遴选出49个国家公园候选区，要求"到2035年，基本完成国家公园空间布局建设任务，基本建成全世界最大的国家公园体系"。按照《国家公园空间布局方案》，我国遴选了49个国家公园候选区，总面积约110万平方公里，这些区域分布着5000多种野生脊椎动物和2.9万余种高等植物，保护了80%以上的国家重点保护野生动植物物种及其栖息地。到2035年，我国将基本建成世界最大的国家公园体系，人与自然和谐共生的中国式现代化图景将更加壮美。

2023年12月27日，中共中央、国务院联合发布《关于全面推进美丽中国建设的意见》，明确规定"全面推进以国家公园为主体的自然保护地体系建设……到2035年，国家公园体系基本建成，生态系统格局更加稳定，展现美丽山川勃勃生机"。党的二十大报告中指出，中国式现代化是人与自然和谐共生的现代化。要加快完善落实绿水青山就是金山银山理念的体制机制。要完善生态文明基础体制，健全生态环境治理体系，健全绿色低碳发展机制。建立国家公园体制，是生态文明体制改革的一项重大制度创新，需要将自然生态系统最重要、自然景观最独特、自然遗产最精华、生物多样性最富集的自然生态空间纳入国家公园，实行严格保护。以生态文明理念引领国家公园建设，完善国家公园体制机制和法治保障体系，是把国家公园打造成为我国生态文明一张亮丽名片的重要保障。

（二）百山祖园区龙泉片区生态人文价值研究的现实意义

国家公园是凝聚人类不同文化与自然的特殊空间形态，承载着人类的乡愁与家园梦想。建立健全国家公园体制是我国推进自然生态保护、建设美丽中国、促进人与自然和谐共生的重大战略举措。国家公园的建设同时也是人与自然和谐关系的培育和构建，拥有着丰富深刻的时代内涵。我国国家公园是将中华优秀传统文化和民族文化同自然景观相融合的建设模式，如何将文化传承、保护和宣传融入自然景观，对国家公园管理体制提出了更高的要求。因此，在高质量推进国家公园建设中，必须要加强对国家公园生态人文调查与保护传承工作。

百山祖园区位于浙江省丽水市南部的龙泉、庆元、景宁三县（市）交界地区，拥有丰富的生态资源和悠久的历史文化，具有代表性、完整性、原真性、典型性等特征，具有生态文明、科考研究、绿色发展、民生改善以及文化保护传承等核心价值。龙泉片区作为百山祖园区的主体部分，面积占比最大，是核心保护区。

自 2018 年百山祖园区正式启动创建工作以来，百山祖园区龙泉片区以实际行动遵循并践行"国家公园就是尊重自然"，坚定不移贯彻落实"坚持生态保护第一，统筹保护和发展，实现生态保护、绿色发展、民生改善相统一"，以"国家公园+"模式开展片区生态人文资源的多元价值保护及传承工作，创新推出了"国家公园+全域联动""国家公园+数智化治理""国家公园+地役权改革""国家公园+绿色金融""国家公园+森林碳汇""国家公园+促农就业"等系列"国家公园+"创新实践。百山祖园区的设立和发展，是浙江省乃至全国生态文明建设的重要成果，不仅体现了国家对生态环境保护的重视，也展示了浙江省委、省政府在推进生态文明建设中的积极探索和实践创新。通过科学合理的总体规划和功能分区，百山祖园区得以在保护生态环境的同时，兼顾地方经济发展和社会福祉，实现了生态保护与经济发展的双赢。

党的二十届三中全会指出，要全面推进以国家公园为主体的自然保护地体系建设，落实生态保护红线管理制度，健全山水林田湖草沙一体化保护和系统治理机制，建设多元化生态保护修复投入机制。要强化生物多样性保护工作协调机制，健全生态产品价值实现机制，推进生态综合补偿，健全横向生态保护补偿机制。2024 年 8 月，中共浙江省委、省政府印发的《关于全面深化美丽浙江建设的实施意见》指出，要筑牢省域自然生态屏障，建立以国家公园为主体的自然保护地体系，积极争创钱江源–百山祖国家公园和南北麂列岛国家公园。因此，在高质量推进百山祖园区建设中，为了进一步加强百山祖园区龙泉片区建设，迫切需要通过对龙泉片区的生态人文资源及其多元价值开展深入调查，系统梳理分析钱江源–百山祖国家公园龙泉保护中心（以下简称为龙泉保护中心）开展的生态人文多元价值保护传承工作创新成效，探索加强对龙泉片区生态人文多元价值挖掘利用与创新发展的政策建议和实施路径，充分发挥国家公园在推动生态保护与优秀文化传承创新、社会发展、山区共同富裕等融合发展中的作用，促进人与自然和谐共生的现代化。

二、国内外关于国家公园的相关研究现状

（一）国内外关于国家公园研究的总体情况

从发展起源上看，国家公园是近现代世界各国自然保护运动的产物。1872 年，美国设立世界最早的国家公园——黄石国家公园。经过 150 多年的发展，全世界已有 100 多个国家设立了 6000 余处风情各异、规模不等的各类国家公园，逐步建立起具有各国特色的国家公园系统。我国于 2015 年开展国家公园体制试点，2021 年正式设立第一批 5 个国家公园，2022 年又遴选了 49 个国家公园候选区，正在建设世界上最大的国家公园体系。

随着《生物多样性保护公约》、世界自然保护联盟国家公园和保护区委员会等被引介到国内，以及第一届东亚地区国家公园和保护区会议在北京召开，国家公园逐渐开始得到国家和社会各界重视。截至 2024 年 10 月，以"国家公园"为主题，根据中国知网数据库检索结果，1992—2024 年关于国家公园研究的文献有 26566 条。其中，哲学与人文科学、社会科学、经济与管理科学领域的核心、CSSCI、CSCD、SCI、EI 来源期刊等文章共 1674 篇，相关的硕士博士论文共 1204 篇。

学界研究侧重点主要围绕国家公园、国家森林公园、国家公园体系、生态旅游、生态保护、生态系统服务、国家公园管理、生态文明建设、自然保护地、社区参与、文明遗产保护等方面，主要主题分布情况如图 1-1 所示。

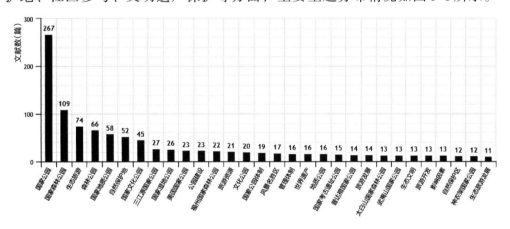

图 1-1　国家公园研究的主要主题分布（1992—2024）

在学科分布方面，主要有旅游、环境科学与资源利用、文化、农业经济、资源科学、林业、考古、世界历史、地理、企业经济、体育等学科。其中，旅游、环境科学与资源利用、文化三个学科的研究成果排名前三。随着国家公园体制改革试点工作的深入推进，国家公园实践经验逐渐增多，部分学者开始将研究方向转移到国家公园体制和法治体系构建、自然资源与文化资源的开发利用政策制度等方面。

（二）关于"国家公园就是尊重自然"重要论述的研究情况

建立健全中国特色国家公园体制，是习近平总书记亲自谋划、亲自部署、亲自推动的"国之大者"。2005年8月11日，时任浙江省委书记的习近平在凤阳山考察调研，提出了"国家公园就是尊重自然"的重要论述，称赞"凤阳山真是一幅山水大画卷。中国的山水画讲究高远、深远、平远，在这里都看到了"，叮嘱丽水"加强生态保护，尽量维持自然景观风貌"。这是有视频资料记载的习近平总书记最早提出"国家公园就是尊重自然"的讲话。2007年，时任浙江省委书记的习近平在龙泉考察提出要"发挥护林员、国家公园管理员、野生动物保护员作用"，为"三员管护"制度，为自然保护地的网格化、精准化治理指明了方向。"国家公园就是尊重自然"的重要论述实际上是习近平生态文明思想的早期萌发和重要组成部分。2017年以来，丽水结合浙江（丽水）绿色发展综合改革创新区建设，率先开展国家公园设立标准的试验检验，先行先试、创新探索，提出设立方案，全面深入地试验检验了国家公园设立程序和设立标准，为今后其他国家公园创建探索出一条新路径。2020年1月，国家公园管理局发函，按"一园两区"思路，将钱江源国家公园与浙江凤阳山-百山祖国家级自然保护区等区域整合为一个国家公园。2020年9月，钱江源-百山祖国家公园百山祖园区通过国家公园体制试点评估验收，国家公园创建"丽水样本"荣膺"中国改革2020年度十佳案例"。2021年9月，百山祖园区正式加入中国生物圈保护区网络。

在上述如此众多的研究文献当中，全文提到"国家公园就是尊重自然"重要论述的文献较少，只有《国家公园就是尊重自然》①、《以"丽水样本"

---

① 赵泰州.国家公园就是尊重自然[N].丽水日报,2020-09-10(01).

展示"重要窗口"——浙江丽水创建国家公园的实践与思考》①、《国家公园科学保护与生态旅游高质量发展——理论思考与创新实践》②等不到30篇文献。其中，赵泰州、胡敏、李步前等的文章是最早报道和研究阐释该论述的文献。这些文献的研究关键词涉及百山祖、丽水市、国家公园、钱江源、共同富裕、绿水青山、尊重自然、国家公园体制、生物多样性等。

截至2024年10月，以"国家公园就是尊重自然"为题，根据中国知网数据库的检索结果显示，相关文献共27篇，相关的期刊论文2篇，相关的硕士论文1篇③。丽水市2020年政府工作报告第一次提及该论述。相关报纸和年鉴中出现"国家公园就是尊重自然"字样的共25篇，主要集中在《丽水日报》《丽水年鉴》《中国改革年鉴》，但都缺乏系统性阐述。相关媒体报道只有2020年11月25日在丽水召开的"国家公园就是尊重自然"重要论述研究座谈会。

在国家社会科学基金项目中，含有"国家公园"的共55项，浙江学者的研究项目共2项，为张海霞的"共同体视域下国家公园促进人与自然和谐共生机制研究"（编号20BGL151，一般项目）、周彬的"国家公园游憩利用的生态风险评价与监管机制研究"（编号19BJY205，一般项目）。在紧密相关的省部级课题研究方面，主要为浙江农林大学生态文明研究院陈真亮教授主持的浙江文化研究工程"循迹溯源"专项课题"国家公园就是尊重自然"。

总之，相对于国家和浙江省级层面自然科学与人文社科科研项目在"生物多样性""自然保护地"等领域立项已取得的研究成果，"国家公园"甚至"国家公园就是尊重自然"方面的科研立项较少，主要体现在科研项目数量偏少、关键领域资助力度不足、科研力量区域分布不均、跨机构协同合作有待加强等方面。为积极稳妥推进国家公园保护地建设事业，必须继续发挥浙江大学在国家公园相关领域的原始创新作用，引领浙江省在这一领域的科技创新风潮，同时浙江农林大学、丽水学院、衢州学院等可以结合各自办学特

① 胡敏,李步前.以"丽水样本"展示"重要窗口"——浙江丽水创建国家公园的实践与思考[J].绿色中国,2021(1):32-39.

② 章锦河,苏杨,钟林生,等.国家公园科学保护与生态旅游高质量发展——理论思考与创新实践[J].中国生态旅游,2022(2):189-207.

③ 汤肖曼.百山祖国家公园符号体系构建与应用研究[D].兰州:西北师范大学,2022.

点，在国家公园研究领域实现特色化、差异化发展。此外，还要建好建强浙江省生态文明智库联盟等合作载体，加强高校研究机构之间的技术交流以及政策制度建设合作。

（三）关于国家公园管理、资源开发利用的研究情况

第一，在国家公园管理体制研究方面主要有三种方向。一是侧重于比较法研究加以分析域外的成功经验，为我国建立国家公园管理体制建言献策。有分别分析或融合分析美国[①]、韩国、巴西、法国、日本等域外地区从其建设策略、管理目标、法律制度、具体做法、资金保障，借鉴其成功经验且立足于本国国情，主要有协调管理机构、提升管理效率，优化资金管理、拓宽收益渠道，加强生态保护、打造品牌效应，促进和谐旅游、深化社会参与、建立完整的自然保护地法律体系等措施以发展我国国家公园管理体制的新路径。该类文章的特点是从国家公园管理体制整体进行研究，缺乏对具体要素的描述，例如如何协调管理机构、如何优化资金管理等没有更加详细的探究。二是侧重于国内已有的国家公园具体试点工作进行总结和类型化研究，对青藏高原国家公园群[②]、祁连山国家公园[③]、海南热带雨林国家公园[④]、神农架国家公园[⑤]、大熊猫国家公园[⑥]、东北虎豹国家公园[⑦]的管理体制建设进行研究，认为创新了管理体制，如中央垂直管理和央地协同的体制机制、垂直管理体系、扁平化管理体系、地方管理体系等模式，但该类文章部分只提及国家公园管理体制，缺乏对管理体制系统性阐述。三是侧重于国家公园管

---

① 高科.1916年《国家公园局组织法》与美国国家公园管理的体制化[J].史学集刊,2017(5):95-107.

② 陈东,王亚飞,吴登生,等.青藏高原国家公园群建设的体制机制[J].中国科学院院刊,2024(2):241-249.

③ 温煜华.祁连山国家公园发展路径探析[J].西北民族大学学报(哲学社会科学版),2019(5):12-19.

④ 龙文兴,杜彦君,洪小江,等.海南热带雨林国家公园试点经验[J].生物多样性,2021(3):328-330.

⑤ 谢宗强,申国珍.神农架国家公园体制试点特色与建议[J].生物多样性,2021(3):312-314.

⑥ 李晟,冯杰,李彬彬,等.大熊猫国家公园体制试点的经验与挑战[J].生物多样性,2021(3):307-311.

⑦ 徐卫华,臧振华,杜傲,等.东北虎豹国家公园试点经验[J].生物多样性,2021(3):295-297.

理体制中个别要素的研究，如自然资源管理体制[1]、执法体制[2]、体制改革[3]、管理权[4]、单位体制建设等。在上述文献中，大多言及存在管理体制不协调、"人地"约束和"钱权"体制矛盾、改革模式未制度化、央地政府间事权划分不合理等问题，当然也有少数学者如秦天宝[5]、赵西君[6]等人对国家公园管理体制进行研究，但多以某一视角进行阐述。

第二，在国家公园政策制度研究方面，学界开始从个别制度研究趋向制度体系集成研究。例如《国家公园体制比较研究》（中国林业出版社，2005）、《国家公园建设中的核心法律问题研究》（辽宁大学出版社，2000）、《国家公园法律制度研究》（法律出版社，2023）、《以国家公园为主体的自然保护地体系立法研究》（中国社会科学出版社，2023）等。以"国家公园政策制度"为关键词搜索，根据中国知网数据库检索结果共有149篇，其中学位论文82篇。第二关键词有"特许经营政策""风景资源保育政策""草原补奖政策""生态补偿政策""产业融合政策""资源资产产权制度""国土空间开发保护制度""空间规划体系""生态文明绩效评价和责任追究制度""严格保护管理制度"等。在国家公园特许经营政策方面，相关研究表明，合理引入市场机制可以提高资源利用效率，但同时必须确保商业活动不会损害生态系统的完整性。王天蔚、刘锐强调了建立严格准入标准的重要性，并建议通过签订长期合同来保障经营者与管理者之间的合作关系稳定[7]。生态补偿政策是另一重点研究领域，有效的生态补偿不仅能够直接改善当地居民的生活条件，还能激发他们参与生态保护的积极性。然而，张瑞萍、曾雨认为，目

① 朱仕荣,卢娇.美国国家公园资源管理体制构建模式研究[J].中国园林,2018(12):88-92.

② 苏巧红,王楠,苏杨.三江源国家公园执法体制改革经验及其可复制性[J].生物多样性,2021(3):304-306.

③ 丁姿,王喆.生态安全观视域下国家公园管理体制改革问题研究——以三江源国家公园为例[J].青海社会科学,2021(2):28-36.

④ 汪劲.中国国家公园统一管理体制研究[J].暨南学报(哲学社会科学版),2020(10):10-23.

⑤ 秦天宝,刘彤彤.央地关系视角下我国国家公园管理体制之建构[J].东岳论丛,2020(10):162-171,192.

⑥ 赵西君,李佐军.国家公园管理体制下的旅游发展模式研究[J].江淮论坛,2019(1):31-36.

⑦ 王天蔚,刘锐.我国国家公园特许经营制度的价值、现存问题与发展建议[J].林草资源研究,2023(6):8-17.

前的补偿标准往往偏低，不足以覆盖因保护措施而产生的经济损失，因此需要进一步优化补偿方案以实现更加公平合理的利益分配①。此外，自然资源资产管理与权属界定也是讨论的热点话题。清晰界定土地所有权和其他自然资源权利，有助于简化管理流程并减少潜在冲突。凌威、王雅萱提出，应借鉴国外经验，探索实施更为灵活的土地使用权转让机制，从而促进资源共享与公平分配②。国土空间规划与区域协调发展同样受到广泛关注。唐小平认为，构建科学合理的空间规划体系是指导国家公园内各项活动开展的关键所在③。跨行政区划的合作模式被认为是一种解决单一管辖范围内局限性的有效途径，但学界普遍认为实际操作中仍面临诸多挑战，比如不同地区间经济发展水平差异大等问题亟待解决。上述关于国家公园政策制度研究成果多为对第二关键词有所侧重，但国家公园人文资源相关政策制度相关研究文献较少，说明该领域研究和实践亟待深入。

第三，在国家公园自然与人文资源开发利用方面，学界开始从以往的重自然资源开发利用研究转向自然与人文资源开发利用并重研究。纵观我国其他国家公园，如武夷山国家公园不仅自然景观堪称一绝，人文历史资源更是丰富多彩、底蕴深厚。以"国家公园""自然与人文资源开发利用"为关键词进行搜索，检索结果为0篇；以"国家公园""自然"和"人文"为关键词进行搜索，相关的文献仅为2篇④，但这两篇文章都是从立法的角度对自然和人文遗迹保护提出完善路径。扩大关键词，则出现"国家文化公园"的主题。该类文章虽然提到自然与人文资源，但多数集中在如何将这些遗产融入旅游产品设计之中，使其成为吸引游客的独特卖点。此外，也有不少研究聚焦于非物质文化遗产的传承与发展，如传统手工艺、民俗文化等，并探索其与现代生活方式相结合的可能性。如果是讨论将人文资源融入旅游产品中

---

① 张瑞萍,曾雨.国家公园生态补偿机制的实现——以利益相关者均衡为视角[J].广西社会科学,2021(9):118-123.

② 凌威,王雅萱.国家公园自然资源资产管理体制优化探讨[J].林业资源管理,2023,(4):11-17.

③ 唐小平.国家公园规划制度功能定位与空间属性[J].生物多样性,2020(10):1246-1254.

④ 岳小花.中国自然与人文遗迹保护立法的现状、反思与完善路径[J].河北法学,2020(1):165-182.岳小花.生态环境法典中的自然与人文遗迹保护:立法缘由和文本安排[J].江淮论坛,2024(3):89-97.

去，由此类推有关"生态产品价值实现"的研究也可能提及国家公园自然与人文资源开发利用研究方面，而这类研究侧重以经济学的角度讨论文化遗产地转化为旅游价值的生态产品，如常谕、孙业红等从农户视角探讨了农业文化遗产地生态产品的旅游价值的实现路径①。综上所述，如何在将文化传承、保护和宣传融入自然景观的背景下，对于国家公园自然景观、人文历史和生态保护一体化研究提出了更高的要求，有研究关注到整体性保护和一体性保护，但如何促进生态环境与文化遗产协同保护与并重发展还缺乏系统的阐述。

（四）对国内外研究现状的评价

以往相关研究为本研究提供了理论基础和启发，但还有待加强以下三方面研究：

第一，有待开展更加系统、全面的"国家公园就是尊重自然"的"循迹溯源"研究。专家学者们围绕"国家公园"开展了大量研究，但是对习近平总书记关于"国家公园就是尊重自然"重要论述，且聚焦百山祖园区的研究文献还相对较少。2020年11月5日在丽水召开"国家公园就是尊重自然"座谈会之后，目前学界还没有系统性的研究成果出版。因此，有待深入探讨包括"国家公园就是尊重自然"重要论述在内的习近平生态文明思想、习近平法治思想及其对浙江省以国家公园为主体的自然保护地体系建设的指引意义，以及钱江源-百山祖国家公园法治保障体系的生动实践。

第二，有待全面总结和深入研究钱江源-百山祖国家公园的"一园两区"试点和管理体制创新的阶段历程、典型实践、主要成效和经验启示，并阐释其生态人文调查与保护传承方面的实践创新做法及其理论实践意义，为未来的《国家公园法》《自然保护地法》等国家立法以及浙江省地方专门立法要在"生态人文主义"导向下统筹推进国家公园和国家文化公园的建设和保护提供实践经验。进言之，要坚持尊重自然、注重人文、保护发展并重等原则，加强钱江源-百山祖国家公园的生态人文资源调查或普查，提出高水平推进国家公园建设的政策建议及实施路径，形成可复制可推广的丽水（乃至

---

① 常谕,孙业红,杨海龙,等.农户视角下农业文化遗产地生态产品的旅游价值实现路径——以广东潮州单丛茶文化系统为例[J].资源科学,2023(2):428-440.

浙江）经验与政策制度启示。

第三，有待加强生态人文调查与保护传承机制，法治保障体系完善，以及相关地方性法规立法建议等方面的研究。国家公园生态人文资源开发利用正处于快速发展阶段，同时也面临着诸多挑战。就钱江源－百山祖国家公园来看，应当创新研究角度、注重实证分析，深入探讨不同情境下的生态人文价值保护传承最优方案和保障体系建设，深入推进国家公园生态人文资源开发利用并重与创新实践，从而更好地促进生态人文资源的一体化保护与传承，实现人与自然和谐共生的可持续发展。

第二节　百山祖园区龙泉片区
生态人文价值研究对象及主要研究内容

一、调查研究对象

根据《百山祖国家公园全域联动发展规划（2021—2025年）》，构建百山祖园区"保护控制区＋辐射带动区＋联动发展区"三层联动格局，主要涉及龙泉市屏南镇、龙南乡、兰巨乡、查田镇、小梅镇、安仁镇、塔石街道7个乡镇（街道）。其中，百山祖园区保护控制区涉及龙泉片区面积为24906.61公顷，占49.29%，是核心保护区；辐射带动区涉及龙泉市兰巨乡国家公园入口和兰巨乡、屏南镇、龙南乡特色乡镇；联动发展区涉及龙泉市查田镇、小梅镇、安仁镇、塔石街道四个外围乡镇、街道。本项目主要以百山祖园区龙泉片区核心保护区范围内的屏南、龙南、兰巨3个乡镇14个行政村、37个自然村①的生态人文资源为调查研究对象（表1-1）。其中，涉及屏南镇8个行政村23个自然村，龙南乡4个行政村8个自然村，兰巨乡2个行政村6个自然村。

---

　① 此处的自然村是指2019年撤并前的行政村，下同。

表1-1　百山祖园区龙泉片区涉及乡镇、行政村和自然村名单

乡镇	行政村	自然村	乡镇	行政村	自然村
屏南镇	周铺垟村	南垟村	屏南镇	顺合村	竹蓬后村
		砩铺村		坪田村	库粗坑村
		周岱村			坪田李村
	瑞垟村	杉树根村			坪田叶村
		横坑头村	龙南乡	建兴村	上兴村
		瑞竹垟村			大庄村
	瓯江源村	干上村			叶村村
		南溪口村		凤阳村	安和村
		南溪村			兴源村
		东山头村		龙溪村	双溪村
	金何村	横溪村			龙案村
		金龙村		五星村	五星村
		均何村	兰巨乡	大赛村	大赛村
	均溪村	均益村			官田村
		金林村			梅地村
		均山村		官埔垟村	官埔垟村
		梧树垟村			炉岙村
	合兴村	塘山村			空坑头村
	顺合村	垟顺村	—	—	—

此外，考虑到百山祖园区龙泉片区生态人文资源类型的复杂性及其文化传承的延续性和扩展性，尤其是关于基于森林资源形成的森林生态文化、农耕资源形成的乡村传统文化、地质资源形成的宝剑青瓷文化以及红色文化等，不仅仅存在于龙泉片区的核心保护区域，也在辐射带动区和联动发展区有多样化的呈现、传承及发展。因此，为了实地调查研究的完整性和科学

性，本项目将上述属于辐射带动区和联动发展区范围内的相关生态人文资源和文化类型也纳入研究中。

二、研究的实施方案及主要内容

（一）研究实施方案

1.实地调研，编制研究方案（2024年9—10月）

（1）依托浙江农林大学相关专业师资力量，成立项目组，拟定项目调查提纲。

（2）采用关键人物访谈、小组座谈会和典型案例调查等方法，开展实地调研，收集相关数据资料。

（3）在此基础上，编制《百山祖园区龙泉片区生态人文调查与保护传承方案》，提交项目委托方开展项目评审鉴定。

2.相关数据资料应用于龙泉片区数字孪生系统（2024年11月）

系统整理龙泉片区具有典型代表性的动物资源、植物资源、人文资源等相关生态人文资源和数据，采取图片和文字资料等丰富多彩的形式，将相关数据应用于龙泉片区数字孪生系统中。

3.研究最终成果出版（2024年12月至2025年6月）

（1）在编制完成《百山祖园区龙泉片区生态人文调查与保护传承方案》的基础上，结合专家组评审意见，进一步修改完善，形成符合出版要求的专著初稿。

（2）2024年12月，开始开展编辑撰写工作。2025年1月，将书稿提交给出版社。

（二）实地调研过程

第一次调研。2024年9月下旬，调研团队先后前往丽水市钱江源-百山祖国家公园百山祖管理局、龙泉保护中心、龙泉市林业局、龙泉市农业农村局、龙泉市水利局、丽水市生态环境局龙泉分局、龙泉市住房和城乡建设局、龙泉市文化和广电旅游体育局、龙泉市青瓷宝剑产业局、龙泉市发展和改革局、龙泉市金融发展中心、龙泉市文物保护中心等职能部门走访座谈，并收集相关资料。

第二次调研。2024年9月下旬至10月下旬，先后2次深入龙泉片区规划范围内的屏南镇、龙南乡、兰巨乡以及毗邻的安仁镇、小梅镇、查田镇等地开展生态人文资源及价值传承创新实践的实地调查，通过对当地乡镇政府、村干部、普通村民以及保护站工作人员等进行访谈，获得了大量的数据资料，为研究百山祖园区龙泉片区生态人文资源的保护传承提供有力的支撑。

（三）主要研究内容

第一章绪论。内容主要包括：研究背景与意义、文献综述、调研对象及实施方案等。

第二章百山祖园区概况及生态人文资源现状。内容主要包括百山祖园区总体概况（面积、区域、建设过程、行政管理架构、主要工作和成绩亮点等），百山祖园区地质资源、水系资源、生物资源、农耕资源、红色资源等生态人文资源现状。

第三章百山祖园区龙泉片区生态人文资源类型及主要文化。主要围绕百山祖园区龙泉片区的生态人文等相关资源进行梳理分析，主要包括百山祖园区龙泉片区概况、生态人文资源主要类型及其形成的相关文化。

第四章百山祖园区龙泉片区生态人文资源价值。结合第三章关于龙泉片区生态人文资源及文化主要类型的梳理，分析提炼相应的生态人文价值，即生态环境保护价值、绿色发展与山区共同富裕价值、文化传承传播与特色产业融合发展价值、红色教育与文旅融合发展价值。

第五章百山祖园区龙泉片区生态人文资源价值保护传承实践。主要包括：以"国家公园+全域联动"推动生态人文资源价值系统性保护，赋能山区共同富裕；以"国家公园+地役权改革"促进生态人文资源价值统一高效管理；"国家公园+数智化治理"赋能生态人文资源价值有效保护；"国家公园+绿色金融"赋权生态资产"促就业增收"；"国家公园+森林碳汇"创造生态产品价值转化"增长点"。

第六、七、八章分别分析龙泉片区屏南镇、龙南乡和兰巨乡生态人文资源价值保护传承的典型实践，内容主要包括各乡镇概况及生态人文资源保护传承实践，各行政村概况以及龙泉片区辖区内的自然村生态人文价值保护利用情况。

第九章百山祖园区龙泉片区生态人文价值保护传承的政策建议及实施路径。

丽水市政府以及百山祖园区以保护为主，久久为功，推进一系列"国家公园+"的体制机制创新，为将百山祖园区打造成全国独一无二的国家公园，献出了坚毅笃行的"丽水之干"。近年来，百山祖园区推出生态物种多样性循环系统、生态修复工程、稀有濒危动植物保护及生物多样性科研监测、科普教育、文化体验、数字化管理等基础设施建设项目，以现代信息技术与公园业务的融合创新，全力建设国家公园数字生命共同体，综合保护园区生物多样性和文化多样性。本章主要对百山祖园区概况进行梳理，并基于调查对其生态人文资源现状进行总体上的考察和分析。

第一节　百山祖园区概况

百山祖园区是中亚热带常绿阔叶林生态系统的典型代表，是生物多样性异常丰富、珍稀濒危物种集聚度极高的区域，是中国野生大型真菌种质资源重要分布区，是中国东部经济发达地区少有的近自然生态系统，是同纬度地区山地立体气候特征最为明显的区域。本节拟对百山祖园区基本情况、区域划分、建设过程、主要成绩等进行阐释。

一、百山祖园区基本情况及区域划分

（一）基本情况

百山祖园区是钱江源–百山祖国家公园的重要组成部分，位于浙江省丽水市辖区内龙泉市、庆元县和景宁畲族自治县三县（市）交界处，是长三角地区重要的生态

安全屏障。其地理坐标为：东经118°57′49″—119°22′9″，北纬27°32′25″—27°58′28″。钱江源-百山祖国家公园百山祖园区以浙江凤阳山-百山祖国家级自然保护区所在区域为核心，涉及龙泉、庆元、景宁三县（市）10个乡镇（街道）和庆元林场、万里林场、永青林场、凤阳山管理区等4个林场（管理区）、10个林区。其中，龙泉片区面积24906.61公顷，占49.29%；庆元片区面积20506.00公顷，占40.58%；景宁片区面积5116.85公顷，占10.13%[①]。百山祖园区整合了原凤阳山-百山祖国家级自然保护区、庆元国家森林公园、庆元大鲵水产种质资源保护区等自然保护地及其周边优质自然资源，并于2020年开始按照"一园两区"模式，与钱江源国家公园整合为一个国家公园列入首批国家公园体制试点。

百山祖园区遵循"三区改两区"的功能分区原则和规划要求，分为核心保护区和一般控制区。其中，核心保护区26145.32公顷，占总面积的51.77%。这一区域是生态系统最为完整、生物多样性最为丰富的地带，严格限制人类活动，以保护自然生态系统的原真性和完整性。一般控制区24360.33公顷，占总面积的48.23%。这一区域相对开放，允许适度的生态友好型活动，如生态旅游和科学研究[②]。百山祖园区地形复杂多样，年平均气温因海拔差异而显著不同，低海拔的河谷城区（400米以下）年平均气温为16.5—17.9℃，低山地区（400—800米）为15.0—16.1℃，中山地区（800—1500米）为11.5—14.0℃，而高山地区（1500—1929米）则为9.3—11.1℃。这种显著的海拔和气候差异为园区内丰富的生物多样性提供了得天独厚的自然条件。

（二）区域划分

《百山祖国家公园全域联动发展规划（2021—2025年）》提出，按照园内园外差异联动，做好功能分区和串珠成链，构建全市域共建共享国家公园的格局。以保护标准统一为前提，以连接交通网络构建为基础，以品牌共享为核心，构建"保护控制区+辐射带动区+联动发展区"三层级全域联动发展

---

① 参见《钱江源-百山祖国家公园总体规划（2020—2025年）》。

② 参见《百山祖国家公园全域联动发展规划（2021—2025年）》。

格局[1]。

1.百山祖园区保护控制区

百山祖园区保护控制区包括核心保护区和一般控制区。一是将生态环境最优良，水源涵养、水土保持、生物多样性维护等服务功能最突出，珍稀濒危动植物重要栖息地等划为核心保护区，是维护自然生态系统功能发挥最关键的区域。核心保护区原则上禁止人为活动，实行最严格的生态保护和管理。要求保护自然生态系统的完整性和原真性，维护生态系统的自然状态，提升生态系统的服务功能；通过人工辅助自然恢复，逐步恢复百山祖冷杉原生境的植物群落；严格保护黑麂等珍稀濒危野生动物栖息地，确保珍稀濒危野生动物种群稳定发展。二是将村屯等集中居住地、耕地、竹林、经济林、已有景区等人类活动区域，以及适于开展生态教育、自然体验、生态旅游等区域划为一般控制区。以村镇、耕地、竹林、经济林等人类活动区域为主，除计划搬迁外，现有村庄居民点划入一般控制区。同时，基于现状，遵循一般控制区适度开发原则和限制人为活动原则，通过特许经营等方式，以自然资源、人文资源和生态系统保护为前提，将适于开展生态教育、自然体验、生态旅游等区域也适当划入。通过必要的生态环境保护措施，逐渐恢复自然生态系统原貌，稳步提升森林质量，提升生态系统服务功能。

2.百山祖园区辐射带动区

该区块以国家公园外围入口社区为核心地带，是国家公园品牌价值转化的主阵地和先行区，是百山祖园区高质量绿色发展圈的核心地带，重点突出旅游服务、休闲康养、文化创意等功能。结合区块内各地发展条件，谋划提出"一环三心两站十镇五十村"项目体系。辐射带动区以国家公园入口社区为依托，打造一批国家公园文旅休闲区，构建形成环国家公园产业带。

3.百山祖园区联动发展区

该区块包括以丽水市区、龙泉、庆元、景宁为范围的一级联动区和以青田、莲都、缙云、云和、遂昌、松阳为范围的二级联动区。以全域共建理念统筹推进国家公园建设。将丽水市全域国家公园以外的区域作为联动发展区，谋划提出"一廊一带一极一站多点"联动发展区格局体系，整合全市域优质资源，形成全域支撑国家公园建设，国家公园引领全域保护发展的良性

---

[1] 参见《百山祖国家公园全域联动发展规划（2021—2025年）》。

互动机制。

二、百山祖园区建设过程与管理体系

(一)百山祖园区建设过程

早在 2005 年 8 月，时任中共浙江省委书记习近平在龙泉凤阳山考察时称赞"凤阳山是代表浙江的山，真是一幅山水大画卷，中国山水画讲究高远、深远、平远，在这里我都看到了"，并首次提出了"国家公园就是尊重自然"的重要理念。2006 年 7 月，习近平在丽水调研时，鲜明地提出了"绿水青山就是金山银山，对丽水来说尤为如此"，丽水"守住了这方净土，就守住了'金饭碗'"，并提出设立护林员、国家公园管理员、野生动物保护员等"三员"设想。2013 年，党的十八届三中全会指出要"建立国家公园体制"，拉开了我国国家公园建设的历史序幕①。

2015 年 1 月，国家发展改革委等 13 部委共同印发了《建立国家公园体制试点方案》，将钱江源区域列为国家公园体制试点区之一。2020 年 1 月，国家公园管理局致函浙江省，建议凤阳山-百山祖等区域按"一园两区"思路与钱江源国家公园整合为一个国家公园，并于 2020 年试点结束前一并验收。2020 年 3 月，丽水市召开百山祖园区创建攻坚部署会，开启建设国家公园新征程。2020 年 8 月，顺利完成国家公园集体林地地役权改革工作，《钱江源-百山祖国家公园总体规划（2020—2025 年）》通过专家评审，于 2020 年 9 月与国家公园体制试点单位一并通过验收。在未列入首批国家公园体制试点以及国家层面不再新增试点的背景下，丽水成功跻身国家公园试点，实现了"变不可能为可能"。

在省级层面，浙江省委、省政府坚决贯彻上级的决策部署，忠实践行"八八战略"，奋力打造"重要窗口"，大力支持和助推百山祖园区建设。2017 年，浙江省提出以"国家公园+美丽城市+美丽乡村+美丽田园"打造大花园最美核心区。同年，丽水市委市政府按照省第十四次党代会"培育新引

---

① 侯晓丽、沈佳慧、贾若祥，等.我国国家公园发展历程、存在的问题及政策建议[J].区域经济评论，2023(6)：136-143.

擎，建设大花园"的部署，开始谋划以凤阳山-百山祖国家级自然保护区为基础创建国家公园。2018年，设立全国首个国家公园设立标准试验区。2019年10月，浙江省政府提出钱江源-百山祖国家公园"一园两区"架构。2020年9月，钱江源-百山祖国家公园创建"丽水样本"荣膺"中国改革2020年度十佳案例"。2021年1月，浙江省政府工作报告明确提出，推进钱江源-百山祖国家公园创建。2021年12月，丽水市人民政府办公室印发《百山祖国家公园全域联动发展规划（2021—2025年）》，丽水市林业局（丽水市森林碳汇管理局）、钱江源-百山祖国家公园百山祖管理局正式挂牌成立。

2022年1月，钱江源-百山祖国家公园符合性认定报告、社会影响评估报告、设立方案等三项国家公园设立技术报告通过专家评审。2023年2月，钱江源-百山祖国家公园百山祖园区正式获得"中国生物圈保护区网络（CBRN）成员证书"。百山祖园区的加入，标志着钱江源-百山祖国家公园整体加入中国生物圈保护区网络。

（二）百山祖园区管理体系

2021年12月，钱江源-百山祖国家公园百山祖管理局正式挂牌成立。为健全完善分级管理组织机制，百山祖园区片区构建形成"管理局—保护管理中心—保护管理站"三级管理体系。

1.钱江源-百山祖国家公园百山祖管理局

钱江源-百山祖国家公园地跨衢州、丽水两地。2019年、2020年，浙江分别设立钱江源国家公园管理局、钱江源-百山祖国家公园百山祖管理局，由浙江省人民政府垂直管理、省林业局代管。百山祖管理局的主要职责在于贯彻落实国家公园体制试点的方针政策、决策部署和国家公园管理制度，负责区域内的自然资源资产管理、生态保护修复、科研监测、社区发展、特许经营、自然教育、志愿者管理等。

2.百山祖园区保护中心

百山祖管理局在龙泉、庆元、景宁三县（市）下设3个保护中心，负责片区内各自管区的国家公园保护和管理工作，自然资源资产调查监测、评估管理、生态保护修复等具体工作；承担片区内各自管区的自然资源生态环境行政执法、国土空间用途管制等事务性工作。同时，设立百山祖科研监测中心，负责园区内的科学研究和生态环境监测分析等工作。

3.百山祖园区基层保护管理站点

为了充分发挥生态护林员等管护人员作用，加强基层一线护林人员的巡查力度，百山祖园区发布《百山祖国家公园"三员管护"制度（试行）》，建立健全国家公园管理员、护林员和野生动物保护员的"三员管护"队伍。截至2024年9月，百山祖园区已建立年龄结构相对合理、具备一定文化水平的"三员管护"队伍共计149人。

4.百山祖园区行政管理体制

（1）实行"一园两区"管理体制，为争取百山祖园区正式设立创造条件和基础。

"一园两区"即开化县的"钱江源国家公园"区域和丽水市的"百山祖园区"区域，通过统一规划、统一政策和统一管理体制，促进和实现两个区域的协同发展。根据国家林草局要求，制定钱江源-百山祖国家公园模拟运行工作方案，推动两个园区融合发展。实现统一行政协同管理、统一项目资金盘子、统一科普监测平台、统一运行制度规定、统一品牌标识体系的"五统一"模拟运行，着力在规划计划体系、法律制度体系、科研监测平台、执法模式、勘界立标、生态系统保护修复、珍稀濒危物种保护、重点项目工程实施、两园区联动、周边区域共保及绿色发展、矛盾处置工作落实、自然教育和社会参与模式、国家公园文化挖掘保护利用等15个方面推动两园区深度融合，联动发展"江之源"和"山之祖"，携手打造国家公园建设的浙江样板。同时，整合所在地资源环境执法机构，构建"综合行政执法+部门专业执法+联合执法"体系，推动"碎片化"向"一体化"转型，形成百山祖园区"一支队伍管执法"的多维监管体系与治理合力。

（2）建立健全"1+3+X"管理体系，实行"垂直管理、区政协同"管理体制。

"1"即钱江源-百山祖国家公园百山祖管理局，实行省政府垂直管理和地方政府共管，有机融合成"垂直管理、区政协同"模式；"3"即省、市、县三级领导协调小组，统筹协调推进试点工作；"X"即一系列管理机制，包括监管制度、生态监测评估机制、社会监督机制等，破解国家公园多头管理、职能分散、交叉重叠的碎片化问题。百山祖园区依托原有保护区管护体系，共建有9个保护管理站、2处防火瞭望塔、1个检查站（哨卡）、2处科研站（定位站）、5处珍稀植物繁殖基地和育苗大棚。为确保国家公园的高效运行和统一管理，浙江省人民政府建立了国家公园体制试点联席会议制度，以协调各方资源，推动国家公园的创建和发展。未来在国家公园正式设立后，省级层面将成立省级国家公园管理机构，统一管理两园区工作；深化与属地政府协作，完善相关工作机制，形成齐抓共管工作合力；进一步健全与江西省、安徽省跨行政区域协同保护与管理机制。

（3）钱江源-百山祖国家公园百山祖管理局与丽水市林业局合署办公。

2021年12月，丽水市林业局（丽水市森林碳汇管理局）、钱江源-百山祖国家公园百山祖管理局正式挂牌成立。百山祖管理局与丽水市林业局（丽水市森林碳汇管理局）①合署办公、综合运行，有效整合两局的工作力量，强化对百山祖园区的整体保护和管理。同时，百山祖管理局与当地政府建立协同配合机制，进行权责划分，丽水市和龙泉、庆元、景宁三县（市）政府主要负责辖区内（包括国家公园）经济社会发展综合协调、公共服务、社会管理和市场监管等职责。

三、百山祖园区建设的主要工作和主要成绩

（一）百山祖园区建设的主要工作

1.强化政策法规体系，推进国家公园科学化、规范化和法治化治理

针对钱江源-百山祖国家公园法规依据位阶低、碎片化，难以形成法治化治理体系的问题，百山祖园区加快出台省级层面的"一园一法"，以解决碎片化、低位阶的"一园多法"现象②。在打造"高水平建设和高质量发展重要窗口"的新征程中，丽水市委市政府遵循"国家公园就是尊重自然"的原则指引，按照浙江省国家公园"一园两区"架构，在全国率先开展国家公

---

① 丽水市林业局为浙江省近年首个复设的地级市林业局，新增挂的丽水市森林碳汇管理局也是全国首个森林碳汇管理局。

② 陈真亮,诸瑞琦.钱江源国家公园体制试点现状、问题与对策建议[J].时代法学,2019(4)：41-47.

园设立标准试验检验实践，统筹编制《钱江源-百山祖国家公园总体规划（2020—2025年）》，明确提出到2020年逐步完善法规和政策体系。2022年，《钱江源-百山祖国家公园管理条例》被纳入2022年浙江省政府立法计划；2024年，《钱江源-百山祖国家公园管理条例》再次列入浙江省人大2024年预备立法项目。

2. 坚持地方先行先试，不断探索创新区域合作和部门协同机制

百山祖园区始终坚持依法治园理念。一方面，在横向上突破部门壁垒，创新部门协同治理机制。丽水市制定《"一支队伍管执法"进百山祖国家公园实施方案》，相关部门和龙泉、庆元、景宁分区分别出台相应的实施意见或方案，形成"综合行政执法+部门专业执法+联合执法"体系。其中，龙泉市组建钱江源-百山祖国家公园龙泉片区综合行政执法队，通过整合"1+8"执法队伍，在4个街道和6个乡镇组建10支综合行政执法队，实行"1+X"模式，辐射周边9个乡镇，实现19个乡镇（街道）综合执法力量全覆盖，形成"一支队伍管执法、一个平台促共富、一套机制保平安"的龙泉改革模式，为全省改革探路子、出经验、做示范。另一方面，在纵向上打破行政区域界限，构建"管理局+当地县政府+乡政府+行政村+护林组织"的护林联防体系，健全完善护林联防制度，定期召开护林联防会议。

3. 数字赋能管理精细化，促进国家公园一体化全方位管理、全天候监测

按照"智慧引领、业务联动、高效协同"的数字化改革思路，发布《钱江源-百山祖国家公园百山祖园区数字化建设与发展规划（2022—2025年）》。钱江源-百山祖国家公园龙泉片区运用数字孪生应用"江浙之巅"，构建"天-空-地"一体化保护与监测体系，辅助管理者全面、准确地掌握事物特征、发展规律和关键影响因素[1]。2018年，百山祖园区建设办公室运行后，积极开展自然资源数据库建设，初步完成基于统一基础地理框架的以自然资源为主体的园区数字化平台架构，以及包括基础地理、野生动植物资源、森林资源、气象水文资源、部分监测监控资源等数据库建设。灵活运用"数字地图"的"一屏展示、一网感知、自动预警"功能，增强园区自然资源和生态环境信息的全面、实时和动态展示，提高了基层一线执

---

[1] 陈真亮，王漱晴.自然保护地综合行政执法的实践样态、困境与优化路径[J].行政与法，2024（7）：63-78.

法的时效性和准确性，推动了国家公园生物多样性科学化、精准化和智能化保护。

4. 密切联系人民群众，激发全市人民创建国家公园的主人翁意识

坚定地依靠并动员群众，通过政策激励和理念宣传，百山祖园区成功塑造了"共建、共治、共享"的新型治理格局。为了激发社区群众参与生态保护的热情，园区率先实施了国家公园护林员、管理员、野生动物保护员"三员管护"制度。通过科学规划管护岗位，园区增设了生态管护员、保洁员、社区协管员、科研农民等生态公益岗位100多个。此外，园区建立了生态信用激励和惩戒机制，完善了生态信用积分应用体系，增强了公众的生态信用意识，营造了"生态信用守信者处处受益"的社会氛围。在庆元、龙泉、景宁三个县（市），百山祖园区建立了自然教育中心和野外博物馆，这标志着园区在全民自然教育和生态旅游领域的积极探索和实践。通过这些措施，百山祖园区不仅提升了生态保护的公众参与度，也为当地居民带来了实实在在的经济利益，同时推动了生态教育和生态旅游的融合发展。

5. 多措并举，探索多元化的资金保障长效机制

一是政府财政支持。中央和省级政府都为百山祖园区的建设提供了财政资金支持。中央财政资金共安排了3.6亿元支持国家公园建设，省级财政资金从2018年起每年安排1.1亿元支持钱江源园区建设，2020年—2022年每年安排2亿元支持百山祖园区建设。二是设立专项资金。为了确保国家公园的保护、建设和管理经费，省财政设立了专项资金，市县两级也整合了文化、旅游、农业、水利、林业、环保、交通、科技等领域的资金，以加大对国家公园全域联动重点平台和项目的支持。三是引入社会资本。为了拓宽资金来源，百山祖园区搭建了投融资平台，引进金融和社会资本出资设立保护和发展基金，为保护和建设项目提供融资支持。四是多元化融资渠道。推动发行绿色债券、金融机构绿色金融债等债务融资工具，募集资金用于支持国家公园生物多样性保护项目建设。五是建立健全激励机制。对符合条件的园区项目和农户贷款，优先给予再贷款再贴现资金支持，并推动建立国家公园生物多样性保护金融服务配套贴息奖励和风险补偿制度。对于国家公园资金的使用，制定了明确的透明度标准，并要求在每个财政年度结束后，相关管理机构应在条件允许的情况下公开资金的详细使用情况，增加资金使用的透明

度。同时，过程中体现公众参与，明确鼓励公众、社会组织和相关专家参与国家公园资金的监督。资金的分配、划拨、使用和监督体现了程序正义，使各方主体通过公开、透明的分配程序或申请程序充分表达意见，并对资金拨付存在的程序违法主张救济[①]。六是生态搬迁和移民安置。为国家公园核心保护区、一般控制区居民"生态搬迁"和移民安置地区特色产业发展提供金融保障，确保搬迁农户能够稳定发展。

（二）百山祖园区建设的主要成绩

1.改革集体土地地役权，促进资源统一高效管理

针对百祖山国家公园内80%以上的山林是集体林的现状，丽水市充分发挥林权制度改革率先探索地的优势，制定集体林地地役权改革实施方案，在不改变集体林地和林木权属的基础上，建立科学合理的地役权补偿机制和社区共管机制，从制度上解决了群众利益和生态保护之间的矛盾，有效破解了国家公园集体林地统一管理难题，走出了一条国家、集体、社区群众三方共建共赢的新路子。2020年10月26日，"浙江省丽水市探索集体林地地役权制度"入选国家林业和草原局第一批"集体林业综合改革试验典型案例"。据2021年11月信息，集体林地权籍调查完成率达到100%，地役权改革"两决议三委托"协议签订率达到98.1%，地役权证发证率达到97.6%，园区地役权补偿收益可达2858万元/年[②]。2023年4月，钱江源-百山祖国家公园成为全国首个开展自然资源资产清查试点工作并通过验收的国家公园。此外，为进一步拓宽农村集体经济组织和农户融资渠道，释放地役权溢价效应，制定出台《丽水市林地地役权补偿收益质押贷款管理办法（试行）》《百山祖国家公园林地地役权补偿收益质押贷款贴息办法（试行）》等金融政策，释放政策红利，惠农助农。

---

① 宋亚容,汪劲,张鸣浩.国家公园资金投入制度的内在逻辑与立法进路[J].兰州学刊,2024（12）:106-119.

② 沈杭.浙江丽水山沟沟里的"绿色共富"[EB/OL].https://www.financialnews.com.cn/qy/qyjj/202111/t20211102_231968.html.

2.多维度推动百山祖园区共建共治，构建丽水市全域联动的绿色低碳发展格局

丽水市已提炼全域联动发展、集体林地地役权改革、生态产品价值实现机制、实现国家公园核心控制区生态搬迁清零等十多项特色创新。2020年，龙泉市人民政府办公室出台《龙泉市创建百山祖国家公园生态搬迁实施方案》，并与"大搬快聚富民安居"工程深度结合，大力推进生态移民工作，实现了国家公园核心控制区生态搬迁清零、国家公园规划区小水电企业清零。国家公园内集体林地实现国家统一管理，集体林地地役权证改革成为南方集体林占比较大地区探索国家公园管理机制的一大创新亮点，为国家公园设立、建设提供试验成果，贡献丽水智慧。坚持并创新整体性思维，全力构建全市域共建共享国家公园的格局，形成"保护控制区+辐射带动区+联动发展区"三层级全域联动发展格局，将百山祖园区建设深入融入乡村振兴、"大花园最美核心区"建设、"千万工程"等系统工程中。

3.在全国范围内创新开展国家公园生态产品价值转化机制

首先，率先开展国家公园GEP（生态系统生产总值）单独核算。丽水是全国首个生态产品价值实现机制试点市，充分利用试点改革的有利条件，发布全国首个《生态产品价值核算指南》地方标准（DB3311/T139—2020），构建《百山祖国家公园GEP核算指标体系》，出台《生态产品价值核算技术办法（试行）》，全面开展百山祖园区县乡村三级生态产品价值核算。借鉴商业银行模式，支持建立基于市场运作的资源开发运营平台。将分散的生态资源资产予以整合，与绿色产业项目的开发运营相对接，实现了创新的资源资产化模式。探索根据生态产品价值确定全流域生态补偿、有偿生态修复、森林生态补偿等多领域补偿机制。其次，积极探索生态产品政府采购。百山祖园区及周边乡镇成立"两山公司"作为生态产品供给主体和交易主体，由丽水市人民政府统筹各类涉农资金，按照乡镇GEP年度增量的一定比例向百山祖园区内的"两山公司"购买调节类与服务类的生态产品，开启国家公园生态产品政府采购的先河[①]。最后，深化生态信用体系建设。通过金融创新推出"GEP贷""生态贷"，通过制度创新设立"两山基金""生态信用""两山

[①] 浙江省林业局.丽水积极探索国家公园生态产品价值实现路径［EB/OL］.http://lyj.zj.gov.cn/art/2023/8/11/art_1277845_59056491.html.

银行"。例如，中国银行丽水分行正式为庆元县国投集团下属的万里林生态旅游开发公司发放"GEP生态价值贷"1000万元，不断探索推进"绿色+金融"价值转换的百山祖园区实践。

4.率先在全国范围内探索建立国家公园司法保障制度

2020年，丽水市委和市委政法委联合发布了《关于全市政法系统服务和保障百山祖国家公园创建的工作意见》，为全市政法系统在国家公园创建中的服务和保障工作提供了明确指导。2020年，丽水市司法局发布了《关于充分发挥司法行政职能服务百山祖国家公园创建工作的通知》，强调了司法行政系统在国家公园创建中的积极作用。丽水市人民检察院印发了《关于司法护航百山祖国家公园创建工作的意见》，相关县级检察院联合出台了《关于服务保障百山祖国家公园创建区域协作的实施细则》，以加强区域间的司法协作。丽水市中级人民法院也专门发布了《关于服务保障百山祖国家公园创建工作的意见》和《钱江源-百山祖国家公园生态环境资源保护"3+1"司法协作框架协议》，为生态环境资源保护提供了司法框架。

在创新实践方面，百山祖园区生态保护公益诉讼检察创新实践基地的设立，标志着生态保护工作迈上了新台阶。龙泉市公安局在百山祖园区内设立了警务室，并采用了"1+5+X"的生态联勤警务站工作模式，其中"1"代表常驻接待人员，负责受理群众事务；"5"代表五个常驻部门，公安、保护中心、综合执法、林业、应急五个部门各司其职，相互配合；"X"代表其他部门的实时联勤联动。此外，还建立了五大工作机制，包括统一受理机制、联勤机制、联动机制、信息共享机制和会商评估机制，以确保工作的高效协调。龙泉市人民检察院还设立了百山祖园区联络站和生物多样性司法保护基地，以及百山祖园区（龙泉）生态"共享法庭"，这些举措旨在加强司法机关与行政机关的协作配合，为百山祖园区的创建与发展提供全方位的司法保障。

5.综合地质调查项目与科研监测保护工作成果显著

地处我国17个具有全球意义的生物多样性保护关键区域之一，百山祖园区是我国不同海拔、不同纬度上，自然生态系统最重要、自然景观最独特、自然遗产最精华、生物多样性最富集的区域代表地，更是华东地区重要的基因宝库。百山祖园区综合地质调查项目展示了国家公园多阶段地质演化过程和独特地质地貌，揭示了地质多样性与生态系统稳定性之间的关系，并提出了生态保护的地质方案，为国家公园自然资源管理和生态保护提供了坚实的地学支撑，项目成果被评为优秀级。百山祖园区加强了科研监测工作，与多家科研院校和机构签订合作协议，推进了科研监测工作和科研平台建设，为科学建设提供了指导。

6.生态搬迁工作有效推进

龙泉市政府通过制定《龙泉市创建百山祖国家公园生态搬迁实施方案》，明确了搬迁范围、对象、目标和政策，以降低园区内人口压力，减少人为活动对生态环境的影响，有效维护了国家公园区内生态系统的原真性和完整性。搬迁范围内农户实施生态移民搬迁，拆房补助、安置补助按照《龙泉市全面推进"大搬快聚富民安居"工程实施意见（试行）》标准执行。截至2024年底，百山祖园区核心保护区内31户98人已全部主动搬迁，搬迁率达100%；完成一般控制区773户2699人搬迁。钱江源国家公园与毗邻的省份签订了跨区合作保护协议，建立了省际毗邻镇村合作保护模式，实现了生态安全的全面保护。

如今，五年多的建设时间倏忽而过，致力于使宝贵的自然资源、文化遗产永久保留、世代传承、全民共享的百山祖园区，通过坚持保护和发展共赢，已日渐成为创新践行"绿水青山就是金山银山"理念的重要平台，展示浙江生态文明建设的重要窗口，面向世界的"美丽名片"。

第二节　百山祖园区生态人文资源现状

百山祖园区位于浙西南，拥有丰富的地质、水系、生物、农耕和红色资源。地质资源久远复杂，存在"一步亿年"地质奇观和亚洲最古老锆石，是追溯浙江最早造陆运动的重要始发点。水系纵横交错，是瓯江和闽江的发源地，对维持生态系统平衡和促进村落发展有重要作用。生物资源广袤丰富，拥有长三角和浙江的高峰，是中亚热带森林生态系统的典型代表，动植物资源丰富且珍稀濒危物种聚集度高。农耕资源悠久多样，形成了众多传统村落和丰富的文化遗产。红色资源鲜明厚重，龙泉市和庆元百山祖镇斋郎村等地保存了众多革命斗争纪念旧址和红色遗迹，以爱国主义教育为核心打造的红色研学教育基地和素质拓展实践基地，与国家公园形成红绿融合发展。

一、久远复杂的地质资源

百山祖园区地处浙西南山地，公园及周边是中国东部滨太平洋典型亚热带中山侵蚀地貌结构区，地质历史久远，地质作用与岩石类型复杂，山体主要由寒武纪的花岗岩、花岗斑岩等构成，花岗岩侵入体风化形成许多悬崖峭壁，具有典型的江南古陆强烈上升的地貌特征，形成以流纹岩为基底的峰岭、峡谷、瀑布、湿地、古夷平面遗迹等地貌。

百山祖园区因独特的地质构造存有罕见的"一步亿年"地质奇观——三种地质作用下年龄差距数亿年的三类不同岩石层小范围呈现，包含古元古代—晚古生代龙泉俯冲增生杂岩变质岩（年龄约4亿—10亿年）、早侏罗世枫坪组沉积岩（年龄约1.7亿—2亿年）、晚侏罗世岩浆岩（侵入岩）（年龄约1.5亿年）。另外，在华夏地块的最古老岩石——龙泉地区的古元古代变质花岗岩类发现的两颗冥古宙碎屑锆石，其中一颗为迄今为止发现的亚洲最古老锆石（年龄为41.27亿年），另外一颗锆石（年龄为40.70亿年）则记录了地球最早变质事件，区别于同时代世界其他地区的大陆演化，为证明冥古宙地壳性质和构造环境存在多样性提供重要科学依据。由此，龙泉市查田镇下保村入选第二批浙江省重要地质遗迹点（地）名录。

二、纵横分布的水系资源

百山祖园区境内峰峦叠嶂、水系纵横密布，是瓯江和闽江两大水系的发源地，形成瓯江干流龙泉溪流域、支流小溪流域及闽江支流松源溪流域。瓯江水系有河流12条，其中1级支流5条、2级支流4条、3级支流3条，流域面积852.32平方公里；闽江水系有河流7条，其中2级支流1条、3级支流3条、4级支流3条，省内流域面积583平方公里。国家公园多年平均地表径流量为8.84亿立方米，占整个丽水市的4.09%[①]。

水系资源对维持生态系统平衡和促进村落发展起到重要的支撑作用。百山祖园区内龙泉溪、大赛溪、均溪、大窑溪、梅溪、南溪、大溪、岱根溪、英川溪、小溪、松源溪、竹口溪、三坑溪、大济溪、杨楼溪、南阳溪、毛垟港、叶桥溪等水系穿村而过或位于村落周边。

三、广袤丰富的生物资源

百山祖园区以山为最，园区内囊括了浙江省1800米以上的所有山峰，坐拥长三角第一高峰黄茅尖（1929米），浙江第二高峰百山祖（1856.7米），是中国山水景观"平远、高远、深远"的典型代表。山地巨大的地势落差造成气候垂直差异，使百山祖园区具有明显的植物垂直带谱和较高级的自然演替系列，同时存在中亚热带常绿阔叶林地带—中亚热带常绿阔叶林北部亚地带—浙闽山丘甜槠木荷林区—浙南中山槠栲樟楠常绿阔叶林分区。百山祖园区保有天然林31499公顷，是中亚热带森林生态系统的典型代表，尤其永久保存我国特有古老孑遗植物、全球仅存野生成熟植株3株的百山祖冷杉为中国东南大陆唯一的冷杉属植物。

百山祖园区地处我国35个生物多样性保护优先区域之一，是华东植物区系起源和演化的关键地区之一，人口密度为4人/平方公里，保持了生态系统的原真性和完整性。多样复杂的森林为从微小的昆虫到中型哺乳动物提供了丰富多样的栖息地，森林环境的多样性和复杂性为物种间的相互作用提供了丰富的场景，促进了物种的适应性和进化。已知园区野生维管束植物2102种，分别占浙江省和生态地理区的54%和70%；动植物资源丰富且珍稀濒危物种聚集度高，已知野生脊椎动物416种，其中列入国家重点保护的野生动物88种，国家I级保护野生动物13种。百山祖园区生物资源概括见表2-1。

[①] 把青山还给绿树 为现在创造未来——丽水的国家公园会是什么模样［EB/OL］.http://tb.li-shui.gov.cn/art/2020/4/2/art_1229411490_1024.html.2020-04-02.

表2-1　百山祖园区生物资源概括

资源分类	具体资源	重点类别
山林资源	百山祖园区内海拔1600米以上的山峰有50座,海拔1800米以上高峰有10座	植被被划分为针叶林、针阔叶混交林、阔叶林、竹林、灌丛、草丛及草甸7个植被型组,13个植被型,32个群系组和73个群系
		园区内保有天然林31499公顷,占森林总面积的64%,其中乔木林28892公顷,占天然林资源的92%
	百山祖园区周边村落拥有海拔1000米以上山峰1390座	周边村落拥有丰富的古枫林、古梨树群、珍稀树种、鸳鸯树、松树林、阔叶林等古树林资源
植物资源	野生维管束植物2102种	国家重点保护的野生植物56种
		国家I级保护野生植物4种:百山祖冷杉、红豆杉、南方红豆杉、银杏(野生)
		国家二级重点保护植物莼菜(野生)、长序榆、短萼黄连、白豆杉、钟萼木等37种
		大型真菌632种
		苔藓植物368种
动物资源	野生脊椎动物416种	其中列入国家重点保护的野生动物88种,国家I级保护野生动物13种(中华穿山甲、豺、黑麂、金猫、大灵猫、小灵猫、白颈长尾雉、黄腹角雉、中华秋沙鸭、白鹤、乌雕、黄胸鹀、金斑缘凤蝶)

资料来源:根据丽水市林业局提供的百山祖园区基本情况整理。

四、悠久多样的农耕资源

百山祖园区山川秀美、人杰地灵,拥有独特的地理位置和悠久的农耕历史,形成了众多的传统村落,物质文化遗产和非物质文化遗产丰富,如农耕文化、建筑文化、民俗文化、廊桥文化、古道文化、古庙文化、香菇文化等。目前,龙泉市共有50个中国传统村落、22个浙江省级传统村落、8个丽水市级传统村落,并成功入选2024年全国传统村落集中连片保护利用示范县名单；景宁县有中国传统村落56个，总数位居丽水市第二；庆元县共有传统村落29个，其中中国传统村落17个，省级传统村落5个，市级传统村落7个。根据《百山祖国家公园全域联动发展规划（2021—2025年）》，结合一般控制区内空心村庄以及搬迁村庄，延续原住民传统生产生活方式，在以下村镇（表2-2）打造以原生态生活体验为特色的民宿村，充分挖掘、开展农耕文化体验、香菇文化体验、畲乡文化体验、廊桥文化体验、青瓷工艺体验活动。

表2-2　百山祖园区联动发展范围内村镇农耕文化项目

地点	项目内容和蕴含的农耕文化类型
龙泉市屏南镇	依托丰富的田园资源和悠久的农耕文化打造诗意田园主题风景线
龙泉市龙南乡	坚持最大程度还原植物的自然生长状态理念，减少或不去人工干预作物的生长，打造"尊重自然、顺应自然、生于自然、长于自然、取之自然"的传统农耕田园
	"尊重自然、顺应自然、生于自然、长于自然、取之自然"的传统农耕技法
龙泉市龙南乡下田村下田自然村	列入第三批中国传统村落名录。打造田园民俗体验基地，充分挖掘农耕文化，依托特有的农旅资源，发展田园观光、梯田观光、传统村落观光以及特色民俗文化体验
龙泉市龙南乡蛟垟村蛟垟自然村	列入国家级传统村落。打造高山农耕康养特色村，深入挖掘高山田园资源，发展集避暑康养、休闲娱乐、文化体验于一体的高山农耕主题民宿群
龙泉市龙南乡五星村杨山头自然村	中国传统村落。打造生态运动康养基地，充分利用高海拔森林群落适当发展生态运动产业，充分挖掘生态、田园、农耕等资源，打造集森林骑行、高山漫步、户外露营、亲子活动等活动于一体的生态运动康养村
龙泉市西街街道岩溪村岩后自然村	历史文化村落。建设以中草药研学、地质科普、农耕文化、露营基地为主题的研学活动区域
庆元县松源街道	三公湾·香菇文化产业园，重点培育香菇发源展示、香菇现代创意设计等功能，建设国际菌菇论坛中心，包含香菇文化展厅、香菇大剧院等功能，建设香菇文创街，打造古今交融香菇品牌
	香菇培育及香菇文化传播与交流

地点	项目内容和蕴含的农耕文化类型
庆元县松源街道底村村底村自然村	打造百山祖园区西南出入口,充分挖掘农耕资源与文旅资源,发展集松源、竹口片区特色民俗文化展示体验、文旅集散、康养休闲游、乡村休闲文化游等项目
庆元县贤良镇	立足贤良山水、峡谷、气候等资源,深入挖掘贤良中草药文化
庆元县百山祖镇百山祖村车坑自然村	重点开发黄粿、糍粑、农家番薯干、咸菜以及野菜等农副产品,创建农耕文化特色镇
景宁县英川镇	开发特色餐饮、非遗体验、文化民宿等业态,打造集文化体验、美食品尝、购物休闲等功能的风情美食街区 特色美食:畲乡粉皮、稻田鲤鱼干、薄壳田螺、香菇等。农耕文化资源:畲乡文化、板龙文化、菇民文化、廊桥文化、美食文化、马仙文化等
景宁县英川镇隆川村隆川自然村	国家级传统村落、历史文化村落、美丽宜居示范村。打造以传统建筑和历史文化为特色的乡村旅游基地,充分挖掘村落农耕资源与养殖特色,推进稻田鲤鱼养殖业发展
景宁县沙湾镇	深入挖掘纤夫文化,做足沙湾水文化、农耕文化、乡村文化,开发农业观光、农事体验、水上游憩、农家民宿、农家乐等业态,打造乡村旅游精品点
景宁县沙湾镇莲川村莲川自然村	打造美丽莲川文旅村,充分挖掘田园农耕资源与生态资源等
景宁县秋炉乡	依托浙江省十大最美森林古道——景庆古道及周边山水资源,打造以古道探险为特色,以户外运动和拓展研学为核心的乡村运动休闲区,包含农耕体验等
景宁县大均乡	大均畲乡大景区建设古法农耕基地

资料来源:根据《百山祖国家公园全域联动发展规划(2021—2025年)》整理。

五、鲜明厚重的红色资源

龙泉市作为革命老区,有着光荣的革命斗争历史,境内保存了众多革命斗争纪念旧址。1988年龙泉被浙江省人民政府批准为革命老根据地县,其中仓坛村红军挺进师政委会会址、碧龙村中共龙遂县委旧址、溪头村中央工农红军北上抗日先遣队随军银行旧址、塘源村红军挺进师师部会议旧址、季步高烈士故居等红军革命斗争纪念旧址被浙江省人民政府冠以"龙泉革命纪念建筑群"公布为省级文物保护单位。龙泉地处浙西南革命根据地的中心区域，红色资源丰富，有14个革命老区乡镇（街道）、169个革命老区村，如兰巨大赛红军战斗纪念碑、瑞垟无名烈士墓等。

庆元百山祖镇斋郎村同样拥有红色文化，有红军战斗指挥部遗址、牧牛场战斗遗址、呑头淤战斗遗址、猪背脊战斗遗址、斋郎战斗纪念碑、红军亭等红色革命遗迹。红色资源是不可再生、不可替代的珍贵资源，承载着红色基因、红色文化，是赓续红色血脉、补足精神之钙的营养剂。通过可感知的红色资源，发挥其新时代铸魂育人、革命精神代代相传的育人功能。导入体验性活动，打造以爱国主义教育为核心的军旅特色红色研学教育基地和素质拓展实践基地，与国家公园形成红绿融合发展。

用血和火铸成的革命老区蕴藏的红色资源、人文资源和自然资源丰满厚重，是百山祖园区未来发展最宝贵的资源。不仅要珍之重之，还应传承好、利用好，以"红"促"绿"，实现红绿深度融合发展。

本章主要梳理分析百山祖园区龙泉片区概况及其辖区内屏南、龙南、兰巨3个乡镇14个行政村37个自然村范围内的生态人文资源主要类型及其形成的相关文化。根据百山祖园区生态人文资源概况，可以将龙泉片区的生态人文文化划分为以下五种类型：以广袤丰富的生物资源孕育的森林生态文化，以悠久多样的农耕资源积淀的乡村传统文化，以山高水长的水系资源汇聚的瓯江特色水文化，以久远复杂的地质资源铸就的青瓷宝剑文化，以鲜明厚重的红色历史资源凝练的红色教育文化。

第一节　百山祖园区龙泉片区
生态人文资源概况及保护中心主要工作

一、百山祖园区龙泉片区概况及生态人文资源主要类型

百山祖园区保护控制区涉及龙泉片区面积为24906.61公顷，占49.29%。该片区涉及龙泉市屏南、龙南和兰巨三个乡镇，共计14个行政村和37个自然村，总户数为5422户，共计17568人，其中常住人口为2329人，规划范围内的户籍人口为2065人，常住人口为142人核心区内无常住人口。龙泉片区自然资源丰富，生态环境优美，山林和水系资源丰富，拥有众多国家重点保护野生动植物资源。同时，具有深厚的历史文化底蕴，周边村落历史悠久、文化遗产资源丰富。

（一）自然条件

百山祖园区龙泉片区属于中亚热带温暖湿润气候区，

较高的海拔与茂盛的森林，加上独特的地形和水文地理环境，气候垂直地带性特征明显，空气负离子含量全省第一。龙泉片区内地形复杂、群峰峥嵘、沟壑交错，是浙江省第二大江——瓯江的发源地。海拔均在600米以上，其中海拔1800米以上的山峰有9座，主峰黄茅尖海拔1929米，为长三角第一高峰。

（二）生物资源

龙泉片区作为百山祖园区的重要组成部分，其地带性植被特征显著，以中亚热带常绿阔叶林为主导，森林覆盖率高达96.2%，为龙泉市构筑了一道天然的生态屏障，彰显出卓越的生态保育成效。片区生物多样性极为丰富，共有种子植物1829种、蕨类植物273种、苔藓类植物368种以及大型真菌632种，构成了复杂而多样的生物群落。尤为值得一提的是，龙泉片区不仅是我国野生大型真菌种质资源的关键分布区域，也是长三角区域乃至华东地区不可或缺的生态安全屏障，其独特的自然条件为丰富的大型真菌资源提供了理想的生长环境，使之成为全国范围内野生大型真菌资源最为丰富的区域之一。

在植物资源方面，龙泉片区拥有珍稀濒危植物共计81种，其中国家一级重点保护野生植物有红豆杉、南方红豆杉等2种，二级保护植物有白豆杉、穗花杉、榧树、鹅掌楸、莼菜、短萼黄连、蛛网萼、红豆树、花榈木、伯乐树等48种，还拥有着华东地区最大的柳杉群落——五星柳杉王。这些珍贵植物资源的存在，使得龙泉片区被誉为"华东地区古老植物的摇篮"及"天然植物园"，具有极高的生态价值与科研意义。

在动物资源方面，龙泉片区的野生动物种类繁多，涵盖了野生脊椎动物416种，其中鱼类87种，两栖类38种，爬行类53种，鸟类174种，兽类64种，形成一个完整而复杂的生态系统。尤为重要的是，该区域共有国家重点保护的野生动物60种，其中一级重点保护野生动物黄腹角雉、白颈长尾雉、黄胸鹀、中华穿山甲、黑麂、小灵猫6种，及原有记录现多年未再发现6种（大灵猫，豺，金猫，豹，云豹，虎），共计12种；二级重点保护动物有大鲵、勺鸡、白鹇、鸳鸯、赤腹鹰、猕猴、中华鬣羚、豹猫、毛冠鹿等48种。

（三）地质景观

百山祖园区龙泉片区蕴藏着深厚而悠久的地质资源。2014年，科学家在查田镇小查田村毗邻地带的变质岩系中发现两颗源自冥古代的碎屑锆石样本，其年龄测定值均超过40亿年，此发现标志着亚洲范围内最古老锆石的纪录诞生，其中一粒有40.7亿年的变质边缘年龄，为已知最早期的变质作用年龄记录。此外，兰巨乡五梅垟村内，有一处被誉为"一步亿年"的岩石景观，展现了从古元古代至晚古生代龙泉俯冲增生杂岩变质岩，直至早侏罗世枫坪组沉积岩的三大岩石类别，其年龄跨度高达数亿年之久，展现了地质历史的沧桑巨变。

据不完全统计，龙泉市地质遗迹资源类型丰富多样，主要涵盖地质（体、层）剖面、矿物与矿床、地貌景观、水体景观以及环境地质遗迹景观五大类，进一步细分为8类、11亚类及20种具体类型，地质遗迹点总数逾80处，主要集中于凤阳山火山岩地貌区、白云岩—石马大峡谷流水侵蚀地貌区、昂山火山岩地貌区、披云山花岗岩地貌区、古来山花岗岩地貌区以及天平山火山岩地貌区等六大核心区域。

在龙泉市的西南部区域，广泛发育有霏细岩脉。该类岩石易遭受风化及蚀变作用，进而转化为优质的瓷土矿资源，其特性包括高白度、优黏性及良耐火，为龙泉青瓷的繁荣发展提供了不可或缺的物质基础。在清坑至小梅一线地带，广泛出露的中晚元古代龙泉群变质岩中富含一种独特的低品位磁铁矿，该磁铁矿颗粒细小、品质卓越。值得注意的是，这些变质岩容易风化，形成了深厚的粘土层（深度逾40米），而细粒磁铁矿则转化为铁砂，经雨水冲刷与剥蚀作用，在河沟中局部富集形成铁砂矿，为龙泉宝剑的锻造提供了上乘的原材料。

二、钱江源-百山祖国家公园龙泉保护中心概况及主要工作成效

（一）龙泉保护中心行政架构

按照钱江源-百山祖国家公园分钱江源园区、百山祖园区"一园两区"

框架，为开展龙泉片区的规划管理和生态保护工作，保护与发展并重，实现区域可持续发展，设立钱江源-百山祖国家公园龙泉保护中心，下设综合科、资源保护科、规划发展科、科研宣教科4个科室，均溪保护站、兰巨保护站、龙南保护站、屏南保护站和瑞垟保护站5个保护站。同时，深化司法机制保障，设立公检法凤阳山生态保护联络站、凤阳山警务室，并与相关职责单位协调推进建立生态法庭；健全国家公园管护队伍，开展完善"三员管护"管理办法。

（二）龙泉保护中心建设过程

龙泉片区涵盖屏南、龙南、兰巨三个乡镇及其下辖的14个行政村，历史上曾是"边、远、穷"的代名词。随着国家公园创建项目的正式启动与建设推进，龙泉市充分利用其得天独厚的生态环境优势，坚定不移地贯彻"绿水青山就是金山银山"的发展理念，全力以赴推进国家公园的创建。在丽水市委市政府的指导下，龙泉市与上级部门紧密对接、科学规划，顺利完成了丽水百山祖园区龙泉片区的总体规划编制方案。在具体实施层面，龙泉市采取了一系列创新举措。首先，在全市范围内率先成立了由市委书记和市长共同担任组长、分管副市长担任副组长的国家公园创建领导小组，彰显了龙泉市对国家公园创建工作的高度重视与坚定决心。其次，龙泉市率先挂牌设立了丽水国家公园龙泉创建办公室，并抽调精干人员组成专业团队，同时率先落实了充足的办公经费，为创建工作的顺利推进提供了坚实的组织保障与物质基础。目前，该片区已逐步转型成为实践"绿水青山就是金山银山"生态发展理念的前沿阵地与重要示范平台。

（三）龙泉保护中心工作目标

龙泉保护中心围绕百山祖园区建设，确定了三大工作目标：实现生态保护、社会经济进步与文化传承的和谐共生。

1.实现生态保护的典范模式

龙泉保护中心秉承"绿水青山就是金山银山"的可持续发展理念，致力于在钱江源-百山祖国家公园的生态保护实践中树立标杆。通过实施严格的生态管理制度、优化生态修复技术、加强生物多样性监测等手段，力图在国家公园建设进程中形成一套高效、可持续的生态保护体系，以科学的方法和创新的策略，确保自然资源的合理开发与长效保护，从而打造出具有示范意义的国家公园生态保护模式。

2. 探索共同富裕的实践路径

龙泉保护中心依托其独特的自然资源优势，将生态保护与乡村振兴紧密结合，旨在探索一条人与自然和谐共生的共同富裕之路。通过推动绿色产业的创新发展，如生态农业、生态旅游等，促进国家公园周边三个毗邻乡镇的经济结构优化升级，实现经济增长与环境保护的双赢。同时，注重社会公平与民生福祉，通过提升公共服务水平、改善居民生活质量，推动美丽生活、美丽经济、美丽生态的深度融合，形成具有区域特色的共同富裕实践模式。

3. 弘扬文化传承的创新策略

龙泉保护中心拥有丰富的历史文化资源，这些资源不仅是区域发展的宝贵财富，也是连接过去与未来的桥梁。通过实施"文化+"战略，即将文化传承与生态保护、旅游开发、社区发展等多元要素融合，从时间维度（历史记忆）、空间维度（地域特色）、场地维度（文化场所）等多角度展示龙泉的文化魅力。通过挖掘地方历史、传承传统技艺、举办文化节庆活动等方式，不仅可以丰富地方文化内涵，也可以促进文化的传播与交流，为龙泉保护中心的文化繁荣与区域发展注入新的活力，形成文化传承与区域发展相互促进的创新策略。

（四）龙泉保护中心主要工作职责

在《钱江源-百山祖国家公园龙泉片区共富五年发展规划（2023—2027年）》的宏伟蓝图下，龙泉保护中心肩负起了构建共富样板高地的重要使命。这一战略定位不仅关乎生态保护，更涉及资源保护、科研宣教和社区发展等多个维度，旨在打造人与自然和谐共生的典范区域。

1. 资源保护主要任务

（1）湿地及水系生态系统保护修复与科研监测。针对东山头大小天堂湿地等关键区域，实施紧急补救与长期保护策略，通过生态补水、植被恢复等手段，恢复湿地生态功能，同时建立科研监测站，利用遥感技术、无人机巡检等现代科技手段，实时监测湿地生态健康状况，确保湿地资源的可持续利用。

（2）常绿阔叶林植被恢复。遵循自然恢复为主、人工促进为辅的原则，实施精准造林、森林抚育等措施，逐步恢复国家公园内常绿阔叶林的完整性和多样性，为野生动物提供充足的栖息地和食物来源，展现生物多样性的独特魅力。

（3）地质灾害修复工程。针对潜在的地质灾害点，采取工程治理与生态修复相结合的方式，科学规划，有效防治，确保国家公园的地质安全，同时注重生态恢复，让"灾害区"转变为生态绿洲。

（4）野生动物保护及栖息地恢复工程。加强对黑麂等珍稀濒危物种的保护力度，建设生态廊道，促进物种间的基因交流，确保物种多样性。同时，开展野生动物疫源疫病监测防控，维护生态安全。

（5）保护站设备更新提升与巡护体系完善。通过更新巡护装备、建设智慧化巡护系统，实现国家公园资源保护的全天候、全方位覆盖。无人机、视频监控等高科技手段的引入，极大地提高了巡护效率和精准度。

（6）森林防火与有害生物防控。强化防火隔离带建设，提升防火设施水平，加强防火宣传教育，形成全社会共同参与的森林防火格局。同时，加强对松材线虫等有害生物的监测与防治，保护森林资源免受侵害。

（7）古树名木与文化遗产保护。对国家公园内的古树名木进行全面普查，建立数据库，实施挂牌保护，通过科学复壮措施，确保其健康生长。同时，加强对传统村落的保护与活化利用，推动文旅融合发展，提升乡村振兴的经济动力。

2.科研宣教主要任务

（1）生态教育主题活动与自然博物馆建设。与周边学校、社区紧密合作，开展形式多样的生态教育活动，普及生态保护知识，提升公众环保意识。同时，规划建设自然博物馆，展示国家公园的自然之美和生物多样性。

（2）生态体验点与科研教学基地建设。依托国家公园的自然资源，打造生态体验点，提供亲近自然、体验生态的机会。同时，建立科研教学基地，为科研人员和学生提供实地研究和实践的平台。

（3）解说标识系统与人员培训。完善国家公园内的解说标识系统，提供准确、生动的导览信息。加强对国家公园工作人员和志愿者的培训，提升其专业素养和服务能力。

（4）森林生态系统动态监测与天地空监测网络。利用现代科技手段，建立森林生态系统动态监测平台，实现对森林资源的实时监测和科学管理。同时，构建天地空一体化监测网络，全面提升国家公园的生态环境监测能力。

3.社区发展主要任务

（1）移动信号覆盖与环境整治。加强国家公园内移动信号基站建设，实现信号全面覆盖，为生态保护、科研监测等工作提供通信保障。同时，开展环境综合整治，提升乡村人居环境，助力乡村振兴。

（2）管护公益岗位与公共服务工程。设置管护公益岗位，加强国家公园的日常管理和资源保护。完善公共服务设施，提升公共服务水平，让生态福祉惠及更多民众。

（3）社区发展调控与产业生态旅游。根据各村庄的特点和优势，合理规划社区发展路径，推动绿色产业发展。通过发展生态旅游、农家乐等项目，实现国家公园与周边社区的共赢发展。

（4）入口社区建设与特许经营。推进入口社区建设，展示国家公园的生态形象和文化内涵。通过特许经营项目的实施，调动社区居民参与国家公园建设的积极性，促进社区经济的多元化发展。

（五）龙泉保护中心主要工作成效

1.推进地役权改革，保障集体林地权益

（1）深化地役权改革，明确集体林地权属关系。通过确权登记工作，已完成19767.02公顷（涉及237宗地）的集体林地地役权登记，并向相关林农发放了237份集体林地地役权登记证明。这一举措确保了林农每年至少获得1429.15万元的补偿收入，有效保障了其经济利益。在此基础上，创新性地推出了"益林贷"及贷款贴息政策，显著缓解了周边村落、村集体经济组织和林农面临的融资与贷款难题，为林农的增收致富提供了强有力的金融支持。

（2）在龙泉片区范围内，大胆探索集体林地地役权改革的新路径。以龙泉片区内的集体林地作为供役地，国有林地作为需役地，通过明确位置、权属、面积及经费等关键要素，建立了科学合理的地役权补偿机制与共管机制。这一改革模式的标志性事件是2020年4月10日，时任浙江省委书记车俊

在考察百山祖园区创建情况时，于龙泉市兰巨乡官埔垟村发放了全国首本《集体林地地役权证》。这一举措不仅标志着龙泉地役权改革成为全国范围内的创新性做法和典型案例，也彰显了地役权改革在推动国家公园建设中的重要作用。

（3）地役权改革与数字化改革相结合，成为百山祖园区创建的关键环节。具体而言，国家公园管理机构作为地役权人，与相关村委会签订地役权合同，在不改变集体林地权属的前提下，落实地役权补偿机制。同时，通过林地地役权补偿收益权质押、林地地役权补偿收益反担保质押等金融创新手段，对供役地权利人实施授信贷款，并按年利率2%给予贴息优惠。地役权改革在推动国家公园建设与集体林地权益保障方面发挥了重要作用，不仅明确了权属关系，保障了林农的经济利益，还通过金融创新手段为林农提供了强有力的金融支持，为实现国家公园建设与乡村振兴的协同发展提供了有益的探索。

2.建设数字孪生系统，保护生物多样性

（1）持续深化龙泉片区指挥监测水平，构建"天地空"一体化监测网络。2022年完成了浙江凤阳山-百山祖国家级自然保护区（凤阳山部分）保护与监测体系建设项目旨在实现网格化、精准化的生态管理，并为生物多样性保护提供坚实的数据支撑。这一创新应用不仅获得了人民日报、浙江日报等主流媒体的广泛报道，还在实际应用中取得了显著成效。截至2024年年底，巡护系统已获取了40238条生物多样性数据，成功监测到35种重点保护动物。

（2）高标准建成了"江浙之巅"国家公园数字孪生应用。该应用成功入选龙泉市十大数字化改革重点场景应用，并成为全省首个上线的国家公园数字孪生应用。该应用已成功上架"浙政钉""浙里办"两端，并获得了人民日报、浙江新闻、丽水日报等多家媒体的报道。在加快数字化转型方面，该应用构建了百山祖园区数字孪生建设的"一舱两端"应用体系，其中指挥驾驶舱为各级党政领导与国家公园管理人员提供全景式的国家公园整体风貌展现，以及动态监测、生态环境、生物多样性等多方面的决策服务；公众服务端则面向公众提供自然教育、观光推荐、文化故事等丰富的应用服务；业务管理端则构建了数字孪生沙盘、资源管理一张图等多系统应用模块，为管理人员提供了高效、便捷的管理工具。数字孪生技术在国家公园建设与生物多样性保护中的应用，不仅提升了生态管理的精准化与网格化水平，还为科研宣教提供了强有力的数据支撑，推动了国家公园的数字化转型与可持续发展。

（3）在科研宣教方面，突出平台特色，积极开展长期监测与科学研究。依托国家级生态定位观测研究站平台，加强与南京林业大学、浙江省林科院等支撑单位合作，不断提升观测水平，为国家长期监测网络贡献高质量数据。在此基础上，开展凤阳山动植物本底调查，陆续发现昆虫新种凤阳巨基叶蜂，植物新种华大花忍冬、凤阳山樱桃、凤阳山荚蒾、浙南沙参等，并记录了新分布物种如槭叶小牵牛、红头咬鹃、白腹暗蓝鹟等，丰富了生物多样性数据库。

3.赋能生态产业，推动共同富裕

（1）改善产业配套设施，促进村民就业增收。通过全面改善硬件与软件设施，不仅优化了当地产业环境，还辐射带动了毗邻村落的共同发展，实现了整片区域的提升。近年来，三毗邻乡镇新发展和培育提升了8060亩蔬果园、高山育苗基地，以及近2000亩的特色种植基地，如茶园、再生稻种植、稻鱼共生、稻蛙共生等，有效促进了村民在家门口就业增收。

（2）发展精品民宿，提升旅游品质。坚持"小而美""小而精""小而特"的发展理念，按照"建一处、成一处"的原则，建设并培育了一批以避暑养生休闲、特色乡土文化、休闲农业产业为主题的精品民宿示范点。例如，利用炉岙村的高山气候资源优势，通过政府扶持引导，成功打造了民宿示范点，并辐射带动了周边村民宿旅游的发展。近年来，炉岙村共接待游客8万余人次，经营总收入达到600余万元。

（3）探索特色产业发展，打造国家公园品牌。积极培育具有国家公园辨识度的"林下经济"特色品牌，建成2590亩的梅地灵芝谷共富基地，以林下种植椴木灵芝为主，年产值达到500多万元，带动了120多名林农在家门口就业，人均增收8000多元。同时，屏南镇依托国家公园的生态优势，大力发展高山蔬菜产业，种植面积达4250亩，年产值超过6400万元。此外，还积极探索稻石蛙养殖模式，实现了一地多用、一水多用、稻蛙互补、效益倍增，为山区发展特色农业养殖提供了新样板。

（4）产业赋能促振兴，创造生态产品价值转化"增长点"。为将生态效益更好地转化为经济效益和社会效益，积极发展多种生态产业。一是打造天空越野小镇，在屏南镇建设了以山水田园为基础、以体育越野及休闲旅游为主线的避暑（天空）越野小镇，带动了沿线农家乐、民宿等产业的发展。二是打造农耕文化小镇，在龙南乡以"农耕文化"为主题，开展农耕体验与耕读体验等活动，丰富了乡村旅游的文化内涵，并以"康养度假"为核心，实现了生态产品价值的高效转换。三是打造国家公园康养小镇，紧密融合森林康养小镇、国家公园主大门等规划，以"一线一镇二区"为总体布局，打造产业特色明显、人文气息浓厚、生态环境优美的特色小镇，加快了小镇人口集聚和服务业发展。目前，兰巨乡已发展农家乐（民宿）60家，培育了生态茶园、精品果园、花卉苗木园、油茶、精品蔬菜园等多种生态产业，农产品产量稳占全市四分之一以上，为区域共同富裕与生态产业的发展奠定了坚实基础。

第二节　百山祖园区龙泉片区生态人文资源类型及主要文化

根据百山祖园区生态人文资源概况，我们将龙泉片区的生态人文资源及文化划分为以下五种类型。

一、以广袤丰富的生物资源孕育的森林生态文化

自中生代三叠纪中期以后，百山祖园区龙泉片区全境就已经被原始森林覆盖。新生代全新世冰期以后，龙泉片区内亚热带森林的自然分布和科、属、种组成已经与今大致相似。随着自然环境的渐变及居民们开展农业生产活动，原有的森林分布区域逐渐缩小，有的地方甚至消失。清朝末期至20世纪80年代百余年间，龙泉片区的森林资源不断减少，但高海拔的山区仍保留下较大面积的亚热带常绿阔叶林和针阔叶混交林。进入新时代，随着地方政府加强山区森林保护工作，森林火灾基本杜绝，木材采伐受到了严格控制，森林植被类型自然演替明显，特别是高山山冈上的草丛、灌丛等植被类型逐渐被针叶林、针阔混交林所取代，已成为"浙南林海"中的精华之处。

龙泉片区海拔1800米以上山峰有9座，主峰黄茅尖海拔1929米，为长三角第一高峰。植被分布从山顶到山脚依次为山地灌草丛、山地针叶林、山地矮林、常绿落叶阔叶混交林、针阔叶混交林、常绿阔叶林，保存了较为完整的山地垂直带谱。龙泉片区蕴藏了丰富的野生动植物资源，有大型真菌632种，苔藓植物368种，蕨类植物273种，种子植物1829种。其中国家一级重点保护野生植物有红豆杉、南方红豆杉等2种，二级保护植物有白豆杉、穗花杉、榧树、鹅掌楸、莼菜、短萼黄连、蛛网萼、红豆树、花榈木、伯乐树等48种。

龙泉片区的动物资源丰富且珍稀濒危物种聚集度高，已知野生脊椎动物416种，其中，鱼类87种，两栖类38种，爬行类53种，鸟类174种，兽类64种。其中，列入国家重点保护的野生动物60种，国家一级重点保护野生动物6种，及原有记录现多年未再发现6种（大灵猫，豺，金猫，豹，云豹，虎）；二级重点保护动物48种。近年来通过调查还发现野生动植物新记录：九龙山榧、红头咬鹃、小鸦鹃、棕腹大仙鹟等；发现动植物新种：华大花忍冬、锈毛帚菊、凤阳山樱桃、凤阳山荚蒾、浙南沙参、凤阳巨基叶蜂等；发现倍林斑粉蝶等龙泉片区蝴蝶新记录种53种。

百山祖园区龙泉片区广袤丰富的生物资源孕育了独具特色的森林生态文化，主要包括传统香菇培植技术，传统砍花法和惊蕈术的诗歌及文字记载，人工种植灵芝各种技艺等多种森林物质文化和精神文化。

（一）森林植被资源①

龙泉片区地带性植被为亚热带常绿阔叶林及相应的生物群落。因海拔高度的变化，在相应的气候垂直分布带上形成森林植被的垂直带谱系列，享有"华东地区古老植物的摇篮"之誉。其以优势种或次优势种形成特定的稀有群落有福建柏群落、白豆杉群落、铁杉群落、黄杉群落、红豆杉群落、香果树群落、蛛网萼群落等7个群落。龙泉片区周边村落拥有丰富的古枫林、古梨树群、珍稀树种、鸳鸯树、松树林、阔叶林等古树林资源。

1.植被类型

百山祖园区龙泉片区植被类型和区系成分既有典型的中亚热带常绿阔叶

---

① 本部分主要参考《凤阳山续志》编委会.凤阳山续志[M].北京:中国林业出版社,2019:5-10.

林的特征，又具有差异性、过渡性、多样性的特点。植被类型可分为针叶林、针阔叶混交林、阔叶林、竹林、灌丛、草丛等6个植被型组、11个植被型、21个群系组和27个群系（表3-1）。

龙泉片区森林植被以黄山松林和常绿阔叶林为主，低海拔处的原生常绿阔叶林已被砍伐仅存次生常绿阔叶林及人工植被，但核心区尚保存着较成熟的中山地带常绿阔叶林，其主要组成种类有壳斗科、山茶科、樟科、山矾科中的一些适合在中山地带生长的植物，如褐叶青冈、多脉青冈、木荷、短尾柯、甜槠、黑山山矾等。龙泉片区植被具有垂直分布的趋势，但分布带并不明显，常绿阔叶林分布区的海拔可达1650米以上，落叶常绿阔叶混交林也可以在海拔1000米以下出现。其垂直分布是复杂的、镶嵌式的，如在中山地带的某些山体，往往沟谷地段为落叶常绿阔叶混交林、山坡上为常绿阔叶林或针阔叶混交林，山脊上下为针叶林或矮曲林。龙泉片区植被类型的内部结构较为复杂，分层明显，有乔木层、灌木层和草本层之分，而乔木层又可明显分为两层，主林层以建群种为主，亚林层在大多数群落中以杜鹃花科的猴头杜鹃、鹿角杜鹃，山茶科的尖连蕊茶、红淡比、浙江红花油茶为主。

表3-1 龙泉片区植被类型[①]

植被型组	植被类型	名称
针叶林	I 温性针叶林	黄山松针叶林
		黄山松林
		柳杉针叶林
		柳杉林
		福建柏针叶林
		福建柏林
	II 暖性针叶林	杉木针叶林
		杉木林
针阔叶混交林	III 温性针阔叶混交林	黄山松阔叶混交林
		黄山松、木荷林

植被型组	植被类型	名称
		黄山松、多脉青冈林
		黄山松、褐叶青冈林
		福建柏针阔叶混交林
		福建柏、木荷、褐叶青冈林
	IV 暖性针阔叶混交林	杉木针阔叶混交林
		杉木、木荷、短尾柯林
阔叶林	V 常绿落叶阔叶混交林	亮叶桦常绿落叶阔叶混交林
		亮叶桦、木荷、短尾柯林
		亮叶桦、多脉青冈林
		亮叶桦、硬斗石栎林
		鹅掌楸常绿落叶阔叶混交林
		鹅掌楸、多脉青冈、小叶青冈林
阔叶林	VI 常绿阔叶林	青冈类林
		褐叶青冈、木荷林
		多脉青冈、木荷林
		小叶青冈、木荷林
		栲类、木荷林
		甜槠、木荷林
	VII 山顶矮曲林	杜鹃矮曲林
		猴头杜鹃林
竹林	VIII 暖性竹林	丘陵山地竹林
		毛竹林
	IX 温性竹林	山地竹林
		玉山竹林

植被型组	植被类型	名称
灌丛	X 常绿阔叶灌丛	马银花灌丛
		云锦杜鹃灌丛
	XI 落叶阔叶灌丛	波叶红果树灌丛
		映山红灌丛
草丛		芒–野点草草丛

2. 稀有群落

龙泉片区稀有或濒危植物分布区狭窄，大多散生于各类群落中，仅有少数种类能作为优势种或次优势种形成特定的群落，将其称为稀有植物群落。分布于龙泉片区内国有山林中的稀有植物群落主要有福建柏群落、白豆杉群落、铁杉群落、黄杉群落、红豆杉群落、香果树群落、蛛网萼群落等7种。

（1）福建柏群落。分布于凤阳湖水口、大垟、大田坪水口和老鹰岩。福建柏种群年龄相对较小，幼苗、幼树个体较多。可以分为乔木层、灌木层和草本层。

（2）白豆杉群落。在凤阳湖、小黄山、石梁岙、大田坪和老鹰岩有较集中分布。主要分布于乔木层的第二亚层和灌木层，在杜鹃矮曲林中，白豆杉是灌木层中的优势种，其相对盖度可以达到20%左右。

（3）铁杉群落。零星分布于凤阳湖水口、石梁岙、上圩桥至黄茅尖的道路两侧等地。铁杉散生在乔木层的上层可成为群落乔木上层的优势种，多为胸径40厘米以上的大树。

（4）黄杉群落。仅见于百山祖园区龙泉片区的老鹰岩下，海拔约1300米，坡度较陡，植株较少。黄杉主要分布于乔木层的上层，群落属于黄杉针阔叶混交林。群落高度8—15米。

（5）红豆杉群落。分布于凤阳湖水口、大田坪水口等地，海拔1200—1500米的山坡上。红豆杉所在群落属于福建柏针叶林，主要分布于乔木下层及灌木层。

（6）香果树群落。分布大垟中部和百山祖园区迎宾门等地，群落高度5—18米。香果树在群落中为优势种，主要分布在群落的上层。

（7）蛛网萼群落。分布在百山祖园区迎宾门外及官埔垟村外公路上侧，海拔500—1200米左右的潮湿小山谷，岩石裸露并有流（滴）水的小环境中常有集中分布。

3.古树名木

百山祖园区龙泉片区古树多属半原生森林植被，加之历史上交通闭塞，人烟稀少，木材生产、人为破坏的情况相对较少，如果按照古树树龄百年以上的标准计算，片区内规格较大的黄山松、大部分阔叶树都属古树范畴，因而古树名木数量众多。2002年，龙泉片区对国有林部分古树名木进行调查，限于交通等原因未深入林内，散生古树仅调查到140株，古树群6片（共170株），因而其调查到的古树数量仅占保护区内实际数量的极小部分。

从调查数据分析，140株古树分属19个科，有33个树种。其中松科和壳斗科共78株，超过总数的一半，数量最多的黄山松有33株，其次为亮叶水青冈15株，第三是甜槠9株。目前，龙泉片区重点保护的古树群主要分布在屏南镇、龙南乡、兰巨乡。例如：东山头村树林中有8棵江南油杉，每棵高达20余米，树龄都达数百年，属珍贵古树；横坑头村后山一片300亩的古森林，属于原始次生林，有树龄在150—250年以上的黄山松为主的古树木1500多棵；坪田李村村庄周围分布着福建柏、大柳杉等古树名木，离村不远的罗木桥古树林，系省级自然保护区，共有古树200余株，树龄约200—300年，有福建柏、铁杉等多个名贵保护树种；后畲村边的5棵大柳杉全国罕见，树龄逾600年，其中最大一棵高52米，胸径2.76米，围径8.69米，为全国之冠。

（二）植物资源[①]

龙泉片区植物资源丰富，有大型真菌632种，苔藓植物368种，蕨类植物273种，种子植物1829种，被誉为"华东地区古老植物的摇篮"。

1.孢子植物

（1）大型真菌。据调查，龙泉片区共记录有大型真菌632种，其中经济类真菌182种，主要包括：食用真菌95种，药用真菌（包括药食兼用菌）72种，其他真菌15种。这些真菌隶属11目33科73属，其中药用和食用真菌分

---

① 本部分主要参考《凤阳山续志》编委会.凤阳山续志[M].北京:中国林业出版社,2019:11-22.

属于炭角菌类、木耳类、银耳类、花耳类、圆孢地花类、鸡油菌类、珊瑚菌类、牛排菌类、灵芝类、猴头类、多孔菌类、企菌类、牛肝菌类、乳菇类、红菇类、马勃类、鸟巢菌类、鬼笔类、柄灰包类等。此外，现已查明的有毒真菌31种。

真菌物种的分布与植被类型以及人类活动关系密切。在天然植被丰富和人类活动小的地方分布多，在人工植被、人类活动频繁之地则分布少。龙泉片区的真菌主要分布于大田坪、凤阳庙周边至双折瀑和小黄山、小黄山至将军岩、凤阳山周边至十八窟、上圩桥至黄茅尖、大田坪至乌狮窟、十里笼翠周边等地。

（2）苔藓植物。百山祖园区龙泉片区共有苔藓植物368种。其中苔类植物118种，隶属于26科45属；蕨类植物250种，隶属于40科125属。最常见的几个优势种是大羽藓、南亚假悬藓、扭叶藓红色假鳞叶藓、弯叶灰藓、瓜哇白发藓、树平藓、列胞耳叶苔、双齿异萼苔、三裂鞭苔、大瓣扁萼苔、拳叶苔等。特有种目前仅知耳叶苔一种。该植物是朱瑞良教授于1992年和1996年在龙泉片区十八窟发现的。

在龙泉片区海拔1200米以上的地段植被保存良好，70%以上的苔藓种类分布在海拔1100—1600米，几个亚热带和热带分布的科，如蔓藓科、平藓科、锦藓科等主要出现在这一地段。部分科显示出明显的垂直分布迹象，像黑藓科只出现在海拔1800米以上的地区，万年藓科、拟垂枝藓科等也只在1600米以上被发现。叶附生苔类植物主要分布在1500米以下的沟谷，在900米至1200米之间的大田坪附近种类最多。一些喜热种类，仅在海拔500米以下有分布。

（3）蕨类植物。根据历次采集和研究资料整理，百山祖园区龙泉片区共记录有蕨类植物37科74属196种和7变种，其中种类最多的5个科是鳞毛蕨科、水龙骨科、金星蕨科、蹄盖蕨科和铁角蕨科。这些蕨类植物有些是医药、食品原料，有些是热带、亚热带地区水土保持的优良植物，有些是园艺观赏植物及良好的切花材料。还有华南紫萁、长毛路蕨、红线蕨等被建议列入国家或省级保护的珍稀种类，因此具有较高的保护价值。

在龙泉片区的蕨类植物中：中国特有分布种57种，占28%，分属中国特有分布型的8个亚型；浙江特有分布亚型有3种，占特有种总数的5.3%，分别是假长尾复叶耳蕨、昂山复叶耳蕨、龙泉鳞毛蕨；华东地区特有分布亚型有9种，占特有种总数的16.8%，如短尖毛蕨、武夷瘤足蕨、中间蕨、武夷鳞毛蕨、闽浙圣蕨、多芒复叶耳蕨等。

2.种子植物

龙泉片区有野生或野生状态的种子植物1829种。其中：裸子植物7科18属19种及3变种，双子叶植物134科503属1042种13亚种91变种及5变型，单子叶植物23科145属272种18变种及1变型。龙泉片区种子植物区系的基本成分中，除松科外，阔叶树中的壳斗科、樟科、山茶科、冬青科等的一些种类也是森林植被的优势种或建群种。

3.珍稀植物

百山祖园区龙泉片区是浙江省珍稀濒危物种的重要分布区，列入国家重点保护的野生植物就有21种，占浙江列入保护数量的52.3%。龙泉片区内有珍稀濒危植物59种（含种下分类群），内有藓植物3种，裸子植物11种，被子植物45种，其中列入国家一级保护4种，二级保护18种。以木本植物占优势，有33种；数量最多的是兰科，有15种；其次是木兰科，有6种；红豆杉科有5种。龙泉片区重要的珍稀濒危植物有：黄杉、铁杉、福建柏、白豆杉、红豆杉和南方红豆杉、短萼黄连、鹅掌楸、黄山木兰、厚朴和凹叶厚朴、天女花、钟萼木（伯乐树）、蛛网萼、野大豆、花榈木、紫茎、毛花假水晶兰、银钟花、香果树、细茎石斛、天麻、独蒜兰及特有植物凤阳山樱桃、广西越桔等。

4.经济植物

龙泉片区经济植物资源丰富，约有1529种（部分物种一物多用），根据其用途分纤维植物、油脂植物、芳香油植物、鞣质植物、树脂植物、果胶植物、食用植物、药用植物、色素植物、材用植物、观赏植物。

（1）纤维植物。约有100种，以禾本科和莎草科种数最多，约占1/3。常见的主要有：棕榈、苎麻、龙须草、山类芦、芒、黑莎草、薹草属、灯心草、细叶水团花、枫杨、小构树、榕属、臭椿、扁担杆、浆果楸、木槿、尧花等。

（2）油脂植物。约有90种。常见的主要有：浙江红花油茶、油桐、乌桕、华山矾、老鼠矢、羊舌树、白檀、宜昌荚蒾、山油麻、算盘子、珍珠菜、蜡子树、黑莎草、朱砂根等。

（3）芳香油植物。有41种。常见的有：香叶树、乌药、山鸡椒、香青、天名精、烟管头草、野蔷薇、亮叶蜡梅、白苞芹、木犀、金银花、橘草等。

（4）鞣质植物。约50种。以壳斗科最丰富，如栎属、石栎属、栲属、水青冈属、青冈属等，还有蔷薇科的悬钩子属、地榆和委陵菜的根，以及化香树、密花树、南酸枣、臭椿、杜英等。

（5）树脂植物。有6种。最重要和利用最多的是马尾松和黄山松，其次是紫花络石、枫香、细柄阿丁枫等。

（6）果胶植物。有13种。常见的有野山楂、桃属、李属、猪屎豆属、白芨、豆腐柴等。

（7）食用植物（含饲料植物）。有56种。植物某些部位可供食用。主要有：蕨、白花败酱、东风菜、树参、大蓟、马兰、水芹、猕猴桃、杨梅、柿、乌饭树、华东魔芋、荚蒾、菝葜、南酸枣、大叶冬青、青蒿等。

（8）药用植物。有660多种。主要有：天麻、鹿蹄草、槲寄生、多花勾儿茶、秀丽野海棠、网脉酸藤子、虎刺属、羊角藤、徐长卿、龙胆、大青、风轮菜、忍冬、鬼针草、荔枝草、爵床、半夏、车前、紫珠、楼梯草、见血愁、茜草、南方兔儿伞、梓木草、虎杖、接骨木、杜根藤、毛果南烛、密花山矾、紫金牛属、泽兰、淡竹叶、鸭跖草、大蓟、刺毛杜鹃、鹿角杜鹃、满山红、细辛、牡荆、紫苏、兰香草、紫花前胡、夏枯草、兰花参、过路黄、黑腺珍珠菜等。

（9）色素植物。有100多种。常用的主要有：莨芝、金樱子、荚蒾、冻绿茎、青箱、栀子、小果冬青、厚壳树、多穗石栎、越桔、茜草等。

（10）材用植物。有160余种。多为高大乔木和特用树种，如胡桃科的少叶黄杞、华东野胡桃，壳斗科的甜槠、锥栗、水青冈、小叶青冈、白栎，榆科的糙叶树、榉树，木兰科的鹅掌楸、深山含笑和松柏类很多种，以及木荷、江南桤木等。

（11）观赏植物。有250余种。常见的主要有：浙江楠、红楠、枫香、黄连木、蓝果树、猴欢喜、铁冬青、小叶白辛树、银钟花、山柳、杜英、猴欢喜、石楠、光叶石楠、深山含笑、光萼紫茎、波叶红果树、绣球属、胡枝子属、荚蒾属、紫珠属、赤楠、野珠兰、紫金牛属、雀梅藤、赤楠、杜鹃花、凤仙花、蔷薇、百合、兰花、蛛抱蛋、阔叶山麦冬、卷柏、华南紫萁、倒叶瘤足蕨、凤尾蕨、紫柄蕨、狭翅铁角蕨、胎生狗脊、茵芋、朱砂根、南天竹、草珊瑚、马蹄金、诸葛菜、地菍、射干、吉祥草、中华常春藤、爬山虎、知风草、类芦、狗牙根等。

（三）动物资源[①]

1.动物资源概述

龙泉片区地形地貌复杂，森林植被保存较好，食物链完整，从而为各种野生动物生存、繁衍、栖息等提供了良好的自然环境。根据相关资料，百山祖园区龙泉片区共有64种兽类，其中鼯鼠、黑白飞鼠、狼和虎已基本绝迹，豹、云豹、黑熊、狐、大灵猫和水獭等种类的数量十分稀少。除了食虫目、翼手目和啮齿目以外，在百山祖园区龙泉片区常见的主要是野猪、华南兔、猕猴、穿山甲、黄麂、黑麂、毛冠鹿和鬣羚等。其中：列入国家重点保护的野生动物60种，国家一级重点保护野生动物有黄腹角雉、白颈长尾雉、黄胸鹀、中华穿山甲、黑麂、小灵猫6种，及原有记录现多年未再发现6种（大灵猫，豺，金猫，豹，云豹，虎）；二级重点保护动物有大鲵、勺鸡、白鹇、鸳鸯、赤腹鹰、猕猴、中华鬣羚、豹猫、毛冠鹿等48种。龙泉片区是我国具有全球意义的生物多样性保护关键区域之一。

2.昆虫

龙泉片区因其独特的地理位置和自然条件，成为昆虫繁衍生息的理想之地，昆虫种类极为丰富。目前，相关部门共采集了超过10万号昆虫标本，经过鉴定，共有25目239科1161属1690种。其中，包括1个新属，64个新种，4个中国新纪录属和7个中国新纪录种，以及113个浙江新纪录种。在龙泉片区的昆虫区系中，东亚分布种有1067种，占总种数的63.1%；东洋种有390种，占23.1%；广布种有169种，占10%；古北种有64种，占3.8%。

3.脊椎动物

（1）两栖类。龙泉片区记录了38种两栖类动物。两栖类动物的区系成分以东洋界华中区种类为主，有18种。东洋界华中华南区种类次之，有11种。古北界种类最少，只有3种。两栖类动物包括溪流、静水、树栖和陆地等多

① 本部分主要参考《凤阳山续志》编委会.凤阳山续志[M].北京:中国林业出版社,2019:22-31.

种生态类群。

淡肩角蟾，其肩部有两块淡色的半圆形斑，因而得名。与百山祖角蟾相比，淡肩角蟾数量更多，行为也高调得多，它常常站在石块的顶端，容易看到。两种角蟾虽然很相似，但叫声却截然不同，淡肩角蟾的叫声非常急促，而百山祖角蟾则节奏缓慢。

（2）爬行类。百山祖园区龙泉片区记录了53种爬行类动物，是浙江省爬行类物种最丰富的地区之一。爬行类动物的区系特点以华中华南区成分为主，共有28种，包括石龙子科4种、游蛇科18种、眼镜蛇科3种和蝰蛇科3种。其次是东洋界华中区成分，有11种。广泛分布于古北界东洋界的种类有6种。华中西南区及华南区成分最少，各有2种。爬行类动物包括水栖、半水栖、树栖、穴栖、陆栖等多种生态类群。

（3）鸟类。百山祖园区龙泉片区共记录有鸟类174种。其中：留鸟80种，夏候鸟25种，冬候鸟12种，旅鸟4种。繁殖鸟共有105种。构成该地优势种以森林类型的种类为主。林雕、小仙翁、黑颏凤鹛、山鹪莺、高山短翅莺、棕腹柳莺和灰喉柳莺等7种为浙江省新纪录种。在不同海拔高度，鸟类的群落组成存在明显的差异，龙泉片区中等海拔（1000—1500米）地区是鸟类保护的重点区域。

（4）兽类。百山祖园区龙泉片区有兽类64种。在动物地理区划上，龙泉片区位于东洋界华中区东部丘陵平原亚区，兽类物种主要表现出以东洋界物种为主、东洋界物种和古北界物种相互渗透的区系特征。从分布型来看，全北型2种，季风型2种，不易归类型2种，南中国型13种，古北型9种，东洋型27种，其中东洋型为主体（49.09%），其次是南中国型（23.64%）和古北型（16.36%）。

4.珍稀濒危动物

百山祖园区龙泉片区分布有黄腹角雉、白颈长尾雉、黄胸鹀、中华穿山甲、黑麂、小灵猫6种国家一级保护动物，有大鲵、虎纹蛙、黑冠鹃隼、凤头鹰、赤腹鹰、松雀鹰、普通鵟、林雕、白鹇、勺鸡、东方草鸮、红角鸮、雕鸮、领鹎鸮、斑头鸺鹠、猕猴、藏酋猴、中华穿山甲、青鼬、水獭、小灵猫、大灵猫、豺、金猫和鬣羚等48种国家二级保护动物。同时，龙泉片区还分布有竹叶蛙、大树蛙、大头平胸龟、脆蛇蜥、尖吻蝮、黑眉锦蛇、滑鼠蛇、舟山眼镜蛇、眼镜王蛇、四声杜鹃、大杜鹃、中杜鹃、小杜鹃、三宝鸟、大拟啄木鸟、大斑啄木鸟、棕背伯劳、松鸦、红嘴蓝鹊、红嘴相思鸟、红背晦鼠、黑白飞鼠、马来豪猪、狼、赤狐、貉、鼬獾、食蟹獴、豹猫和毛冠鹿30种省级重点保护动物。

黄腹角雉为我国特有种，在全国范围内野生种群极少，一般只生活在海拔800米至1400米的亚热带山地常绿阔叶林和针叶阔叶混交林中，对栖息环境要求高，性好隐蔽，善于奔走，常在茂密的林下灌丛和草丛中活动，为国家一级保护动物。

（四）龙泉片区森林生态文化

森林生态文化，是人与森林、人与自然之间建立的相互依赖、相互作用、相互融合的关系，以及由此创造的物质文化与精神文化的总和，是生态文明建设的重要内容。[1]森林文化是人们不断认识、调整人与自然、人与森林相互关系的必然产物，是森林人格化的具体体现。人们在充分体验森林文化愉悦的同时，将森林人格化，在人与森林进行精神交流的同时，将其中值得我们学习的东西，逐步演化成道德规范，渗入人的内心世界，形成一种世界观。这种森林精神是森林文化的精华和支柱。森林是陆地生态系统的主体，森林生态文化将成为生态文化的主体[2]。森林生态文化可分为森林物质文化和森林精神文化两大类。

1.森林物质文化

在龙泉片区，森林物质文化主要包括香菇和灵芝等作物的种植栽培文化，其种植栽培技术与森林资源的获取直接相关。例如，在香菇栽培中，先进的种植技术能够筛选出适合当地土壤、气候条件的菌种，通过科学的育苗、移栽等操作，使香菇更好地生长。这些人工培育的香菇，都是森林物质文化的重要组成部分。

香菇和灵芝种植栽培技术体现了山区劳动人民利用改造森林资源的物质成果。通过采用不同的种植栽培技术，人们可以营造出结构复杂、功能多样的森林生态系统。这种改造后的森林生态系统，可以利用林下空间种植食用

---

① 房西文.依托森林公园加快森林生态文化建设[J].陕西林业,2008(4):14.

② 肖君.福建森林生态文化体系建设现状与对策[J].林业勘察设计,2011(2):48-50.

菌、中药材等。这些都是种植栽培技术带来的森林物质产出的拓展，是森林物质文化的体现。香菇和灵芝种植技术是森林资源可持续物质利用的保障，可以促进森林的自我更新和生态恢复，保障森林物质文化的传承和延续。

（1）香菇种植技术。在长期的香菇栽培过程中，龙泉片区形成了一整套完整的香菇培育技术，如砍花法、惊蕈术，这为后世培育出良好品质的香菇打下了良好的基础。

①砍花法[①]。砍花法又称"剁花法"，民间地方语音"嗍花法"，日本称"铊目法"。香菇砍花法技艺，其要领为：两选、三砍一遮、四保。

两选，即选菇山、选菇木。这是"砍花法"栽培香菇的基础工作。选菇山，是选取适应香菇生长的地理环境。要通过实地"六看"确定菇山菇木：一看山势，山前要空阔；二看坐向，坐北朝南，冬暖夏凉；三看菇木，菇木要多，树种要好；四看树色，菇木茂盛，皮层发达，以带有红丝色树皮的菇木为上品；五看土质，土地肥沃，腐殖土层厚；六看水源，既方便生活，又利于抗旱催菇。选菇木，即选取可以用来做香菇的树木。"砍花法"栽培香菇历史中认为具有良好栽培价值的树种有：红栲、白栲、毛栲、枫香、檀香、甜槠、苦槠、白栎、麻栎、毛栗、金栗、古栗、乌冈栎、鹅耳枥、橄榄等。

三砍一遮，即砍树、砍排水口或保水口、砍花、遮衣等四道工序。砍树要把树根部砍成缺口，有利于树根部萌发树枝生长，快速恢复林木。菇木砍伐时要选好倒向。砍排水口或保水口，就是在菇木的二分之一或三分之一处砍一个或两个排水口。砍花，又叫点花，需要较高的手工技艺。采用的斧头必须斧口锋利又平直，在原木两侧，以每隔三四寸的间距砍几列划口，其深浅要看树种和场地来确定。此外，菇民也会根据各种食物，如米、玉米粒等来表达砍花的深浅，但此种表达只是依据菇民的实践经验，实际上很难仿照。砍花法栽培香菇，菇木要2—3年才开始出菇，为防止菇木日晒脱皮，在菇木上方留好阴凉树，还要以树枝树叶遮盖菇木，遮盖时要有利于通风，保持菇木周身接受新鲜空气和空气中飘浮的香菇孢子。砍树、砍排保水、砍花、遮衣四道工序是祖传下来的砍花法技艺核心。

①柳绍斌,鄢鸣,项吴菊.触摸世界香菇文化历史源头——龙南下田村菇神庙会纪行[N].丽水日报,2009-8-20.

四保，即在出菇管理期保护好山林生态，保护好菇木，保护好香菇生长期安全，保持每天巡山检查管理，确保香菇丰产丰收。主要举措是捕捉山禽走兽，消除兽害，确保人身和香菇安全，每天巡山管理。

②惊蕈术。惊蕈术是一种香菇催生性的技术，也是增加香菇产量与质量的措施。因受气候的影响，往往会出现菇树质量虽好，但不生长香菇的情况。相传，当年吴三公以斧头连敲菇树，数日之后竟满树都生出香菇，而同样的菇树未敲就不出香菇。自此，菇民们便掌握了"惊蕈术"规律。当然，此术对季节、气温的科学利用也十分讲究。

（2）灵芝培植技艺[①]。在长期灵芝栽培过程中，龙泉片区形成了一整套完整的灵芝栽培技术，主要包括"埋土法"、林下原生态灵芝种植法等。

①"埋土法"。宋代龙泉人吴应能首创"埋土法"种植灵芝，其被后世芝农尊称为"龙泉灵芝人工种植之祖"，俗称"灵芝神"。吴应能发明的"埋土法"种芝要点是：在靠近水源处将有一定年份的阔叶树砍倒，锯成2米左右段木，劈开，挖个地坑，把灵芝木堆在坑中，然后在芝木上浇上捣碎的野生灵芝浆或者生长过野灵芝的枫树桩捣碎之木渣，浇上大量水，再埋上土，第二年或第三年即可长出灵芝。随着"埋土法"种植灵芝的传播推广，龙泉灵芝种植日益普及。

②林下原生态灵芝种植法。主要生产流程：林地选择→树木间伐→截段→装袋→灭菌→冷却→接种→箱内养菌→运输上山→覆土→出芝管理→孢子粉采收。种植要点：选取坡度45度以下，接近水源，遮荫度为三分阴七分阳的林地作为芝场；选取近芝场的田地搭建养菌棚，前期制棒、接种、养菌等工艺在田间设施化大棚内完成；菌棒成熟后，选择晴天或阴天将成熟的灵芝菌棒运至芝场，将已发好菌的菌木埋在地下；菌木通过吸收土壤中的矿物质微量元素，菌丝不断生长扭结成子实体原基，子实体原基在林下光、温、湿、气等协同作用下，生长成熟，菌丝体吸收树木光合作用产生的氧气，合成自身所需的营养物质，并放出二氧化碳供树木光合作用，促进森林蓄积量的增加；种植灵芝后的菌木就地还山，通过微生物的分解，为树木生长提供养分，形成气、物的循环利用。

① 王振春,何穗谷.龙泉灵芝文化溯源[J].农产品市场(龙泉灵芝特刊),2024(11):18-19.
何建芬.龙泉灵芝种植技艺的传承与创新[J].农产品市场(龙泉灵芝特刊),2024(11):29-30.

林下原生态灵芝种植法的优点是具有不与农争时，不与粮争地，不与地争肥，不与森林争资源的优点，系统中的营养物质、周面复始地循环利用，植物、动物、微生物构建了和谐共生的循环系统，形成了农业生产有机融合的山地农林复合生产系统，打造了森林、村落和溪流相互协同、结构合理的土地利用类型和生态景观。这种生态循环的种植方法既有利于保障农业的有序生产，又能促进生态平衡，从而使人们能够循环、充分地利用土地，形成了人与自然和谐共生的良好生态系统。

2. 森林精神文化

世代山民在长期的"道法自然"的山区农耕生产活动中，尤其是森林——香菇、灵芝共育的森林生态系统是山民维持山区森林系统稳定和生计可持续发展的保障，形成了丰富的森林生态民间文化。例如，围绕香菇和灵芝种植技艺的民歌，保护林木的民俗——拜山神、迎神会，敬畏树木的民俗——认树娘，森林整体保护的民俗——祭"风水林"等乡规民约。

（1）围绕香菇和灵芝种植技艺的民间文艺。香菇文化的出现是龙泉人与自然和谐发展的一种具体体现。香菇文化的发展，增加了人们之间的互动，丰富了人们的生活，拓宽了龙泉的农耕文明。在龙泉香菇文化发展的过程中，人们充分发挥自身才智，创造出了传统砍花法工艺流程的诗歌，以供人们传唱和利用砍花法。而诗歌作为一种龙泉香菇栽培技艺传承的载体，世世代代在龙泉传唱，从而使得传统砍花法能够传承至今。有关香菇传统砍花法工艺流程形成传颂的诗歌如下。

踏槽（选场）

山场阳，香蕈花又重；山场阴，香蕈薄又轻。

山地光又实，香蕈多又密；山地蓬松松，十蕈九个空。

择树

若要高山香蕈多，米槠、红栲、檀香、乌枫来当家。

若要低山香蕈多，杜英、乌楮、楮柴、锥栗来当家。

做槽

十槽百蕈快，百槽千蕈难。

霜冻多，少做槽；雨水调匀多做槽。

草墙南北倒，墙身容易烂；草櫑东西倒，添得一年饭。

砍花

砍花老鸦叮，做花还未精；砍花如水槽，香蕈保弗牢；

若砍戴帽花，力气白白花；砍得两边伏，不愁没香蕈。

遮衣

硬汉多遮衣，软汉薄薄披。压绝收，晒半收，遮阴、通风保全收。

上向嫩柴衣，下向粗秆技。压墙无一寸，晒墙有一半。

此外，还有与香菇、灵芝种植和贸易相关的民间文艺，例如集歌、舞、剧于一体的多声腔板腔体戏剧——菇民戏，山民在灵芝等食用菌生产劳动过程中所咏唱的民歌——灵芝山歌、灵芝舞等。

（2）围绕香菇、灵芝等菌菇类种植以及森林生态保护形成的民间信仰。主要包括：龙泉片区菇农、芝农回乡过节的重大祭祀节日——菇神庙会，村民祈福一年风调雨顺、五谷丰登的祭祀祈福活动——迎神庙会等。

在龙泉片区的民间文化传统中，"风水林"是山区村民为保持良好生态环境而特意保留的树林，在民间有"吉祥""祈福"的寓意，相信"风水林"会给人们带来好运，因此村民都会自觉保护"风水林"，敬畏自然、尊重森林。因此，"风水林"与人们的信仰和价值观紧密相连，它承载着当地居民对自然的敬畏、对美好生活的向往以及对祖先的尊重等情感。这种民间信仰文化是百山祖园区龙泉片区厚重悠久的历史文化的重要组成部分，对于传承和弘扬森林生态文化和乡村传统文化具有重要意义。

二、以悠久多样的农耕资源积淀的乡村传统文化

自古以来，百山祖园区龙泉片区犹如一座巨大的生态资源与人文文化"基因库"，蕴藏着诸如肥沃的耕地、多样的作物、特色的村落等悠久多样的农耕资源，勤劳的世世代代人民基于这些优质的农耕资源，在长期的农业生产生活中创造出了璀璨独特的农耕文明，成为传承龙泉片区乡村传统文化的重要载体，在传承优秀农耕文化、推动乡村文化振兴中发挥着不可替代的作用。

（一）龙泉片区农耕资源概况

百山祖园区龙泉片区气候温和湿润，四季分明，光照充足，无霜期长，是瓯江源头，水系纵横、水量充沛，优越的山水生态资源与悠久多样的农耕资源，经过世代人民群众漫长的生产劳动实践，创造形成了颇具地方特色的农耕文化。

1.物质农耕资源

龙泉片区的物质农耕资源具有生物多样性、物种丰富度等特征，为当地农业生产提供了良好的资源条件。通过百山祖园区的创建，龙泉片区自然生态系统的原真性、完整性得到有效保护，为科学研究、社会治理、文化传承等提供了良好的基础。

（1）耕地资源。龙泉片区内耕地资源丰富，土地类型多样、宜种性广、利用率高，具有水田、旱地、园地、林地等主要类型，其中园地以果园、茶园为主要类型，林地以乔木林地、草地为主要类型。其他土地类型以设施农用地、田坎、裸土地和裸岩石砾地为主要类型。片区内高山耕地资源众多，海拔500米以上高山耕地资源可利用面积位居全省前列，可以种植或培育诸如高山蔬菜、灵芝、香菇、木耳等丰富的农作物，为农耕文化的传承发展提供稳定的物质基础。

（2）作物资源。得益于得天独厚的自然条件和地理区位优势，龙泉片区适宜多种动植物的生长和繁衍。其中，尤以灵芝、黑木耳、香菇等食用菌和茄子、四季豆、番茄等高山蔬菜为特色。就产业分布来说，龙泉片区的香菇和黑木耳大多分布在屏南、龙南等高山乡镇，灵芝大多分布在兰巨乡。就产业发展规模来说，已培育多家与食用菌种植、加工、销售相关的家庭农场、合作社和农业企业，培养了众多从事食用菌栽培的农业技术人才，辐射带动了贵州、广西、云南、安徽等其他省份的食用菌生产行业。

高山蔬菜是龙泉片区另一张生态农业金名片。依托丰富的山地资源，大力发展生态山地蔬菜，形成以茄子、四季豆、番茄等为主要品种的山地蔬菜产业带，主要分布在龙南乡、屏南镇等高海拔地区，销往浙江、上海、江苏、安徽等地。就产业发展来看，高海拔区域以种植四季豆、番茄、辣椒等高山蔬菜为主，中海拔区域以种植"龙泉茄"等为主，低海拔区域以设施蔬菜为主，这些蔬菜产业带成为片区内农民增收、共同富裕的绿色产业。值得一提的是，龙泉已在市域范围内创立"龙泉绿""龙泉茄""龙泉高山四季豆"等公用品牌商标，促进了蔬菜产业的绿色化栽培、规范化管理、品牌化运作。

（3）建筑资源。龙泉片区内古建筑种类丰富、历史悠久、工艺精湛，主要包括菇民建筑群、古桥梁、古宗祠、古庙宇、古井、古驿道、古廊桥等众多类型，且大多数传统建筑保存良好，例如，龙南菇民建筑群柳家大屋和余家大屋等。这些历史建筑无论从其建筑形制还是实用功能，都体现出鲜明的地域性文化特征，具有较高的历史价值和科学、文化及艺术价值。

同时，龙泉片区内还拥有众多历史传统村落，为龙泉市域范围内的剑瓷文化、香菇文化、廊桥文化等保护传承提供了良好的空间与载体，主要包括：兰巨乡官埔垟村和梅地村、龙南乡大庄村、屏南镇横坑头村和砭铺村等中国传统村落，以及屏南镇库粗坑村、龙南乡兴源村和安和村等省级传统村落，屏南镇周岱村等市级传统村落。这些传统村落或是自然生态型村落，即自然形成的原住民村落，村内保留着大面积的梯田、田园、茶园或森林等生产资源，自然风光优美，生态资源丰富，例如兰巨乡官埔垟村、梅地村、官田村、龙南乡安和村、屏南镇周岱村等；或是香菇文化特色型村落，村落形态与菇民独特的社会结构和生产生活习俗相关，村庄内保留着特色的居住形式建筑、香菇砍花技艺以及菇民防身术等文化遗产，多分布于龙南乡大庄村等地；或是农耕文化综合型村落，主要以历史文化遗产为主，例如保留着名人传说、名人事迹、名人故居，或木偶戏、花鼓戏等非物质文化遗产，龙南乡兴源村等地有此类村落。

2.非物质农耕资源

非物质农耕资源主要指作为乡村文化遗产组成部分的各种社会实践、观念表述、表现形式、知识、技能等非物质文化遗产，例如民间信仰、家风家训、节日仪式、戏剧民歌等。

（1）传统生产技艺。传统技艺具有较高的艺术价值、应用价值和文化价值，它是生产生活和礼仪活动中与之相关的技法、习俗，具有显著的言传身教的特性，通过言传身教使得特殊的技艺诀窍以及有关的仪式和仪轨知识代代传承。龙泉片区的非遗技术种类繁多，主要可分为传统技艺类项目和民俗类项目，包括香菇种植技术、灵芝栽培技术、中草药种植和开发利用技术、古建筑营造技艺等，这些传统手工艺极具制作性、技能性和艺术性，是中国古典审美情趣和能工巧匠智慧结晶的重要表现，蕴含深厚的文化底蕴。

（2）民俗文化资源。民俗资源主要包括民间风俗、歌曲舞蹈、神话故事、民间信仰等非物质资源，代表着特定地域的风土人情，是一个群体在长期的生产实践和社会生活中逐渐形成并世代相传、较为稳定的文化事项。龙泉片区的民俗文化资源丰富多样，龙泉民歌、提线木偶戏、花鼓戏、龙泉菇民习俗、菇民防身术、菇民行话、香菇庙会、龙南迎神会等都是典型代表。

（二）龙泉片区乡村物质文化与非物质文化

百山祖园区龙泉片区悠久多样的农耕资源，经过世代勤劳智慧的劳动人民的传承创造，积淀形成了丰富厚重的乡村传统物质文化和非物质文化。

1.龙泉片区乡村物质文化

菇神庙、菇民居及菇寮、廊桥等传统建筑文化广泛分布于龙泉片区多个村落，成为乡村物质文化的重要载体，承载、表达和展现着乡村传统文化的丰富内容。

（1）菇神庙。作为菇民信仰的核心场所，菇神庙在菇民社群中具有举足轻重的地位。它不仅是菇民祭祀、祈福、谢恩等活动的场所，更是菇民首领商议菇业事务、集中进行商品贸易以及进行文化娱乐活动的多功能中心，亦是菇民群体信仰体系与精神追求的集中体现。菇神庙内供奉着菇神，象征着菇民对香菇产业的敬畏与依赖，同时也寄托了菇民对美好生活的向往与追求。此外，菇神庙还承载着菇民群体的集体记忆与文化传承，是研究菇民文化、探讨民间信仰及乡村社会文化变迁的重要窗口。龙南乡现存的菇神庙，其平面布局与建筑风格基本相似，拥有门楼及神龛等重点建筑部分，其构架做法、雀替牛腿图案及屋脊装饰等，无不展现出精美的雕刻艺术，融入浓厚的地方特色。菇神庙内供奉着相同的神灵，如五显公兄弟五位神像以及千里眼、顺风耳将军神像等。近现代建造的菇神庙内供奉的神像虽有所变化，但整体上保持了高度的统一性和历史延续性。菇民们面对难以理解的自然现象和香菇生产的特殊规律，从最初的恐怖不安到逐渐信奉崇拜，进而祈求神灵保佑，这一心理转变过程促成了菇民信仰的自发形成。信仰对象包括历史上与菇业发展息息相关的"吴三公""刘伯温""五显灵官"以及各路山神等，菇民们将这些信仰对象敬之为"菇神"，并建立起供奉的场所——菇神庙。通过定期的祭祀活动，菇民群体得以强化信仰认同，增强社群凝聚力。祭祀"菇神"包括合作祭祀和个人单独祭祀两种类型。群众合作祭祀以"庙会"形式进行，固定朝拜日和各座菇神庙自定的"香期"日为期。个人祭祀则是指"还愿"和"还账"，菇民在动身上菇山时会到菇神庙里"许愿"，第二年春从菇山下山回家时再作"还愿"。除了祭祀功能外，菇神庙还有着其他方面的功能作用，例如它象征着公权力，供菇民领袖议事与决策，既可以作为演戏作乐、欢庆丰收的场所，也可以作为练拳习武、交流技艺的场所，还可以作为交流物资、改善经营的场所。可以说，菇神庙作为香菇文化的一个重要部分，其文化影响至今仍在发挥作用。

（2）菇民居。作为菇民日常生活的居所，菇民居是菇民社群文化的重要体现，其建筑风格、布局及装饰等均体现了菇民群体的生活方式、审美观念及价值观念。菇民居通常采用传统的木构架结构，青砖黛瓦，既体现了浙南山村的建筑风格，又融入了菇民独特的文化元素。菇民们常常需要远离家乡，前往深山老林从事香菇的培植与采集。为了家中老人和妇女儿童的安全，菇民们创造性地建造了菇民居。这些集居式的大屋占地面积较大，四周筑有高墙，入口窄小，廊道狭窄，这些设计均旨在提高安全防卫功能，确保家人的安全。同时，菇民居内部户户相通，板壁相连，使得邻里间能够互相照应，形成了强大的社区凝聚力。菇民居的建筑特色不仅体现在其安全防卫功能上，还体现在其巧妙利用自然资源的生活智慧上。菇民们将山泉引入院内，供日常使用，并设立碓米房等生活设施，便于生活日用品加工。同时，菇民居还承载着菇民群体集体协作的价值观，通过共同的生活与劳动，菇民群体形成了紧密联系的社群，营造了万众一心、凝心聚力的群体氛围。例如，在菇民居中，菇民们为了共同抵御外来侵害，建立了夜间打更的习俗，每户轮流值更，以确保社区的安全，形成了强大的凝聚力和向心力。这种互助与协作的精神，正是菇民居文化内涵的核心所在。此外，菇民居还体现了菇民对自然环境的尊重与利用，通过合理的建筑与布局，实现与自然环境的和谐共生。

可以说，龙南菇民建筑群中的菇神庙与菇民居，不仅是菇民群体物质生活的直接体现，更是其精神文化的重要象征。它们共同构成了菇民文化的物质载体，对于研究菇民文化、探讨乡村社群发展及文化多样性保护等方面具有深远的意义。

（3）菇寮。菇寮亦称蕈寮，是菇民于深山老林中搭建的木质茅草结构居所，兼具存放香菇与生活起居功能，为菇民每年长达半年的山中作业提供庇护。菇寮作为传统建筑形式，无窗设计，仅设一门，体现了传统搭建模式。菇寮不仅是菇民在栽培香菇期间的生活场所，也是菇民文化的重要载体，如山歌演唱、山寮白语言使用及防身术练习等均在菇寮中进行。目前龙泉片区大赛村内重新复原了一个菇寮，由乡贤吴元康于2011年投资40余万元建造，旨在传承香菇文化。此菇寮不仅是香菇生产历史的见证，也是菇民群体生活方式与精神文化的象征，对于研究香菇文化及乡村社群发展具有重要价值。

（4）廊桥。龙泉片区廊桥文化与古代龙泉区域的政治、经济、地理环境及人文审美等因素密切相关。其数量众多、类型丰富、结构独特且造型精美，与自然环境完美融合，形成了独特的景观风貌与文化特色。这些廊桥不仅是古代龙泉人民聪明才智的体现，也是他们追求美好生活与生存环境、与自然灾害抗争中勤劳智慧的结晶。从构造特征来看，廊桥融合了平梁、石拱、木拱等多种结构形式，尤其是编梁木拱廊桥，其构造复杂而精巧，体现了古代桥梁建筑的卓越成就。廊桥多采用木材、石块等天然材料，结合廊屋、风雨板等设计元素，既满足了交通需求，又提供了遮阳避雨的空间，实现了桥与亭的完美结合。同时，廊桥的选址与布局充分考虑了自然环境的因素，与山水景观融为一体，形成了独特的景观风貌。[①]

在装饰艺术方面，龙泉廊桥展现出浓郁的地域特色与文化内涵。雕刻装饰多以祥云、龙纹等吉祥图案为主，以及佛龛、神像等宗教元素，体现了古代人民对美好生活的向往与宗教信仰的寄托。绘画装饰则多以历史故事、民间传说为题材，通过生动的画面与丰富的色彩，传递了惩恶扬善、因果报应等道德观念，同时也赋予了廊桥深厚的文化底蕴和艺术美感。这些装饰艺术不仅技艺精湛，而且内容丰富、寓意深远，是廊桥文化的重要组成部分。

从功能角度来看，廊桥不仅是古代交通的重要设施，更是民间信仰、民俗文化与社交活动的中心。廊桥上的祭坛、神龛等宗教设施，以及定期举行

---

① 金荣森.龙泉廊桥[J].东方博物,2016(1):103-106.

的庙会、民间传统活动等，都体现了廊桥作为乡村公共空间的独特价值。廊桥还是村民聚会、娱乐的场所，例如舞龙灯、跳花灯等民间娱乐活动，都在廊桥上得到了充分的展示与传承。这些活动不仅丰富了当地民众的精神文化生活，也促进了村落的内部交流与团结互助。因此，挖掘整理龙泉廊桥的文化底蕴，不仅有助于深入了解中国古代桥梁建筑的历史与发展，同时也可以揭示地域文化与民间信仰的深刻内涵。

2.龙泉片区乡村非物质文化

百山祖园区龙泉片区有着丰富的乡村非物质文化资源，在此基础上产生了众多的乡村非物质文化遗产，主要有民间传说、方言谚语、民间音乐、民间诗词、传统戏剧、传统技艺等。这些遗产是宝贵的文化信息资源，具有重要的艺术价值或历史价值。片区内诸多非物质文化资源已被列入非物质文化遗产名录，例如香菇砍花技艺、菇民防身术等习俗属于浙江省级非遗，提线木偶戏、灵芝栽培技术、龙南迎神（辰）会等属于浙江省丽水市级非遗，屏南地戏等属于浙江省丽水市龙泉市级非遗。

（1）关于香菇人工栽培的民间传说。关于香菇人工栽培起源，在菇民中长期流传着两个传说：一个传说是五显灵官发明做香蕈，亲授于山民并准许父子口传心授，菇民挟此神术，远走谋生，并严守秘密不得外传，也不得著于书籍。另一个传说是吴三公发明做香蕈，因得梨山老母传授，学会做香蕈之砍花法，以做香蕈为生并发明惊蕈术。

春秋时代，吴越争霸，越灭吴后，范蠡激流勇退，改名陶朱公经商而富甲天下。他的部属骆氏五兄弟（骆显聪、骆显明、骆显正、骆显志、骆显德）也弃武经商，往返瓯江将龙泉的木材和土特产用木排运至温州，又将海盐等海产品用木船上运到龙泉，因此而富甲一方。五弟骆显德，天性聪慧，运气也好，经商从未亏折过。一天他和兄长打赌，要做一笔赔本的买卖。于是他在那年六月间，挑了担火笼，到集市上去卖。那一天，赤日炎炎，路人都用惊奇的眼光看着他。说来奇怪，过不多久，天空忽然乌云滚滚朔风怒号，竟然下起了鹅毛大雪，冻得人们浑身发抖，火笼一下子就卖得精光。到了冬天骆显德又做了扇子挑到集市上去卖，心想这下总可以亏本了。突然间骄阳似火，热得人们汗流浃背，凉扇又被抢卖一空，显德惊得目瞪口呆，为什么亏本生意都这般难做。年后，骆显德又想出了一个主意，他带着斧头把自己山上的杂木砍了个精光，并用斧头在每棵树上乱砍，看到这些被砍得乱七八糟的树木，心想这下总要赔本了吧。谁知到了第二年冬天，满山的杂木上长出了白花花的香菇来，味道甘甜，滑软舒口。兄弟们将吃不完的香菇烘干，竟然满屋喷香，而后出售干香菇的收入远比卖木材要多，香菇生产逐渐成为骆氏兄弟的专利产品。"砍花法"于是在龙泉山区一带流传下来。菇民们尊骆氏五兄弟为"师傅"，在菇棚中摆上五兄弟的神位，同时建造五显庙，尊崇骆氏五兄弟是五帝显身。

吴三公，原名吴昱（1130—1208），龙泉县龙南乡龙岩村人（1973年龙岩村划归庆元县），兄弟间排行第三。南宋时期正是历史上道教兴盛期，因此吴三公父子曾前往福建学道练法，成为名道士。传说吴三公是去福建寿宁斜滩挑盐途中坠入深潭，被"大帝爷"救起，上了间山修炼道法，受五显大帝点化掌握了制菇技术。回来后他就把道法与制菇技术巧妙地结合起来并融为一体，使其带有"神"的色彩，在民间进行道士活动同时传播菇术。有一年，他的菇场"当旺"的时节却见菇伞凋零。他反复回忆了各个工艺流程都未见有失误之处。吴三公每天都在菇场转悠，想寻找原因解决问题，十几天过去了仍无计可施。束手无策的他再也压抑不住内心的愤怒，拿起木棒狠狠地敲打他的菇树，尽情发泄心中的怨气。不料十几天以后，被他敲打过后的菇树上竟然长出了鲜嫩的香菇，吴三公又急忙将其他没有敲打的菇木又敲打了一遍，果然又长出香菇。从此以后，菇民们就开始学会使用"惊蕈法"。后世菇民们敬奉吴三公为"菇神"，并建庙以纪念他的功绩。每个香菇棚里设有师傅榜，每户人家里设有香火榜，都供奉着五显大帝和吴三公。每月初一、十五，逢年过节都焚香祈告，以示菇民后代永远不会忘记菇神的恩德，永世铭记。

（2）菇山行话。龙庆景菇民在长期的生产实践中，创制并使用的隐语行话，菇民一般称之为"寮里话"或"山寮白"。由于香菇从业者一般是男性，菇山行话通常由家庭内部父子之间代际相传。对于菇民群体而言，菇山行话既是必须掌握的基本技能，又是赖以谋生的重要工具，常被视作行业机密而绝不轻易外传，所以长期以来鲜有文献记载。这些行话是在种菇过程中逐渐形成的，其语言、语汇、语法与地方方言基本相同，少有区别。主要是词性的改变，使语义大异，而令行外人难以听懂。发明菇山行话的目的，一是为保守种菇技术的秘密；二是增强菇民的凝聚力，防止外人侵害；三是由于菇民生产、生活的环境较为独特，避讳在菇场上说一些不吉利的话。如受伤叫"挂彩"，生病叫"生痱"，草药叫"草老"，棺材叫"四角"，死叫"老了"，血叫"赤汁"，老虎叫"蒲篓"，熊叫"扁脚老"，老鼠叫"罗爽"，猴子叫"拍演"，野猪叫"山乌背"，鬼叫"祟"，菇神叫"高登爷"，神仙叫"白胡须"，山神殿叫"主人家"，客人叫"福家"，和尚叫"光秃"，老人叫"老登"，孩子叫"扁捧"，妇女叫"尖脚"，地方人叫"外妮"。同时，为了安全或者保密起见，也常用一些别的字眼来代替。如贼叫"捧铳"，被贼偷窃叫"刷去"，被土匪抢劫叫"捧铳弄了"，一刀杀叫"一宽拢"，回家叫"回橹"，纸币叫"苍"，银子叫"白田"，菇厂叫"蓬"，香菇叫"香老"，砍菇树叫"做槠"，采香菇叫"言香"，烘香菇叫"焙香"，小菇叫"香丁"，下雪叫"拉白"，下雨叫"拉雨"，太阳叫"日脑"，秤叫"横樵"。

（3）民谚歌谣。在香菇生产过程中，菇民们也创造了许多与香菇种植技术相关的民谣和山歌，这一融合了劳动人民勤劳智慧的文化遗产有效地保护传承了中华菌菇文化。

"菇民歌谣"。这是菇民创作的口头文学，无固定形式。长期以来，龙泉片区的菇民主要生活在海拔1000米以上的高山区，一年只能栽培一作杂粮或一作水稻，生活十分贫困。正如菇民传唱的歌谣所描述的："辣椒当油炒，火笼当棉袄，火篾当灯照"；"春三月断粮，夏三月借粮，秋三月缴租，冬三月上山（种菇）"。这就是新中国成立前山区菇民生活的真实写照。此外，"枫树落叶，夫妻分别；枫树抽芽，丈夫回家"，描述了枫树落叶时节，冷空气南下，菇民们开始奔赴各地菇山的场景，整个冬天菇民都在菇山劳作，直至来年清明前，枫树抽芽，气温上升，方才回家团聚，同时也是菇民们含辛茹苦、艰苦奔波的真实写照。

龙泉山歌。龙泉片区的劳动人民在日常劳作和生活中，即兴编唱了多种形式的山歌，这是他们发泄情绪、缓解疲劳、传递情感的重要方式。每年的元宵节或各种庙会上，民间会自发组织起山歌演唱队和乐队，到庙宇或村民家中演唱，深受山区广大群众的欢迎。龙泉山歌地域性风格特色鲜明，在曲式结构方面，以单段体结构为主，所表现的音乐形象一般比较集中，音乐表现手法的运用也相对简洁、统一，一般有比较明显的终止式，能够表达一个完整或相对完整的乐思。在调式形态方面，多以羽调式歌曲为主，结束音级多为主音"6"，曲调朴素单纯，节奏自由，具有山野风格。其中歌曲《啰啰唻》就是一首极具代表性的羽调式歌曲。

（4）屏南地戏。屏南地戏始创于清朝，因当时屏南山区菇民外出江西时，见到当地的群众喜欢在广场或中堂上唱曲演出，他们认为这种形式既方便又省钱，就在菇民当中渐渐传开，并由此引进屏南山区。唱词都是菇民自创，以歌颂劳动人民的勤劳和智慧，谱调就是花鼓调。屏南地戏的特征是：长短不一，寓言深刻感人、韵调和谐，其歌调基本上是七言一句、四句一首构成一个乐段。以清唱为主，表演会使用二胡、笛子、箫等乐器，以歌为乐、以歌为媒、以歌为贺、以歌代言、以歌代哭、以歌代词。表演形式有独唱、对唱、齐唱等。屏南地戏是简便、风趣的娱乐活动，既能够听到历史故事、自然知识、古人立身处世的伦理道德，又反映出山区群众勤劳勇敢、崇文重教的族群文化性格，对于研究菇民生产生活状况具有较高的价值意义。屏南地戏已被龙泉市人民政府列入龙泉市非物质文化遗产名录。

（5）传统戏剧。百山祖园区龙泉片区有着丰富的戏剧文化，每年阴历六月唱大戏过大节。剧目类型主要有花鼓戏、木偶戏、越剧以及浙南乱弹、笛子唢呐曲等。

一是菇民戏。据传，早期的菇民戏是借用几个戏种自编自导的一些菇民生活戏，整个剧目主要由上路、进山、选材、砍树、喊山、放木、削树皮、砍花、遮盖等10部分组成，详细生动地展示出菇民传统的香菇砍花和种植技艺。此外，戏中还部分表现菇民的日常生活，如制菇人冬去春回，抛妻离子，以菇山为家，于次年清明节后回家陆续种田，反映出其艰难困苦的生活状态。菇民戏的一些传统的剧目，例如花鼓戏剧目《补缸》《卖花线》《大花鼓》《绣花鞋》等，越剧剧目有《杏花村》《梁祝哀史》及传统剧折子戏等，木偶戏剧目有《猪八戒招亲》《杨宗宝招亲》《辕门斩子》《穆桂英挂帅》等，深受菇民喜爱，为菇民枯燥的日常生活带来了精神文化享受。2023年龙南乡喜获第四批乡镇级"浙江省戏曲之乡"的称号。

二是花鼓戏。龙泉片区流传的花鼓戏，从明初至今已有650多年历史。每年春节正月期间都有花鼓戏班走村串户闹花灯拜年祝贺，热闹非凡。花鼓戏自成一体，形成一种介于民间歌舞、曲艺和小戏之间的具有浓郁本土文化的艺术形式。因花鼓戏中大量的戏份为丑角边歌边舞，所以民间又叫"跳花鼓"或"唱花鼓"。目前，花鼓戏是浙江省文化与旅游厅公布的民族民间文化艺术之一，龙泉市文化部门还将其列为非物质文化遗产加以保护。

三是木偶戏。木偶戏自光绪年间流传至今。由于当时龙南山区文化生活枯燥，木偶戏活跃在龙南山区各个村落。木偶戏表演时一般由1—2人负责提线，1人鼓堂，1人正吹，2—4人副吹，剧目一般分为彩戏、折子戏、单本、连续剧四种。木偶戏是农村逢年过节必不可少的文化食粮，深受农村百姓喜爱。新中国成立后，木偶戏班子积极宣传党的路线、方针、政策，1979年后主要是在龙南乡的民间信仰习俗活动中演出。随着影视剧、网络文化传播到山区，农村娱乐生活方式多元化，如今木偶戏也面临着后继无人传承等困境。

四是越剧。龙南乡越剧起源于浙江嵊县（现嵊州市）的戏曲剧种，是中国五大戏曲剧种之一。其发源于"落地唱书"，后发展为草台戏，民间称为"串客"。龙南乡越剧的表演形式以唱为主，唱腔以嵊县地方语言为基调，吸收余姚、宁波等地的外来语言，形成一种具有鲜明地方特色的戏曲剧种。传统剧目多以爱情故事为主，也有一些历史题材的作品，其表演形式生动活泼，音乐曲调优美动听。龙南乡越剧在当地有着广泛的群众基础和文化影响力，也是龙南乡传统文化的重要组成部分。

（6）传统民间体育文化——菇民防身术。据传，菇民防身术起源于南宋时期，为菇神吴三公所创，流传已有800多年。龙泉片区内的山区森林茂密，气候湿润，盛产香菇。当年的菇民不但要到深山老林里去种菇，来年又要把香菇运出山寨去销售。他们为了防范盗贼与野兽的侵扰，在自卫中练就了一套自我保护的本领，即菇民防身术。菇民一般把菇寮建立在地势相对平坦的山坡上，并整理出一块平地，以便早起习拳练武。菇民防身术一般有"扁担功""三步""七步""三秋拳"等多种套路。所用器具多为菇民家中随用即取的扁担、板凳、棍棒等，一般歹徒难以近身。如"扁担功"中的扁担，两头无卯钉，遇敌时抽取迅速，光头硬木，也叫"光棍担"。菇民防身术不分门派，不走江湖，只为自卫，具有和谐的师承关系。菇民防身术省级非遗传承人周有平先生指出，"与跆拳道等其他武术的攻击性不同，菇民防身术重在防身而非攻击"，体现了中华传统文化以礼相待、以和为贵的精神。

（7）庙会和民俗。一是龙南乡香菇庙会和文化节。吴三公发明了"砍花法"和"惊蕈术"使广大劳苦人民得以种香菇谋生。在吴三公去世后，菇民们感念吴三公的恩德，建起了菇神庙以纪念这位香菇鼻祖。凡是菇民聚居的地方都建有菇神庙，菇民们每年都是冬去春回，在他们印象中没有过年和元宵这些概念，每年阴历六月二十四在菇神庙中热热闹闹地举办菇神庙会成了他们最主要的节日。在庙会期间，菇民们或会亲访友，或切磋技艺，或练习武功，或赛歌演戏，或商谈"生意"，菇神庙中丰富多彩的庙会活动形成了庙会文化。菇神庙会是菇民政治、商业、文化、体育活动的中心，是香菇文化的形成和发展水平的重要标志。近年来，龙南乡在保护传承香菇庙会习俗的基础上，继续沿袭并创新举办香菇文化节，革除一些旧的陋习，赋予庙会文化以新的形式和内容，丰富多彩的文艺演出、看电影、传授香菇生产新技术等，使整个菇神庙会充满了浓厚的传统农耕文化氛围。

二是迎神节。又叫迎神庙会。该庙会是浙西南一带农民祈求一年风调雨顺、五谷丰登的祭祀祈福活动。百山祖园区龙泉片区内的村落大部分都有社庙，每月农历的初一、十五日，轮值的村民或受委托人（轮值的家里若无人在家，会委托村人代为办理）就会入庙打扫、敬香、祭拜。每年的农历六月中旬至下旬，各村都有按自己村选定的日子举办盛大的"迎神节"。迎神节一般为3—4天，包括迎神、祈福纳福、送神三大内容，而具体操作方法，各村有所不同。迎神节的供品以主家（轮值之家）供奉的猪头（当地称供猪为"大客"）为必需品，余者以各家各户轮流供奉当地产的时令蔬菜、水果为主，也有主家或其他农户供上当地山民认为是较珍贵的海产品——带鱼。迎神节期间，家家户户的男女老少都会齐聚村中，外地回家者都会在村口放鞭炮，以告知马娘娘。"迎神节"的隆重和村民们的重视程度远胜于过年，故而，当地有"迎神节大于过年"的俗语。

此外，龙南山区还专门有菇乡迎神（辰）会，以祭祀马天仙、吴三公、徐六公和炉相公为主。自明朝开始，每年在农历六月小暑节过后分别在辰日和寅日举行，主要是菇民为祈求神灵保佑国泰民安、风调雨顺、财丁（人气）两旺、五谷丰登、六畜兴旺。目前属于浙江省丽水市级非物质文化遗产。

三是屏南烧火堆。自南宋至今，"烧火堆"是屏南人过年时特有的风俗。

屏南镇处于高山湿寒地区，当地先民形成了在农历新年"烧火堆"的传统习俗。村民们围绕在篝火旁述亲情、谈人生，讲述一年来的酸甜苦辣。熊熊燃烧的火堆，会点燃大家的激情，围着篝火或起舞或歌唱，尽情狂欢，欢乐无比。

坪田村守岁篝火已有八百多年的历史，是村民过年必不可少的传统习俗。每年村里都有"年头"，就是所谓的活动负责人和组织者，农历二十八就开始着手打理场所、准备物料。除夕至正月初四，以及正月十五、正月二十，村民齐聚众堂，烧起火堆，吃长桌宴，抬竹点香，祈福家族兴旺，以此来共同寄托对来年的美好祝福。近年来，除夕、正月十五来龙泉市屏南镇坪田村体验"烧火堆"的游客络绎不绝。

四是屏南春节"砍银树"。砍银树习俗是一项具有地方特色的传统活动，不仅体现了当地对自然的敬畏和保护，也蕴含着对新年吉祥和财富的美好祈愿。过年前，村民们会上山精心挑选一棵树叶颜色较浅的树，然后在树枝上系上红纸，以此作为新年祈福的仪式。红纸代表着喜庆和好运，而树叶在阳光下照耀着呈现银白色的光芒，象征着财富和繁荣。在砍银树的过程中，村民们会非常谨慎，以免破坏树木的生长。他们相信，只有尊重自然，才能得到自然的恩赐。砍下的银树枝叶会被用来装饰家中，或者作为礼物送给亲朋好友，传递新年的祝福和好运。在屏南镇横溪村，每逢春节，特别是正月初一，村民们会举办一场独特的民俗活动，其中最引人注目的环节就是砍银树。

（8）传统医药。旧时菇民远离故乡，长途跋涉，在异地深山老林中种植香菇，期间跌打刀伤、虫兽叮咬，全靠祖传土方，就地取药治疗。在出版于民国十三年（1924）的香菇栽培专辑《菇业备要全书》中发现了当时菇民的疗法土方，由此诞生了菇民中草药文化。这一中草药文化兼具社会价值和经济价值。

（三）龙泉片区乡村传统文化的发展特征

龙泉片区的乡村传统文化是乡村发展难能可贵的重要资源，具有独特的文化特征。这些文化资源世代相传，承载着乡村传统的历史记忆、民俗风情、道德观念和审美取向等，对于龙泉片区的乡村经济与社会的发展起着支撑力、凝聚力和推动力的作用。

一是原初性和传承性。龙泉片区内的乡村传统文化不管是有实物载体的物质文化还是约定俗成的非物质文化，其文化的内容大多是农民自发地在生态环境里进行生产实践活动所创造、享用并传承的独特文化，以一定的文化形式表现出来反映群众的生产生活，而且具备在时间上传衍的连续性，即历史上形成并流传至今的一系列文化遗存性成果系统，对于农业现代化发展、乡村全面振兴有着重要的科学价值和实践意义。

二是集体性和地域性。龙泉片区的乡村传统文化是山区人民群众在长期的生产和生活实践中共同参与而形成的具有特定意义的文化资源，这些文化活动是集体团结合作的具体体现，有明确的仪式形式、场所与时间，各个群体统一遵循特定的程序进行，体现了共同的信仰与价值观，因此文化的集体记忆性显著。同时，乡村传统文化在空间上表现出明显的地域性特色，这些文化资源的形成与龙泉片区的自然资源、生产发展以及社会风土人情紧密相关。

三是稳定性和变异性。龙泉片区的乡村文化资源在日常生活中世代沿袭，具有相对稳定的特性，例如香菇山歌、香菇功夫、菇民戏等风俗习惯①，这些生动展现民众生活方式的文化传承形式，极具溯源性和传承性，成为世世代代绵延不绝的历史文化记忆。与此同时，这些文化资源由于和地区群众息息相关，因此会随着时间、地点的变化而变化，在继承传统文化精髓中创新发展，具备守正创新的持续存活能力。

三、以山高水长的水系资源汇聚的瓯江特色水文化

近年来，龙泉保护中心以水文化为内涵，以水生态为亮点，以水资源保护为前提，通过遗产保护、河湖治理和景观建设，探索出"水工程+水文化"新路径，打造龙泉片区水文化建设新名片。同时，龙泉市立足优质水资源禀赋，构建"水资源、水生态、水经济"三位一体发展模式，通过水资源储备、水生态治理、水产业培育等方式，全面激活"水经济"。

---

① 吴春亮，庄初升."蕈山话"——农业文化遗产中的语言智慧[N].光明日报，2024-10-13(5).

（一）龙泉片区瓯江水系资源概况

根据浙江省水利史料和丽水水利资料记载，瓯江发源于龙泉市屏南镇，龙泉、庆元交界的"锅帽尖"。海拔为1770.5米。瓯江源头植被茂盛，保持着半原始森林风貌，生物资源丰富。由于自然生态保护较好，周边山地退耕还林，在锅帽尖山麓的分水岭区，形成了数片近30亩的湿地，对瓯江源的水源起到涵养与调节作用。为了保护瓯江源头的森林植被，保持良好的生态环境，2003年，瓯江源头林区列入凤阳山-百山祖国家级自然保护区，即现在的百山祖园区龙泉片区。瓯江水系资源丰富，主要包括一系列干流和支流。

1.梅溪干流

梅溪流经小梅镇后纳入大窑水，至黄南村纳入青溪，纳入青溪之后，流经查田镇折北纳入南窑溪，折北流至小查田纳入石隆溪，再往北流至兰巨乡李家圩，纳入八都溪之后成为龙泉溪。梅溪干流全长52.48公里，流域面积539.55平方公里，多年平均流量19.56立方米/秒，河口高程218米，天然落差169米，平均坡降3.22‰，是当地水能资源最丰富的一条河流。

2.龙泉溪干流

据史料记载，龙泉溪起点为龙泉市兰巨乡安吉村李家圩，梅溪纳入八都溪"两水夹龙"后称为龙泉溪。龙泉溪为瓯江干流上游河流，从西南至东北贯穿龙泉市城区，境内干流长75.2公里，流域面积2215.5平方公里，天然落差为44米。溪谷两岸雄峰耸立，谷底水流激荡，湾多水急。龙泉溪在李家圩折东北流至豫章村西，豫章溪自右岸注入，北流至城西；蒋溪自左岸注入，之后折东流，经龙泉市区折北转南后为紧水滩库区；大贵溪自左注入，之后又折东向南流；铁杓溪自右岸注入，再折向东北流至大白岸村；白雁溪自左岸注入，折东转北至下庄儿；道太溪自左岸注入后，又折东转南纳安福溪、安仁溪后折北至李村；大石溪（源口溪）自左岸注入后，继续折东北流，至王庄村纳武溪后进入云和县境。

3.主要支流（包括梅溪支流、龙泉溪支流、小溪支流等）

（1）梅溪主要支流。青溪源出上垟镇汤源村龙头山北麓，向东北流至小黄南村，东汇上源水，折东经岭根村西纳生源水，折东南至孙坑汇台湖山水后，向东经半边月、毛山头、长桥头，至黄南村注入梅溪。干流长20.78公里，流域面积85.17平方公里，多年平均流量2.95立方米/秒，河口高程达到285米，天然落差达665米。

石隆溪源出太阳尖北麓，汇石门、留坪、惠坑诸水至隆丰村头，向北流经下村亭、赵麻淤，至小查田注入梅溪。干流长10.67公里，流域面积31.64平方公里，多年平均流量1.12立方米/秒，河口高程244米，天然落差671米。

南窖溪源出大岩山东麓，汇诸水于白水社，北流经枫树根、麻垟、折东至野窖村汇白水，经墩头村折南至溪口村注入梅溪。干流长18.9公里，流域面积41.84平方公里，多年平均流量1.61立方米/秒，天然落差687米。

（2）龙泉溪主要支流。龙泉溪在龙泉市境内的一级支流主要有11条，分别是八都溪、豫樟溪、蒋溪、大贵溪、铁杓溪、白雁溪、道太溪、安福溪、安仁溪、大石溪、武溪。八都溪源出宝溪乡披云山东南麓，流经宝溪、上垟、八都、兰巨四个乡镇，向南流经源头、塘上，至木岱村纳岱源、石硌源，折东至木岱口村汇入五都楼水，折北至溪口村纳贵溪源水，折东经大坦至横溪桥纳横溪水，流经八都折东北经高浦、东音、丁乃、白社、乌阴垄、安田、埠头纳桑溪，折南经麻地淤、石龙、炉斗、砫门，至安吉村李家淤与梅溪汇合后为龙泉溪。干流长46.91公里，流域面积394.95平方公里，曾为龙泉西部木材水运要道，多年平均流量14.3立方米/秒，河口高程218米，天然落差842米。

均溪、大赛溪在五梅垟村汇合后称豫章溪，流程5公里，在豫章村下游注入龙泉溪为河口溪流，流域面积206.99平方公里，多年平均流量7.5立方米/秒，河口高程213米。均溪源出屏南龙虎岙，流经屏南镇和兰巨乡，向北流向横溪，至双港桥纳张岙水，经益头至溪下村纳显溪源、梧树垟二水，经百步、桐山村头、桐山至五梅垟村注入豫章溪。干流长28.2公里，流域面积104.95平方公里，多年平均流量3.83立方米/秒，河口高程233米，天然落差1377米。

岩樟溪与锦溪在宫头村汇合后称蒋溪，流经700米注入龙泉溪，为河口溪流。流域面积228.36平方公里，多年平均流量8.28立方米/秒，河口高程193米，流域内有著名的"蒋溪堰"。岩樟溪源出大枫岙，流经岩樟乡和城区，向南流经百步岭、田寮、傀儡棚、新坝头、大新田、江家、仓廊、油车坪，至白水桥纳下樟、石马二水，折东南至宫头村、注入蒋溪，干流长29.29

公里，流域面积 131.90 平方公里，多年平均流量 4.78 立方米/秒，河口高程 198 米，天然落差 876 米。

（3）小溪支流。小溪支流主要包括南坑溪、蛟垟溪、双溪、梅七溪、黄坑溪等。南坑溪源出东坑岙南麓，向东南流经高堂、上南坑、下南坑、苦马际、枫墩，进入景宁县境内注入小溪。龙泉境内干流长 8.5 公里，流域面积 25 平方公里，多年平均流量 1.03 立方米/秒。蛟垟溪源出蛤蟆尖西麓，向南流经蛟垟、垟尾入景宁县境注入小溪。龙泉境内干流长 4.2 公里，流域面积 12 平方公里，多年平均流量 0.44 立方米/秒。蛟垟溪源出蛤蟆尖西麓，向南流经蛟垟、垟尾，进入景宁县境注入小溪。龙泉境内干流长 4.2 公里，流域面积 12 平方公里，多年平均流量 0.44 立方米/秒。梅七溪源出黄凤垟尖南麓，向南流经麻连岱、明芳坑，折东流汇梅七水至岱根村，进入景宁县境注入小溪。龙泉境内干流长 12.5 公里，流域面积 36 平方公里，多年平均流量 1.6 立方米/秒，天然落差 1130 米。黄坑溪源出鹿茸尖，向东南流经源头、地鹤山、坑口、黄坑圩，进入景宁县境注入小溪。龙泉境内干流长 7 公里，流域面积 20 平方公里，多年平均流量 0.79 立方米/秒。

（二）龙泉片区瓯江特色水文化

基于龙泉市水利局前期水文化资源调查和课题组的梳理分类，龙泉片区的瓯江水文化可以分为物质类水文化遗产和非物质类水文化遗产，其中物质类水文化遗产又分为水利工程遗产和相关物质类水文化遗产。同时，由于水文化的传承与发展具有延伸性与持续性，百山祖园区龙泉片区作为核心区域具有各种类型的水文化，在此基础上，水文化从龙泉片区核心区延伸到辐射区和联动发展区，形成山高水长的瓯江特色水文化。

1. 水利工程遗产

水利工程遗产的工程形式主要包括堰、渠、水井、渡口、湖塘、梯田等，工程类型主要包括灌溉工程、供排水工程、综合性工程及其他水利工程。水利工程遗产列入省级文物保护的有 2 个，为云水渠（含蒋溪堰）、红旗渠；列入市县级文物保护的有多个。

（1）凤阳湖。凤阳湖处在凤阳山黄茅尖下，海拔 1540 米，原为一片高山湿地，湖面面积约 20 亩，素有"小天池"之称，1998 年重建，是浙江省海拔最高的人工湖。

（2）屏南"红旗渠"。坪田李、坪田叶两村处于海拔1000多米的高山上，农田干旱缺水成为一直难以解决的问题。1957年10月，两村结成农业合作社——南一社。为了使合作社粮食丰收，解决农田缺水成了首要问题，南一社负责人李承珣、沈朝帮、叶世贤等积极发动群众，决定自力更生修水渠，提出"苦战一冬春，誓降旱魔保丰收"口号，共动员组织了84名男劳力和100多名妇女参加修筑水渠。经过一冬春的艰苦奋斗，克服了无测量技术人员、无雷管炸药、无国家投资的重重困难，到1958年3月，九坞、老鼠岩水渠开始投入使用，接着又修筑了牛场水渠。到1958年底共投工7800个，修筑了5处共10000余米水渠。从此，南一社1400余亩农田不再受旱。

屏南乡南一社修水渠的事迹，经乡领导向县里汇报，县委书记李长庆亲临现场考察指导，并将这一事迹写成《神仙办不到的事我们办到》的文章发表在浙江省委机关刊物《求是》上。同时，龙泉县委对南一社进行了表彰奖励。1959年元旦，南一社社长沈朝帮和县水利局领导一同上北京，参加全国水利先进表彰会，领回一面由国务院颁发的锦旗。浙江电影制片厂专门拍摄南一社修筑水渠的先进事迹，收录在电影纪录片《丰收红旗处处飘》中，广为传播。

（3）金村码头。瓯江八百里，源自龙泉溪。走进龙泉小梅镇金村，只见一条清澈平静的溪流从村前流过，它就是龙泉溪上游——梅溪。溪边有一层层用大块卵石砌成的建筑体，这就是宋元时期的码头遗迹——金村码头，是大窑—金村一带龙泉青瓷产品外运渠道的重要一环，是"海上丝绸之路"在中国内陆的重要节点，具有重要的历史意义。龙泉青瓷经古道挑到金村，然后从龙泉溪使用帆船运往温州，销到海外。

（4）刘坊水砣（含水神庙）。刘坊水砣原名"老鹰嘴"，位于龙泉市刘坊行政村村头，安仁溪边，是水利防洪设施，相传建于明代。用条石砌筑成墩式建筑物，前面有劈水刀，劈水刀刀口中间有藏在墩内的剑头露出，上面有石制昂起的老鹰头，故名"老鹰嘴"，是"永和桥"的保护工程。民间传说，把老鹰塑造在此，日夜守护在这里，如果洪水来临时蛇妖兴风作浪，蛇就会被老鹰吃了，刘坊村就安居乐业了。民众见水砣防洪有效，就流传了"水神"威力镇"水妖"的故事，并在水砣岸边盖起了水神庙。水神庙在清末时改名为太阴宫。根据脊枋文字描述，该殿建于清光绪二十八年（1902），神位供奉陈氏夫人。该庙平面呈纵长方形，通面宽7.8米，通进深11.33米，建筑占地面积88.4平方米，正殿三开间，进深4柱9檩，抬梁式五架梁结构。该水神庙为日常祈雨祭祀场所，香火旺盛，在村民心中起着"水神"威力镇"水妖"的作用，同时也是百姓对先祖的一种敬仰与纪念，现已成为安仁镇一大文化胜迹。

（5）蒋溪堰–云水渠。最为体现古代龙泉人民治水用水才智的代表工程是蒋溪堰–云水渠工程，由北宋靖康元年（1126）户部尚书毛晃下令建造，故俗称官圳。利用西高东低的地势在城西沿樟溪河口筑堰挡水，抬高水位（因下汇合锦溪水后称蒋溪而取名蒋溪堰），堰长95米，顶宽1.5米，下宽6米，用卵石或块石砌筑。左岸开挖云水渠5000余米（因水源来自白云岩而取名），将水引入，由东流经龙泉旧城区，至龙泉盆地入瓯江上游龙泉溪，是龙泉古代最著名的水利堰渠工程。从此，"水旱从人，旱涝保收"，成为龙泉市区居民饮用、排涝、消防和灌溉的主水源。

云水渠蜿蜒穿城而过至城东平原大洋畈，渠首设闸，控制进渠流量，壁用卵石或石板砌筑，宽深均为3米左右，分地段屡经重修。原灌溉畈田3300多亩，2005年仍是灌溉之渠。据清光绪《龙泉县志》载：明嘉靖二年（1523），全面整修蒋溪堰–云水渠。县令郑宣著《遗爱亭记》追述"蒋溪堰""云水渠"的历史贡献。据《龙泉县志》（1994年版）载：历代每逢洪水侵袭和市镇建设变迁，堰坝渠道毁损严重，屡修屡废。民国三十年（1941）6月、11月两次进行清理疏通。民国三十六年（1947），由民间集资将李儿圆地段改道取直，重筑堤93.9米，历时余年。新中国成立后，党和政府十分重视云水渠的整修与疏浚。从1954年起，龙渊镇人民政府发动群众，花费五个冬春，投入4万余工日，上自宫头下至马埠，截弯取直，拓宽加深加固。1970年、1974年，国务院曾两次拨款修蒋溪堰，将原来干砌石坝改为浆砌石坝，改进排灌系统，并引进宫头电站尾水，增加云水渠进水量。1953年至1974年西街杨碓埠和文化路分别开筑了二道排水渠，将水渠积水排入龙泉溪，旱涝两不忧。2000年7月公布为市县级文物保护单位，2017年1月公布为省级文物保护单位。

2.与水文化相关的物质类遗产

除了水利工程类遗产之外，还有一些桥、庙、景观等水文化遗产，也列入国家级、省级和县级文化遗产加强保护，实现水文化传承与发展相同步。

（1）顺德桥。顺德桥位于龙泉市屏南镇垟顺村东侧水口。原桥建于清道光二十年（1840），1914年毁于火灾，次年重建。桥系单跨木拱廊桥，东西走向，长35.6米，宽4.6米。设廊屋17间，中心间宽2.2米，其余每间均为2米。整座廊桥由木拱架子和廊屋两部分构成，水面到桥屋脊顶高为15米左右。桥台以自然岩体凿石为基础，用圆木纵横编梁组合拼接而成木拱架，上承以廊屋。廊屋三开间，抬梁式梁架，砌上露明造，内五架左右单步用四柱，由檐柱出挑承托挑檐檩。屋面举而无折，相对比较平缓，为避风雨，出檐深远。两边檐柱间安槛壁，外侧为风雨板。硬山顶小青瓦阴阳合铺，压砖脊。

（2）福兴廊桥。均益村福兴廊桥建于清同治十二年（1873），一墩二孔，简支悬臂式木梁廊屋桥，横跨均溪，东北-西南走向，跨溪21米，桥长31.3米，宽4.8米，桥屋11间。廊屋重檐两坡顶，中部桥心亭设神龛供观音，歇山三重檐，抬梁式五架梁结构，小青瓦阴阳合铺。在桥心亭西南第一间脊枋上有"木匠老司本里毛时昌，石匠老司福建叶步"等记载。福兴廊桥位于均益村西南端，69号东北侧，东北端紧挨原均溪乡政府大楼，西南端邻后瑞公路。

（3）居安桥。兴源村居安桥是单孔石拱屋桥，横跨涧门溪，东西向，桥长13.7米，宽3.95米，桥屋5间。廊屋单檐两坡顶，抬梁式五架梁结构。东西端各一间为南北出入口，硬山，小青瓦阴阳合铺。桥东端有"清咸丰十年禁示碑和缘碑"各一方。桥中间设神龛供奉观音。兴源村居安桥位于村头水口，北邻村舍，南去际下自然村老路，北至安豫公路约3公里。

（4）官埔垟村禹王庙。该庙建于清乾隆三十九年（1774）。平面呈纵长方形，朝东北，通面宽10.6米，通进深19.4米，建筑占地面积205.6平方米。纵轴线上依次为门楼、前殿、天井、天井两侧廊道、正殿，前殿和正殿均为三开间。门楼为二柱三楼式，条石门框，门楣上有阳刻"关山古迹"和"禹王圣帝"。檐柱雀替、牛腿均透雕花卉、麒麟、戏剧人物故事，雕刻工艺较为精湛。正殿抬梁式五架梁结构，水泥地面，天井卵石墁地，硬山，小青瓦阴阳合铺。

（5）炉岙村禹王庙。该庙位于炉岙村社岙，建于民国初年。整个建筑三开间，通面宽5.4米，进深6.35米，建筑面积34平方米。条石门框，木挑支作瓦檐，门枋上有二垛一斗七升拱，梁、柱、枋用材粗壮，格扇门窗。正殿抬梁式五架梁结构，小青瓦阴阳合铺。

（6）永和桥。原名"永宁桥"，位于安仁镇，明成化元年（1465），由里人刘养怀、项舜恭募建，清顺治年间毁于火。康熙五十七年（1718）由刘灿、项镐倡募三千金重建，改名"永和桥"。原为浙闽行旅必经之地，为济川、龙庆三大名桥唯一幸存的古桥建筑。现存大部分建筑为民国三年（1914）重建，1989年浙江省人民政府公布为重点文物保护单位，2013年列为全国重点文物保护单位。这座廊桥建造工艺精湛，别具匠心，堪称"两浙一绝"。永和桥全长126.3米，高10.65米，系石墩木伸臂梁结构重檐廊桥，有廊屋四十二间，是浙西南地区现存廊屋最长的廊桥，采用简支、木伸臂结合式方法建筑。桥墩上木伸臂梁双向平衡展出，并逐层出跳，使之形成下小上大支座，缩短了桥墩的跨度，以减轻桥梁负荷。木伸臂梁最上层架铺简支大梁，每孔9根，直径为40厘米至60厘米大松木，形成架设廊屋的桥梁平面。桥下溪中砌有护水坡，以松木纵横布框内填大卵石滩基，宽与河面相同，桥墩前后各伸展20余米，以此来保护桥墩及周边河床。两端桥头各有条石踏垛，连接街坊。桥中央有一间重檐歇山顶桥心亭，北侧设神龛，原塑有关公神像。全桥雕梁画栋，十分壮观。

（7）古溪桥。古溪桥位于小梅镇黄南村西侧的溪流之上，初建于明，清道光十八年（1838）重修。该桥系石拱廊桥，全长51.75米，宽5.8米，九间桥屋通进深30米。石拱净跨8.5米，矢高4.6米，由41块条拱石砌成拱券结构，南侧顶部五块券脸石山，阴刻"古溪桥"三个大字及"道光十八年，重修永固"九个小字。卵石桥面，东端桥头铺设垂带踏阶，西端建平台，西、北两侧砖墙作封护。廊屋抬梁式结构，七架南北单步廊用四柱，重檐两坡顶。东、西两端桥头各有一座三门四柱五楼门坊，飞檐翘角。中部设歇山重檐桥心亭，面阔5.15米，进深与桥屋相同。北侧廊部设神龛，南侧檐柱间安贡式隔扇窗。明间设斗八藻井，由十一踩艺术形斗棋层层出跳，以凤戏牡丹彩绘天花结顶。古溪桥桥廊重檐，桥两端门坊及当心间三重檐做法，使桥身错落有致，突出外观造型之美感。

（8）徐山后村平水王社。徐山后村平水王社平面呈纵长方形，坐南朝北，通面宽6.53米，通进深9.01米，建筑占地面积58.8平方米。单体结构，前有照壁。正殿三开间，进深4柱7檩，抬梁式五架梁结构。房檐为悬山顶，小青瓦阴阳合铺。社内供奉的平水王是民间对禹王（大禹）的俗称。平水王在浙南民间信仰度较高，一般认为属于地方菩萨，当地百姓希望通过供奉他祈求本地风调雨顺、五谷丰收。该建筑为典型的明代斗拱建筑，每根柱上均有一斗三升十字拱，其五架梁上均用一斗三升十字拱托檩，椽用整根小圆木，门坊明间上用二朵拱，次间用一条拱托檩，均用一斗三升十字拱，柱础均用月牙形木质础。

（10）留槎阁。留槎阁位于龙泉城区龙泉溪中的留槎洲上。留槎洲又名蒋秦圩，为一沙石淤积而成小屿，呈琵琶状，面积约0.2平方公里，古传有仙乘槎泛水因留于洲，将龙泉溪一分为二。留槎阁始建于北宋初年，双流奔逝，洲峙于中。北宋元祐年间，龙泉乡宦何之奇（字木翁）与杭州太守苏东坡等同泛西湖，偶谈及此景，苏公叹曰：得非张骞所乘之槎乎？遂为之命名为"留槎洲"，并书"留槎阁"三字相赠。才翁携归，刻匾于桥阁上，高阁凌空，亭姿雄伟。2004年，留槎洲水上公园建成，由留槎阁、观景廊、中心广场、园林绿化等组成，其中留槎阁为核心建筑，体现北宋时期的建筑风格，阁楼正前侧的观景廊呈合围状对称布置。

2021年，在结合保护和整治留槎洲水环境基础上，立足山水园林文化的特征，围绕一轴、两环、三区以及多个标志性景观节点进行打造，使其从单纯的公园改造向文化传承与创新转换，创造出环境优美、景色宜人、富有地方特色的城市名片，打造出"水在城中，城在景中"的龙泉新城风景旅游线，使其成为市民和游客乐意驻足流连的城市公共空间。

3.水精神文化

百山祖园区龙泉片区的水精神文化资源同样丰富，围绕着非物质遗产和文史资料展开调查与梳理，主要形式包括与水有关的地方民俗和民间记忆等。

（1）地方民俗——龙泉龙舟。龙泉龙舟赛始于南宋建炎初年，距今已有840多年的历史。龙泉龙舟又称"华船"，全身结构分为龙头、魁星斗、龙门架、前棚架、上天棚、后棚架、锣架、橹、龙尾等，龙舟身长 16.5—17.8 米，龙头长 0.9 米，选用杉木制造。龙头、龙身用樟木精雕，舟身刻画鳞甲图案，中间搭布棚，棚内有乐队指挥，锣鼓、丝弦管乐伴奏。舟内设有 12 个档位，32 位选手统一服装，各持一桨，五月初一下水，初五端午节正式竞渡。各参赛龙舟以鹅黄、黑、蓝、红、白、金黄、苹果绿，茄紫、灰白为龙鳞标志相区别。

从南宋到清朝年间龙泉有五艘龙舟，到清光绪卅年剑池龙舟及麻寮龙舟经大水冲毁，剑池白色龙舟仅剩下一只龙头，后送给西典谢爷庙，麻寮蓝龙就由蔡老爷庙继造。五色龙舟即红龙南典胡椒辣庙、黄龙康济庙、蓝龙东典蔡老爷庙、白龙西典谢爷庙、黑龙北隅夫人庙。到民国二十五年（1936）龙渊镇五显庙又增一艘黄色龙舟。一直到新中国成立之初，每年都有六艘龙舟欢度端午节。"文革"期间，龙舟船身及棚架、船桨被当柴火烧，唯一幸存的水南村红龙龙头被农民放到生产队仓库，用破篾篱及什物遮盖，这是龙泉龙舟唯一遗留下来的历史文物。1989 年由龙泉县文化局组织发起，西典白龙动工筹建，1990 年端午节下水竞渡。同年 8 月 12 日，水南红龙又建成下水。以后几年，兰龙、黄龙、黑龙、金黄龙相继恢复，同时，增加了八村绿色龙舟、二村紫色龙舟、南秦村乳白色龙舟，全市共有 9 艘龙舟。每年端午节都举办龙舟比赛活动，分别评出一、二、三等奖，每队颁发老酒一坛，大红布一块，以资鼓励。到 2007 年又增加道太龙舟队，一共 10 艘；2008 年起分别由三个街道轮流举办龙舟赛活动。

（2）民间记忆——放排运输竹木形成的排工文化。龙泉素有浙江林海之称，盛产木材和毛竹。木材和毛竹销售全赖放排运输，因溪流而异，或捆扎小排，或"赶羊"流放，或筑坝蓄水送运到大溪边，并扎大排，自龙泉大溪放运到青田，大水期 4—5 天，枯水期时日较长，最多则 1 月余。木排流放到青田，在青田候潮转运温州。每条木排，由 1 名排工操作，6 条排为一帮。领头的排上搭有"伙凉棚"，供排工食宿、议事、堆放日常生活用品。瓯江上游，72 滩 82 弯，处处有险关，放排随时都有搁浅、打排的危险。民国期间，排工队伍中有着严格的行规：起程要择日，放排两头早，早放早歇，拉屎去排尾，排头保洁净，碗盏勿反扣，端放要小心，禁忌妇女登排，忌说碰、撞、打、翻及一切不吉利的话。排工信神祷佛，出排过关，均要备筵"排祭"，祈求"清风老爷"暗佑一路顺风。供品以每人半斤猪肉、半斤老酒计算。祭筵设在排头，面对青天，祭祀时由帮头主祭跪拜，并向江中撒"茶叶米"。撒毕，全帮排工围坐"伙凉棚"喝酒吃肉，由帮头先下筷，并叫一声"顺风"。排祭要快摆快收，以兆便利。放排全程中，"放上水"（龙泉至青田），排祭7次，放下水（青田至瓯江口），要祭3次。

新中国成立后，通过民主改革，废除帮头包运木材，由森工部门自行组织调运。沿溪一带，水南、梧桐口、宫头、上淤、豫樟、安吉、查田、八都等村放排的农民加入排业工会，1952年有会员553人。沿溪木材仓库74个，可堆放木材12万立方米，黄南、溪口、包罗圩、梧桐口、大白岸、道太、安仁口等埠成为整扎排集散点。停排、扎排场所毗邻相接，木材收购、运输、管理行业星罗棋布。放排时，江面上木排如条条长龙，冲波排浪而下。

1954年木排放运通过改革，吸收青田行家放运木排，取消了龙泉至青田中转温州环节，改由龙泉直达温州集散。1959年冬，龙泉积压待运木材10余万立方米，采取建活动坝，分段蓄水，开闸流送等措施，年运量达26.6万立方米。县委副书记路印田带领80余名干部，1600余人的水运大军，苦战2个月，改变了冬季无法放排的局面。至20世纪60年代，由于公路、水利、水电等事业的发展，木材运输条件突出明显变化，洪水"赶羊"漂流的方式始被淘汰，转为陆水联运方式。70年代，木材水运大为减少。1975—1984年林业部门从龙泉出运的木材154.91万立方米，其中通过水运木材93.3万立方米，占总运量的60.2%。住龙乡、宝溪乡的木材水运，则分别通过乌溪江进入衢州，闽江支流进入福建。80年代，瓯江大溪被两座电站水坝切断。1986年9月起，木排起吊过坝。1988年12月后改用船道三角平台车过坝。但为了避免过坝的颇多周折，大部分木材由水运转陆运，被汽车运输取代。

据1984年林业部门调查，龙泉竹林面积34.296万亩，蓄积量2716万支，年采伐量130—160万支。民间流传"西乡木头南乡竹"指的是泗源、南窖、小梅、青溪等乡盛产毛竹。毛竹的输出，全赖水路排运。毛竹的运输和销售，大都由私商经营，由当地包头组织排工放运。先将采伐的毛竹，拖运至附近沿溪埠头（全县有骆庄、孙坑、溪口、竹舟、下湾、青坑、安吉、碋湖、豫章、锦旦、王坊、和平、磁门、南窖、盖竹、东音口等埠头），扎成小排，顺流至龙渊镇的宫头扎排点，将小排组合成大排（每条排800—900

支），流放至青田，再由青田排工接收"出潮"，转运温州集散。民国三十三年（1944）1月，浙东船舶运输司令部在龙泉成立"龙泉小梅竹排运输大队"，下设3个中队，24个班，有排夫223人，高子尚任大队长。同年3月，高子尚为发证勒索排夫钱财，开枪威胁排夫，包运商货，与县军民合作站发生冲突，县政府下令解散竹排运输大队。新中国成立后，毛竹水运处于恢复阶段，由供销社、私营商业、个体经销户共同经销。1954年县总工会、县森工局对"水运"进行改革后，吸收了部分青田排工放运毛竹，取消了龙泉运温州在青田中转的环节，改由龙泉直运温州水上仓库交货。1958年以后，随着水运条件的改善和放运技术的提高，排型从棕衣型进化到长龙型。1条竹排由36筒组成，各用3个篾箍箍住，长约110米，宽4米，运载毛竹1700支，计重5万斤以上，比以前增加1倍。其水运渠道，除住龙镇的水塔、碧隆至遂昌县境王村口，宝溪乡的溪头至浦城仙阳分别流放至乌溪江和闽江外，其余从境内的上东至大白岸，黄鹤南溪至梧桐口，岩樟郑庄至县城宫头，锦溪双河口至县城宫头，八都岱垟、竹至县城包罗圩，瀑云王坊至县城包罗圩，南窖白水至查田溪口，泗源上源至黄南，盛溪森家桥至梧桐口，供村下乾至道太等11条支流，放运至黄南、溪口、包罗圩、梧桐口、大白岸、道太6个集散点，组合成大排，顺瓯江流放至青田、温州一带。

由于公路交通的发展，沿溪石塘水电站、紧水滩水电站的兴建，改变了水运条件。全县原有13条毛竹水运渠道，1988年，除查田、墩头、南源至溪口，八都大桥头至包罗圩，瀑云王坊至县城包罗圩等水运渠道仍以毛竹水运外，其余10条小溪被陆路车运所取代，毛竹的水运量逐年减少。

四、以久远复杂的地质资源铸就的青瓷宝剑文化

从自然资源来看，百山祖园区龙泉片区及周边区域自然资源丰富，分布有森林、土壤、铁矿、水资源等多样化资源，尤其是久远复杂的地质资源为龙泉片区乃至龙泉市域的青瓷宝剑产业发展提供了必要支撑。根据百山祖园区规划全域联动发展要求，龙泉片区着力构建"保护控制区+辐射带动区+联动发展区"三层联动空间布局，将屏南镇、龙南乡、兰巨乡、查田镇、小梅镇、安仁镇、塔石街道7个乡镇（街道）的资源进行优化整合利用。从产业

互补发展看，剑瓷文化产业是龙泉的一大特色。目前，青瓷产业、宝剑产业被列入浙江省十大历史经典产业，龙泉青瓷小镇和龙泉宝剑小镇被纳入浙江省特色小镇创建名单。

（一）龙泉片区与青瓷宝剑文化相关的自然资源概况

自然资源为人类生产生活提供了必要的资源禀赋和支撑条件。百山祖园区龙泉片区所具有的矿产、土壤、水、森林等诸多自然资源，经过世代勤劳智慧的劳动人民的创造积淀形成了独具特色的青瓷宝剑文化。

1.矿产资源

龙泉片区地质演化过程复杂，优良的地质资源是冶炼宝剑的必要条件。在百山祖园区龙泉片区及联动发展区，均发现了历史悠久地质遗迹，最早可追溯到数十亿年前的冥古宙时期。2014—2016年，中国地质调查局南京地质调查中心在龙泉市查田镇附近出露的龙泉岩群变质岩中，发现了两颗超过40亿年的冥古宙碎屑锆石。其中123号锆石年龄为41.27亿年，是由花岗质岩浆结晶形成，是亚洲地区目前发现的最古老锆石；8号锆石分为核、幔两部分，核部由花岗质岩浆结晶形成，年龄约为41.0亿年，幔部由变质形成，年龄为40.6—40.7亿年，是地球上目前发现的最早变质锆石，为研究地球早期地质演化提供了非常有价值的参考信息。

龙泉片区地质构造主要由古元古代八都群、中元古代龙泉群、侏罗纪时代和零星的加里东期、燕山期花岗岩侵入组成，是华夏陆块重要组成部分。当地地貌特征丰富，分布有凤阳山火山岩地貌、丹霞地貌、构造剖面等具有代表性的地貌景观，拥有丰富的矿产资源等。据统计，百山祖园区及周边范围内共有矿产地47处，涵盖金、银、铅锌、铁等金属矿产，以及稀土、叶腊石、瓷土等非金属矿产。这些矿产资源的分布状况直接影响了冶炼产业的发展，如宝剑冶造依赖于铁英、亮石等独特的矿产资源，其中铁砂含铁量的高低直接影响着宝剑的锋利程度。龙泉铁英岩的形成历经了长期复杂的地质作用和变质过程，具有含铁量高、品质优良等优点，且当地处于亚热带季风气候，雨水充沛，地形多为丘陵地势，落差起伏较大，变质岩独特的磁铁颗粒经过雨水长期冲刷和剥蚀，在河沟中富集成为铁质泥土，并形成了深度超过40米的粘土层，铁砂含铁量高达70%，这为宝剑冶制提供了优质的原材料。

相传欧冶子在龙泉，受天之精神，地之气脉，得山川之灵秀，天地之精华，悉其技巧，终于铸成独步天下的龙渊剑。正如《考工记》记载："吴粤（越）之剑，迁乎其地而弗能为良，地气然也。"此外，磨砺是铸造宝剑的必要工艺环节，直接影响了剑身的锋利、美观和耐用。"亮石"（绢云母片岩）是宝剑磨砺时的必要磨石，具有吃铁好、质地细腻等优点。

2.土壤资源

根据不同海拔、不同类型的土壤剖面调查分析，百山祖园区区域内土壤资源共有三个土类、五个亚类、七个土属。海拔800米以下地带以红壤为主，800米以上地带以黄壤为主，棕黄壤土类仅集中分布于海拔1700米左右的百山祖南坡。由于山地大多在800米以上，故以黄壤为主，主要土属有山地黄泥土、山地黄泥砂土、山地石砂土。土壤有机质含量高、酸性强、土体疏松、腐殖质层厚及保肥持水功能良好等特点，适宜于林木生长。龙泉片区蕴藏着丰富优质的天然瓷土资源，为制作青瓷提供了必要的原材料。瓷土资源主要分布在大窑、金村、溪口、上垟、木岱、宝溪、道太、安仁等地，其中上垟、宝溪的瓷土和紫金土制成的釉，品质更优。龙泉青瓷制釉的原料主要有黏土、瓷石、瓷土、紫金土、石灰石、植物灰等六种。其中，黏土是一种含水铝硅酸盐矿物，由长石类岩石经过长期风化与地质作用而生成，龙泉黏土属于原生硬质黏土类，含有大量石英和一定量的高岭土矿物；瓷石是由石英、绢云母组成，且含有若干长石、高岭土等岩石状矿物；瓷土是由高岭土、长石、石英等组成，主要成分为二氧化硅和氧化铝，并含有少量的氧化铁、氧化钛、氧化钙、氧化镁、氧化钾和氧化钠等氧化物；紫金土主要由长石、石英、含铁云母及其他含铁杂质矿物组成，含铁量一般为3%至5%，高者可达15%左右，是制作青釉和黑胎的必配原料。石灰石最主要成分为碳酸钙，可用做青瓷釉料；植物灰多是谷壳灰、凤尾草灰、竹灰，可用于制釉。

3.森林资源

百山祖园区龙泉片区总体呈现"九山半水半分田"格局，除少量耕地、水域、园地之外，林地面积最大，森林面积为24180.29公顷，占片区总面积的97.08%，拥有丰富的森林资源，为青瓷烧制与金属熔炼提供了充足的燃料供给。

4.水资源

龙泉片区地形复杂、群峰峦叠、沟壑交错，水系发达、水网交错，发源于龙泉片区及周边区域的瓯江水系河流有12条，流域面积852.32平方公里。区域气候湿润，降雨量充沛，年均降雨量达1700毫米左右，尤其是龙南、屏南等高山地区达2000—2200毫米。丰富的水系资源和降雨量为剑瓷原料和成品运输提供了便利的水运通道。例如金村是古代青瓷丝绸之路水运起点，龙泉窑大窑—金村遗址入选"海上丝绸之路·中国史迹"世界文化遗产申报名单，被列为全国第三批国家考古遗址公园。

此外，优质的水资源也是影响剑瓷高质量制造的必要条件。例如，淬水决定了宝剑的硬度和韧性，质量适宜的水源能够确保淬水过程中剑体均匀冷却，从而达到理想的硬度和韧性平衡，这是宝剑铸造的关键步骤。龙泉秦溪山下的七星井，水质甘寒清冽，含有特殊微量元素，为铸剑淬水提供了优越条件。相传欧冶子用此水淬火、磨剑，其中七井之一的"天枢井"仍保留至今。

（二）青瓷文化保护传承状况

龙泉青瓷是中国历代青瓷工艺发展的集大成者，也是百山祖园区龙泉片区历史文化的典型代表。龙泉青瓷最早可追溯至1700多年前的三国两晋时期，其鼎盛于南宋，是中国陶瓷史上烧制年代最长、窑址分布最广、产品质量最高、生产规模最大、外销范围最广的名瓷之一。2006年龙泉青瓷传统烧制技艺被列入第一批国家级非物质文化遗产代表性项目名录；2009年龙泉青瓷的烧制工艺被联合国教科文组织列入"人类非物质文化遗产代表作名录"，是首个入选全球"人类非遗"的陶瓷类项目。从青瓷文化发展路径看，主要是秉承可持续发展理念，发挥地域人文资源优势，推动从核心区域到辐射区域的资源整合和整体布局，形成从实景到虚拟的多场景建构和现代化转型，实现从传统优秀文化传承到产品价值转化和山区经济社会可持续发展。

青瓷文化保护传承主要包括两个方面：一是青瓷传统文化资源的保护、挖掘和利用，例如展现龙窑建造及青瓷烧制技艺，使传统青瓷工艺得以传承，保护人类非物质文化遗产；二是青瓷文化创新融合发展，即通过龙泉青瓷小镇、青瓷博物馆等代表性青瓷文化基地建设，开拓传统文化融入现代社会的媒介和通道，以及将青瓷文化与百山祖园区文化建设相融合，服务于地方经济社会发展。

1.龙窑建造及青瓷烧制技艺保护传承

龙窑一般依山势而建，因头在下尾在上，远看像一条俯冲的"龙"之形状，故喻之为"龙窑"。整体上，龙窑可以分为下部的"窑头"、中部的"窑身"、上部的"窑尾"（出烟处）三个部分。其功能结构又由火膛、窑室、烟室三大部分组成。外部则有窑头前工作面与挡风墙，窑门外有通道和护窑墙，窑顶上加筑窑棚等。据考古调查，已发现历代"龙泉窑"窑址500多处，仅龙泉境内即有126处，窑炉结构均为"龙窑"。龙窑建造方便、装烧量大、产量高、升温快、容易维持还原气氛，适宜烧制青瓷。

龙泉窑源起于三国两晋时期，发展于北宋，南宋中晚期步入鼎盛，制瓷规模空前庞大，至清代逐渐衰落。龙泉青瓷烧制时间之长，窑场分布范围之广，产量及出口量之大，在历史上具有独特地位，是中国陶瓷史上的璀璨明珠。中华人民共和国成立后，龙泉青瓷开始逐步恢复生产，并且在制作技艺上不断创新。

龙泉青瓷传统烧制技艺是一种制作性、技能性和艺术性的传统手工艺，其制作与技能主要表现在原料配制、成型装饰、高温烧成等方面。龙泉青瓷传统烧制一般采用大窑、金村、溪口、上垟、木岱、宝溪、道太、安仁等地的瓷土、紫金土、石灰石和石英等原材料，在生产过程中适当运用手工拉坯成型技术、祖传配料方法和窑炉高温烧制传统技艺。从技艺传承看，目前龙泉青瓷烧制技艺已打破师徒传承和家庭手教心传的传统模式，建立了龙泉青瓷宝剑技师学院等现代院校培训体系，形成了一支规模化的传承人队伍。从基地建设看，已经建立了青瓷博物馆、青瓷小镇等一批融合艺术展示、教育宣传和文旅开发的多功能场所，其中龙泉青瓷博物馆是青瓷收藏和技艺展示的中心，中国青瓷小镇是龙泉青瓷传统烧制技艺创造性转化、创新性发展的产业集聚区和重要展示窗口。从文献资料看，研究龙泉青瓷传统烧制技艺的著作已经达到数百部之多，其中代表性著作有六十余部。从媒体传播看，中央电视台、浙江电视台等媒体多次走进龙泉，拍摄了《龙泉青瓷的故事》等相关青瓷传统烧制技艺的专题片和纪录片，越来越多的网络新媒体也开始关注青瓷传统技艺的介绍和展示。

2.以代表性青瓷文化保护传承基地建设促进青瓷文化创新融合发展

龙泉片区的联动发展区主要是以屏南镇、龙南乡、兰巨乡三个乡镇之外的毗邻乡镇为依托,充分利用各自的传统资源优势,嵌入国家公园品牌建设,发展文化、旅游、休闲、康养等新兴产业形态。如查田镇和小梅镇具有独特的青瓷文化底蕴,其中,小梅镇建有大窑龙泉窑国家考古遗址公园;查田镇有"哥窑故里"之称,拥有全国唯一一座薄胎铁骨哥窑古窑址。因此,结合"青瓷文化"主题,推动中国青瓷小镇、大窑龙泉窑遗址、龙泉青瓷文化创意基地等基地建设,有助于打造青瓷文化体验、美丽乡村度假、高山休闲养生、宗教文化休闲、户外休闲运动等多功能一体化的高品质文化体验型休闲旅游度假综合体。

(1)大窑龙泉窑遗址。大窑龙泉窑遗址位于龙泉市小梅镇、查田镇,是龙泉窑的起源地和中心产区,共有青瓷窑址126处,主要分布在小梅镇的金村、高际头村、大窑村、垟岙头村,以及查田镇的溪口村、上墩村。大窑龙泉窑遗址是展现中国五代至明代时期龙泉窑发展状况的代表性窑址。1988年大窑龙泉窑考古遗址被列为全国第三批重点文物保护单位,2017年入选第三批国家考古遗址公园名单。

大窑龙泉窑考古遗址公园是以大窑龙泉窑遗址为依托,建设保护区、游客服务中心、遗址展示博物馆等文化服务场所,打造集遗址文化景观、传统聚落景观、乡土农业景观、生态野趣景观为一体,拓展遗址保护、科学研究、教育展示、文化传承、艺术创意、旅游休憩等多种功能的传统文化基地。2016年9月,大窑龙泉窑考古遗址公园开始建设,遗址公园(一期)工程项目涉及高际头游客接待中心、金村游客集散中心、古道修复、枫洞岩窑址保护与展示、码头遗址保护与展示、村落整治等八大工程。

(2)中国青瓷小镇·披云青瓷文化园。披云青瓷文化园位于龙泉上垟镇,交通便利,气候宜人,是中国气候养生之乡。2009年,披云公司收购了国营龙泉瓷厂旧址,并以此为基础,着力打造中国龙泉青瓷文化为主题的文化旅游景区。披云青瓷文化园以生态保护、历史传承为基础,将青瓷非遗资源、旅游文化、购物休闲与特色社区建设等功能融合为一体,打造青瓷非遗传承基地,发展特色文化产业,已经成为国家4A级旅游景区、浙江省非物质文化遗产旅游经典景区、浙江省首批工业旅游示范基地、浙江省文化产业示范基地。

中国青瓷小镇主要景点包括青瓷寻踪剧场、青瓷体验坊、龙渊古迹、国际陶艺村。其中,青瓷寻踪剧场以传承青瓷文化为宗旨,分为"瓷之国""瓷之旅""瓷之史""经典影院""百年龙泉"五个篇章,全面讲述了中国陶瓷发展史。青瓷体验坊指导传授操作技艺,打造游客参与体验和互动平台。龙渊古迹仿造民国时期土墙建筑,生动展示民国时期、新中国成立初期的龙泉县城各历史古迹、风光风貌照片等。国际陶艺村由十栋独立工作室组成,各工作室依据不同的文化主题,分别植入龙泉青瓷文化、地域文化。

(3)龙泉青瓷文化创意基地。龙泉青瓷文化创意基地是一个以青瓷文化为主题,集文化传承、文博展示、学习交流、创作教学、收藏鉴赏、旅游体验等多功能一体化的文化传承基地,包括青瓷博物馆、大师园和国际陶艺村三大功能区。其中,龙泉青瓷博物馆是我国唯一一座系统介绍龙泉窑发展史的专题博物馆,生动地展示了龙泉窑的起源、发展、鼎盛、衰落、复兴等不同历史时期的概况。龙泉青瓷博物馆的主体建筑是由中国建筑设计大师程泰宁院士亲自主持设计,场馆总建筑面积10000平方米,展览面积4500平方米,整体造型凸显了田野瓷韵的主题,突出"人类非物质文化遗产——龙泉青瓷传统烧制技艺"特征。

(二)宝剑文化保护传承状况

龙泉之所以能够有"中华第一剑"的美誉,是因为其独特的地质条件、丰富的自然资源以及世代传承的铸剑文化共同作用的结果。自古以来,龙泉因剑得名,成为著名的"宝剑之邦"。龙泉宝剑锻制技艺可追溯到春秋末期,距今已有2500多年的历史。据《越绝书》等文献记载,越国铸剑大师欧冶子为给楚王铸剑,遍访江南名山大川,在龙泉秦溪山驻居三年,铸成"削铁如泥"的"龙渊""泰阿""工布"三把绝世名剑,并以"龙渊"为乡名,传承铸剑技艺。唐代时期,因避讳唐高祖李渊,以"泉"代"渊","龙渊"遂改称"龙泉"。此后,龙泉宝剑渐为中国古代冶金科技、钢铁制备技艺的典型代表。龙泉现有铸剑企业800多家,是中国影响最大的宝剑生产基地和传承中心。

龙泉市域的宝剑文化也是百山祖园区龙泉片区人文资源保护及其文化传

承创新的重要组成部分，主要体现在与百山祖园区的融入程度，包括宝剑生产技艺的历史传承和宝剑文化传承创新融合发展。依据国家公园发展战略需要，龙泉片区需要传承"宝剑之乡"的底蕴，开展复兴传统剑瓷IP系列工作，以提升百山祖园区品牌的文化品质。

1.宝剑生产技艺历史传承

春秋时期，铸剑大师欧冶子在龙泉铸剑，开创了中国铁兵器铸造之先河，龙泉也成为青铜时代向铁器时代转变的重要见证。由于自然灾害、战乱等多重因素的影响，龙泉宝剑技艺传承过程经历了曲折的发展过程。秦汉时期，龙泉的铸剑业多为皇室铸造宝剑，汉式铁剑逐渐从战争功能转向礼仪功能，宝剑象征着侠义与正气。唐代侠士之风盛行，龙泉宝剑依旧盛名天下。在宋代，随着冶炼技术的进步，反复折叠锻打渗碳制钢的方法逐渐取代了传统灌钢法。明清时期，宝剑被作为道教法器和舞台道具，龙泉宝剑销量大增，龙泉也成为中国影响最大的宝剑生产基地和传承中心。

龙泉宝剑技艺的发展依赖于特定的生产组织形式。据1912年出版的《中国实业志》记载，龙泉县每年可产剑2000余把，年产总值8000元左右，产品广泛销售至温州、杭州、上海及浙江省各县区。1915年龙泉沈广隆"壬字号"宝剑在美国旧金山举行的"巴拿马万国博览会"上获奖。中华人民共和国成立后，政府高度重视传统工艺品的恢复和生产。1956年龙泉当地的铸剑艺人在政府的支持下成立了龙泉宝剑生产合作小组，在此基础上，1963年建立了龙泉县宝剑生产合作社，1978年合作社又改名为龙泉宝剑厂。[①]

2.以宝剑文化产业基地建设促进宝剑文化传承创新融合发展

龙泉宝剑文化产业发展既是龙泉区域战略发展的需求，也是传承非遗文化的历史担当。龙泉市现有欧冶子祠、七星井、剑池湖、欧冶子将军庙、文创商业街、青瓷宝剑苑、宝剑博物馆、宝剑特色小镇等文化资源。从文化产业发展路径看，需要以百祖山国家公园文化品牌建设为引领，结合乡村振兴、共同富裕等战略需求，推动区域资源整合和一体化发展，走特色发展之路。

（1）剑池湖遗址。剑池湖遗址是指与欧冶子铸剑相关的历史遗迹，主要有秦溪山、剑池、剑池亭和欧冶子将军庙等。1981年剑池湖遗址被列入龙泉

---

① 刘超.材料世界中的匠心之刃——龙泉宝剑[J].新材料产业,2018(6):75-77.

市（县）级文物保护单位。剑池湖遗址位于龙泉市区南隅秦溪山之阴，自古以来是龙泉重要的地理标志，在明清两代的龙泉地图上均有标识。据《越绝书》等文献记载，春秋末期，欧冶子曾为越王制"湛庐""纯钧""胜邪""鱼肠"和"巨阙"五把剑，帮助越王在吴越交战中多次取胜，自此他名声大振。楚王特请欧冶子为其铸剑，欧冶子遍访名山大川，在龙泉秦溪山看到此处古木葱郁，有湖十数亩，湖旁有井七口，呈北斗七星之状，泉水甘寒清洌，且无鸡啼犬吠，特别适宜铸剑，于是驻扎龙泉三年，采集山中铁英，改良铸剑工序，最终铸成"龙渊""泰阿""工布"三把名剑。据《越绝书》记载，欧冶子凿茨山，泄其溪，取山中铁英，作剑三枚：一曰"龙渊"，二曰"泰阿"，三曰"工布"。相传"龙渊"剑成之后，俯视剑身，如同登高山而下望深渊，缥缈而深邃似有巨龙盘卧，因此得名"龙渊"。三国曹植在《杂诗》中赞叹："美玉生磐石，宝剑出龙渊。帝王临朝服，秉此威百福。"因此，剑池湖遗址的核心元素是欧冶子、宝剑和剑池湖，三者融合于特定的社会生产方式，并通过历代诗歌辞赋等文学作品得以传承。如元代孟淳在《剑池湖》诗中所述："昔闻欧冶子，今识剑池湖。一掬泉多少，千年事有无。神功应幻化，灵物岂泥涂。琐碎洲中铁，相传旧出炉。"此外，剑池湖遗址折射了历史韵味的宝剑文化与湖光山色的自然景观相互辉映，正如清代徐应亨在《剑池雨霁》中所描绘："湖波新涨雨，剑气尚冲天。万树鸣秋叶，千家起暮烟。"这种"剑池雨霁"生动地展示了"生态之美"与"历史之韵"之间的平衡，也成为展示宝剑文化的天然窗口。

欧冶子将军庙位于剑池湖北侧，坐北朝南，与秦溪山、剑池湖遥相呼应，是后人为纪念欧冶子铸剑功绩而建造的场所。相传吴越争霸时期，越王欲出师伐吴，出征前派大臣文种到楚国，请楚王出兵相助，以牵制吴国兵力。楚王遂提出以欧冶子为其铸剑作为交换条件。于是，欧冶子在龙泉为楚王铸造了"龙渊""泰阿""工布"三把宝剑。楚王感到十分满意，便出兵帮助越国打败了吴国。因欧冶子铸剑护国有功，越王敕封其为"护国大将军"，褒赞其推动诸侯国之间战略合作。由此，后人建欧冶子将军庙以纪念。现存的欧冶子将军庙修建于清代，并经多次重修，庙宇由门楼、穿堂、中亭、天井、厢房、正厅等组成，庙门首上方置有石匾书"剑池古迹"四字，两旁石门柱刻有"剑池旧有七星井，古庙尚遗欧冶风"的楹联。庙内设欧冶子塑像，神位着书"敕封护国欧冶子大将军之位"字样，庙内有欧冶子铸剑图。此外，剑池亭也是重要的宝剑遗址文化，又称之为剑池阁。宋朝时期剑池湖旁建有剑子阁，清时称为剑池阁，"文革"时期被摧毁，1993年地方政府在原址重建剑池亭。

（2）龙泉宝剑博物馆。龙泉宝剑博物馆位于城区秦溪山南侧，占地面积8904平方米，建筑面积18929平方米，是一座集收藏、宣传、教育、科研、旅游、休闲等多功能于一体的专题博物馆。馆内设历史厅、文化厅、工艺厅、精品专题厅等6000多平方米展陈区，围绕龙泉宝剑非遗项目为中心，设置宝剑武侠儿童游乐体验、武侠图书馆、VR动漫馆、民宿等功能分区。龙泉宝剑博物馆的一个重要特色是将现代数字技术与传统工艺相结合，采用VR、AR等可视化技术手段和虚拟呈现情境，增加宝剑锻制技艺的参与性和体验感，提高宝剑文化传播的效果。

（3）龙泉宝剑小镇。龙泉宝剑小镇位于龙泉市城区西南剑池街道，规划面积约为3.8平方公里，东至新华街，南至广源街，西至炉田，北至九姑山。其发展目标是通过政策扶持和市场激励，依托宝剑博物馆、青瓷宝剑苑、剑池湖、七星井、欧冶子将军庙、欧冶子祠等文化资源，突出"文化旅游休闲、宝剑锻造技艺、刀剑生产基地"主题，打造"集宝剑铸造技艺传承地、宝剑文化创意集散地、宝剑文化体验区、宝剑文化旅游休闲区为一体"的特色小镇。目前，龙泉宝剑小镇是国家4A级旅游景区，也是我国宝剑刀具重要生产基地和宝剑文化创意产品基地。2016年，龙泉宝剑小镇成功入选省级特色小镇第二批创建名单。从宝剑小镇空间设计看，主要包括龙泉宝剑朝圣环、龙泉宝剑休闲旅游带以及龙泉宝剑文化传承三个区域，提供自然生态游、传统街区体验游以及宝剑文化购物等服务功能。其中：朝圣环涵盖龙泉宝剑博物馆、欧冶子祠等人文景观；休闲带是融合瓯江周边的游览地带，打造综合性游览项目，还包括九姑山、凤凰山、西街等区域。经典产业区是以原兵工厂为基础打造以宝剑产业为主的经典产业区，包括传统宝剑加工、现代刀剑创意文化、宝剑大师工作室等。[1]

五、以鲜明厚重的红军历史资源凝练的红色教育文化

龙泉的红色革命历史，始于五四运动，贯穿新民主主义革命，形成了鲜明厚重的红色资源和战斗经验，并凝练转化成为丰富的红色文化资源。尤其在百山祖园区龙泉片区内的大量红色文化资源，不仅丰富了人文资源的内涵与价值，更是凝结成了植根于人民的红色教育文化。

（一）百山祖园区龙泉片区的红色历史文化资源[①]

百山祖园区龙泉片区目前仍然保留着红军战斗指挥部、红军会议旧址、红军标语、烈士故居、纪念馆亭、革命烈士陵园、革命遗址等红色历史文化资源，不仅承载着深厚的历史底蕴，更蕴含着强大的精神力量，激励着当地人民不断改革奋进。需要说明的是，上述红色历史文化资源，有的遗址在行政区划上不属于百山祖园区龙泉片区，但是，考虑到红色革命活动轨迹的广泛性以及运动战、游击战的流动性，同时基于对龙泉革命战斗历史的梳理，将以下三种资源纳入其中：一是在百山祖园区龙泉片区辐射带动区内，拥有明确物理痕迹的革命遗址；二是在百山祖园区龙泉片区的联动发展区内，这些遗址离不开龙泉片区毗邻乡镇人民的参与；三是物理遗迹不在辐射带动区和联动发展区内的遗址，但是它们属于浙西南红军战斗指挥部，对整个浙西南地区的革命形势产生了重大影响，对百山祖园区龙泉片区内的红色文化发展形成辐射作用。

1.龙泉革命斗争历史[②]

龙泉红色革命历史始于1919年五四运动期间，师生和知识分子上街声援，进步青年组织团体传播新思想。随着新民主主义革命兴起，季步高、李逸民等革命青年走出龙泉参加革命，带动广大龙泉人民，开启了波澜壮阔的红色革命历程。

（1）1924年北伐战争爆发后，国民革命军于1927年进驻龙泉县城，宣传

---

① 该部分主要参考内部资料《红色丰碑——龙泉革命遗址巡礼》。

② 该部分主要参考中共龙泉市委党史研究室.中国共产党浙江龙泉历史(第一卷)[M].北京：中共党史出版社,2013.

孙中山的三大政策，唤起民众推翻军阀统治的觉悟。在北伐军影响下，龙泉兴起兴革运动，改革旧体制，宣传三民主义，推动教育革新，成立工会、农会等组织，为后来的革命斗争奠定了基础，推动了革命进程，激发了革命热情。

（2）土地革命期间，龙泉成为浙西南革命斗争的重要舞台。中国共产党领导的农民运动激发了龙泉群众的革命斗志，红军挺进师的到来更是为浙西南游击根据地的开辟起到了重要作用。龙泉地区建立了党的组织和游击根据地，开展土地革命。

（3）卢沟桥事变后，中国进入全面抗战时期，中共浙西南特委和龙泉县委在龙泉恢复活动，推动抗日救亡运动和抗日统一战线的形成；中共龙泉县委一边积极参与战时经济实验区建设，发展农业、瓷业和合作事业，一边维护国共合作大局。

（4）解放战争时期，龙泉地下党组织积极恢复与发展，与上级党组织保持联系，宣传党的政策，支持游击队活动。随着人民解放战争进入战略决战阶段，龙泉地下党组织开始筹备迎接解放，组织群众，加强农民自卫队力量，使龙泉的解放工作得以顺利进行。

辉煌的红色革命史，为龙泉积淀了大量红色历史文化资源，特别是百山祖园区龙泉片区红军战斗文化资源尤为丰富，类型多样，具体包括革命遗址、红军标语、烈士故居、革命烈士陵园、纪念馆亭等。这些遗址不仅见证了那段烽火岁月，成为缅怀革命先烈的重要场所，而且有助于弘扬红色文化和促进红色文化教育事业的发展。

2.红军标语

（1）麻连岱红军标语。1935年3月下旬，粟裕、刘英率领中国工农红军挺进师进入龙泉县西部山区，拉开了红军挺进师进入浙江开展革命斗争和建立浙西南革命根据地的帷幕。4月28日，挺进师在庆元县斋郎村以少胜多，打垮前来追击的浙保一团、独立营及闽保二团1000余人以及当地反动武装的联合围击，毙伤敌人300余人，俘敌近200名，缴获步枪100多支。斋郎战斗后，挺进师转移到龙泉境内的麻连岱村休整。期间挺进师政委会召开了会议，总结了挺进师入浙一个多月以来的工作，并决定创建以仙霞岭为中心的浙西南革命根据地。红军在麻连岱期间，在该村五谷神庙东墙外侧写下了

"纪念五一，打倒出卖中国的国民狗党！"的标语。该标语于1981年7月被列为龙泉县文物保护单位。

（2）均溪村革命标语。1935年5月，中共浙西南特委成立。7月，红军挺进师政治部主任黄富武接任浙西南特委书记，此后黄富武带领部队转战于龙泉、浦城、遂昌、松阳等县边区发动群众打土豪、分田地。一次，黄富武率部队行动至龙泉县屏南镇梧树垟自然村住夜，翌日上午行至离村四五里的仰坑岭，与大刀会会徒遭遇，打死打伤大刀会会徒多名。在梧树垟村，红军在禹王庙外墙写下标语。由于该红军标语字迹逐步淡化模糊，已很难辨认，2013年5月，在红军标语原迹基础上，并经老人们回忆核对，标语复原。

（3）季山头红军标语。安仁镇季山头村是龙泉往南通向景宁、泰顺的必经之路。1935年9月26日，红军挺进师主力部队跳出国民党"围剿"部队包围圈，经过季山头村一带南下。此后红军挺进师、闽东红军经常来这一带活动，过往该村。红军在季山头村祠堂墙上写下标语多条，其中外墙上写的标语是："工农不要当大刀会，当大刀会是保不住自己的，当大刀会是土豪劣绅的走狗，当大刀会是自寻死路，捉杀欺骗麻醉工农的师父！""当法兵是豪绅地主的守门狗。工农要想得到解放只有起来革命；工农要想有饭吃有衣穿，只有打土豪；工农要想不受苦，取消保甲制度；工农要想救国，不学法兵只有当红军，红军是自己的武装！"

3.革命遗址

以下这些革命旧址和纪念馆亭等遗址不在百山祖园区龙泉片区内，但是这些旧址属于中共政治指挥部和红军的战斗指挥部，对于百山祖园区龙泉片区红军战斗历史的发展以及红色文化的产生、传承与传播产生了重大影响。

（1）红军挺进师政委会会议旧址。该旧址（即仓坛社殿）位于龙泉市城北乡仓坛村。1935年9月20日，上田战斗胜利结束后，红军挺进师从俘虏口中得知国民党正规军7万多兵力"围剿"红军的部署，即在上田村附近的仓坛村仓坛社殿召开了一次挺进师最高领导机关——政委会会议。刘英、粟裕主持会议，会议分析了当时的形势，研究了反"围剿"斗争的对策和各部队的新任务。决定留下第二纵队和第五纵队的第十五支队以及地方工作团，协同地方游击队，在浙西南特委和浙西南军分区的统一领导下，就地坚持斗争；红军主力部队则迅速跳出敌人包围圈，以积极的作战行动，吸引和牵制敌人，并开辟和建立新的革命根据地。这次会议为粉碎国民党反动派的"围剿"计划起了重要作用。2000年7月，该旧址被确定为龙泉市文物保护单位。

（2）红军挺进师师部会议旧址。该旧址位于宝溪乡塘源村金铭大院，占地面积500平方米。1936年6月，"两广事件"发生后，在浙西南的国民党十八军调往湖南，浙西南地区的敌情暂趋缓和。中共闽浙边临时省委根据这一新的形势，决定由粟裕率挺进师主力重返浙西南，重建浙西南特委。6月的一天，粟裕率领许信焜、张文碧、赵春和等红军挺进师一部来到宝溪乡塘源村，在该村金铭大院召开师部会议，总结了1935年以来的革命斗争经验教训，决定执行上级关于战略转变的指示，把公开的武装斗争和隐蔽的群众工作有机地结合起来。这次会议为重新开展浙西南革命斗争奠定了基础。

（3）中共浙西南特委驻地旧址。该旧址位于龙泉市住龙镇西井村。1936年6月，"两广事件"后，浙西南国民党兵力调离，闽浙边临时省委决定重建中共浙西南特委，许信焜任特委书记。许信焜率部队和特委人员来到龙浦边地区，以龙泉住龙乡的西坑村为驻地，部队驻扎在西坑的天星寺，特委在西坑的范氏宗祠召开会议，决定恢复中共龙浦县委，同时建立中共龙（泉）遂（昌）县委。此后，龙浦、龙遂边地区的大片乡村很快恢复和发展了党组织。活动范围不断扩大，发展到江（山）浦（城）边的浦城梅溪、江山的周村、东坑一带。

（4）中共龙（泉）遂（昌）县委旧址。该旧址位于龙泉市住龙镇碧龙村杨家大屋。1936年6月，根据浙西南革命根据地重建与发展的需要，中共浙西南特委决定，建立中共龙（泉）遂（昌）县委，以龙泉县住龙乡碧龙村为县委驻地，机关办公地址设在杨家大屋（杨贵炎家），下设住（溪）（碧）龙区委和王村口区委（浦北区委）。随着党组织的建立和发展，龙遂县委还在各村建立共青团和妇女会组织，把公开的武装斗争和秘密的群众工作结合起来，发动群众教育群众，并根据浙西南特委转变策略的指示，建立"白皮红心"政权，限制封建地租、高利贷剥削，允许商人自由买卖，发展边境贸易，促进经济的发展。1937年10月，根据抗战时期革命斗争需要，龙遂县委撤并。2009年碧龙村对中共龙遂县委旧址——杨家大屋进行了修缮和布展。2010年3月，中共龙遂县委旧址被命名为龙泉市爱国主义教育基地。

4.革命烈士陵园、红军墓

（1）龙泉市革命烈士陵园。1959年，龙泉市革命烈士陵园建成，位于市区北隅的安清山，占地36.2亩，建筑面积超1600平方米，包括门楼、纪念馆、纪念碑及墓地等部分。门楼上"龙泉县革命烈士陵园"九字由粟裕将军于1980年题写。纪念馆为两层楼，设四展厅，通过史实、照片及革命文物等形式，展示新民主主义革命时期中共龙泉地方组织的发展历程及革命斗争历史。陵园中心矗立革命烈士纪念碑，正面刻有"革命烈士永垂不朽"，下有纪念广场，后有纪念碑亭和墓地，包括多位烈士纪念碑及墓。陵园历经1980年、1992年、2005年三次修缮，是浙江省最早一批烈士陵园之一，也是丽水市最大最早的烈士陵园。自1981年被列为文物保护单位，1995年成为浙江省首批爱国主义教育基地以来，陵园设施不断完善，内容日益丰富，每年吸引上万人次前来瞻仰。

（2）瑞竹垟红军墓。该红军墓位于龙泉市屏南镇瑞竹垟村对面的小岛上。1935年3月，斋郎战斗后，王裔山、李凡林率挺进师四纵队驻留龙庆景边界。5月上旬，王裔山、李凡林率领的四纵队二三十人来到瑞竹垟村，准备以此为中心开展革命斗争。然而，附近庆元县境内几个村的大刀会组织因不甘斋郎战斗之败，联合起来进攻红军。在村头上垟岗，红军哨兵突遭大刀会袭击，两名红军战士牺牲。红军误以为遭遇国民党保安部队围攻，立即组织反攻，击退大刀会。为避免给群众带来损失，红军决定撤离瑞竹垟村，并在当地村民帮助下，将两名红军遗体秘密掩埋在上垟岗附近的菜地。1972年，瑞竹垟村民将红军遗骸取出，专门建了红军墓。1987年，因瑞垟电站建设需要，红军墓被迁移至犁地垟。2004年12月，红军墓再次被迁至今址。这段历史不仅见证了红军挺进师的英勇斗争，也体现了当地村民对红军烈士的深切缅怀和敬仰。

5.革命烈士故居——季步高烈士故居

该建筑位于安仁镇季山头村。这是一座晚清时期的横长方形土木结构三层楼建筑，通面宽10.1米，通进深7.1米。季步高（1906—1928），名大纶，在上海大学就读时亲历"五卅运动"，深受触动，于1925年6月放弃即将到手的大学毕业文凭，毅然前往广州黄埔军校学习，同年9月加入中国共产党。在黄埔军校期间，遵照党组织指示，转到广州东园省港罢工委员会纠察大队工作，协助邓中夏培训工人武装，编辑《工人之路》刊物，并在1927年春接任工人纠察队训育长之职，教育大家加紧练武，保卫省港罢工委员会。同年4月12日，广东国民党右派制造了"四一五"惨案，季步高率领纠察队进行反击。此后，他参加了广州市委工作，与反动派进行英勇斗争。1927年11月，为了反击国民党反动派的屠杀，党决定在广州举行武装起义，季步高是行动委员会委员之一，协助张太雷、周文雍等同志组织工人武装，为起义做了大量工作。12月11日凌晨，广州起义爆发，季步高率部分赤卫队员配合教导团攻入广州公安局，并参加了扫荡市内残敌的战斗。1928年1月，季步高肩负广州市委书记的重任回到广州恢复了市委机构，继续开展革命活动。同年4月，季步高当选为中共广东省委候补委员，仍在广州进行地下工作。然而，同年初夏，他在香港向省委汇报工作时被捕，后被引渡到广州。敌人对季步高施以酷刑，但他始终坚贞不屈。同年冬，季步高在广州红花岗从容就义，年仅23岁。

季步高烈士的英勇事迹被广泛传颂，他的名字被载入中共中央组织部1945年4月编印的《死难烈士英名录》。2006年，季步高烈士故居得到修复并布展，设有生平事迹介绍、书房以及书信、日记、遗物等展厅。1981年，该故居被确定为龙泉县文物保护单位，2005年被命名为龙泉市爱国主义教育基地。

6. 新中国成立后的红色文化遗址

（1）屏南红旗渠。20世纪50年代，为了解决山区长期干旱问题，屏南人民在无专业人员和设备的情况下，仅凭勤劳的双手和简陋的劳动工具，在悬崖峭壁上建成全长10余公里的"人工天河"——红旗渠，创造了人间奇迹，被誉为"人工天河"。有关屏南红旗渠情况本节第三部分已做介绍，此处不再赘述。

随着屏南镇农业种植结构的调整，"红旗渠"作为水利工程的作用已不如当年，但部分沟渠经过修整仍能继续使用。更重要的是，"自力更生、艰苦奋斗、顽强拼搏、百折不挠"的红旗渠精神已经在这片土地上深深扎根，始终激励着屏南人不畏艰险、迎难而上，凝心聚力谋发展。近年来，当地更是立足高山生态优势，大力发展高山蔬菜、摄影旅游、观光农业等产业，以实际行动传承和弘扬红旗渠精神。

（2）屏南金何村金龙民兵连。在百山祖园区龙泉片区，主峰黄茅尖是江浙两省最高峰，因其独特的地理位置，成为了敌人空投、空降的理想之地。新中国成立后，为防止敌特侵扰，解放军和当地民兵在此驻守，构筑起一道坚不可摧的空中防线。20世纪60年代初，面对台湾当局对大陆的军事威胁，南京军区和浙江省军分区决定在凤阳山建立瞭望哨，以监视敌情。金龙大队民兵连承担了这一重任，他们日夜坚守，用肉眼盯紧每一寸天空，为保卫祖国领空安全作出了巨大贡献。最初的哨所建在海拔1800米左右的小黄垟山峰上，墙壁用段木竖起，缝隙用泥巴糊住，屋顶盖的是树皮。执勤路上荆棘丛生，毒蛇野兽出没，民兵们常常要冒着生命危险前行。冬天，大雪封山，气温低至零下十多度，民兵们只能靠烧火堆取暖。然而，就是在这样的环境下，金龙民兵们二十年如一日，坚守在战斗岗位上，行走了数十万公里的路程，为上级军事机关提供了大量有价值的情报。金龙民兵不仅忠诚勇敢，还具备高度的责任感和使命感。他们亦农亦兵，白天下地生产劳动，夜晚上山执勤放哨，农闲时组织军事训练。每当夜幕降临，他们便扛起钢枪出发，清晨回村又抡起锄头种地。这种忠诚履行保卫祖国、建设家园神圣使命的精神，深深感染了每一个人。

在金龙民兵连中，涌现出了许多感人至深的故事。第一任民兵连长潘活清，退伍回乡后毅然承担起筹建瞭望哨的重任。第二任连长毛火旺，军事素质过硬，任期长达十年，曾代表金龙民兵连出席浙江省民兵代表大会并作先进典型发言。第三任连长毛凤坤，则带领民兵们在新址建起了哨所，改善了执勤条件。除了这些优秀的连长外，还有许多普通的民兵也值得我们铭记。他们有的是先当民兵再去参军，回村后继续为国防事业贡献力量；有的是父子、兄弟齐上阵，共同守护这片热土。在1979年的反空降演练中，金龙民兵更是展现出了强大的战斗力和全民皆兵的威力。

如今，虽然金龙瞭望哨已经撤销，但是金龙民兵的精神却永远镌刻在历史的长河中，他们用自己的青春和热血书写了忠诚与担当的壮丽篇章，成为了新时代党员干部群众学习的光辉榜样。

（三）红色教育文化特征

粟裕、刘英等老一辈无产阶级革命家在龙泉留下光辉的红色革命战斗文化，缔造了"浙西南革命精神"：忠诚使命、求是挺进、植根人民。这12个字是百山祖园区龙泉片区的精神财富，不断激励着龙泉人民。从上述浙西南革命精神中，可以提炼出百山祖园区龙泉片区的红色文化特征。

1. 忠诚使命的坚定信念

龙泉市红色文化深深植根于红军挺进师对革命使命的忠诚与坚定信念之中。无论是红七军团组建北上抗日先遣队，还是红十三军在浙西南的英勇斗争，都体现了革命者对国家和民族命运的深切关怀，以及不惜牺牲生命也要完成革命任务的决心。这种忠诚使命的精神，是百山祖园区龙泉片区红色文化的核心和灵魂。

2. 求是挺进的勇敢探索

面对浙西南恶劣的自然环境和政治环境，红军挺进师没有退缩，而是勇猛前进，在崇山峻岭间顽强战斗。他们实事求是地分析形势，积极主动地开展斗争，勇于开拓，创新战术和策略。这种求是挺进的精神，体现了百山祖园区龙泉片区红色文化中勇于探索、敢于创新的品质。

3. 植根人民的深厚情怀

挺进师在浙西南逐渐发展壮大并取得胜利，离不开人民群众的支持和拥护。他们深入群众，了解群众疾苦，满足群众需求，赢得了群众的信任和拥护。这种植根人民、服务人民的精神，是百山祖园区龙泉片区红色文化中最为宝贵和动人的部分，体现了革命者与人民群众的血肉联系，以及革命事业的群众基础和力量源泉。

4. 艰苦奋斗的顽强作风

在浙西南革命斗争的艰苦环境中，红军挺进师全体将士以坚韧不拔的毅力，开展艰苦卓绝的三年游击战争。他们不畏强敌，攻坚克难，成功粉碎了敌人的多次"围剿"，为红军主力战略转移提供了有力策应。这种艰苦奋斗的作风，是百山祖园区龙泉片区红色文化中不可或缺的重要元素。

5. 英勇牺牲的革命精神

在浙西南革命时期，许多革命先烈用生命书写忠诚，用鲜血捍卫使命。他们的斗争精神和牺牲精神，彰显了共产党人和革命群众对信仰的无限忠诚。这种英勇牺牲的革命精神，是百山祖园区龙泉片区红色文化中最为悲壮和崇高的部分，激励着后人铭记历史、缅怀先烈、珍惜来之不易的革命成果。

因此，百山祖园区龙泉片区红色文化以其忠诚使命的坚定信念、求是挺进的勇敢探索、植根人民的深厚情怀、艰苦奋斗的顽强作风以及英勇牺牲的革命精神等特征，成为了浙西南革命精神的重要体现和宝贵财富。这些特征不仅反映了百山祖园区龙泉片区红色文化的独特性和丰富性，也为弘扬革命精神、传承红色基因提供了重要的历史借鉴和精神动力。

本章主要结合第三章关于龙泉片区生态人文资源及文化主要类型的梳理分享总结，分析提炼龙泉片区生态人文资源的多元价值，主要包括：生态环境保护价值、绿色发展与山区共同富裕价值、文化传承传播与特色产业融合发展价值、红色教育与文旅融合发展价值。

第一节　生态环境保护价值

龙泉市深入践行"国家公园就是尊重自然"的理念，始终牢记习近平总书记"努力把绿水青山蕴含的生态产品价值转化为金山银山"的重要嘱托，积极落实以国家公园为主体的自然保护地体系建设的国家战略，通过制度设计和生态搬迁等措施维护国家公园生态系统原真性和完整性。百山祖园区充分挖掘文化与自然交融的"天人合一"思想，传承和弘扬多元文化，积极探索生态产品价值实现的有效途径，成为浙江省生态文明建设的重要窗口和"丽水样本"。

一、"国家公园就是尊重自然"重要论述在龙泉的生动实践

（一）深入践行"国家公园就是尊重自然"理念

构建具有中国特色的国家公园体制，是习近平总书记亲自谋划、部署并推动的国家重大战略。2019年，中共中央办公厅、国务院办公厅印发《关于建立以国家公园为主体的自然保护地体系的指导意见》，实施一系列有关国家公园的重要文件，构建国家公园制度体系的四梁八柱。国家公园法被列入国务院立法工作计划，国家林

业和草原局出台《关于加强第一批国家公园保护管理工作的通知》《国家公园管理暂行办法》《国家公园设立规范》《国家公园总体规划技术规范》等政策文件和标准。三江源、大熊猫、东北虎豹、海南热带雨林、武夷山等第一批国家公园的设立，标志着我国初步建成世界最大的国家公园体系，而且国家公园建设开始迈入法治化、系统化的新发展阶段。

2005年8月11日，时任浙江省委书记的习近平在凤阳山考察时，首次提出"国家公园就是尊重自然"的核心理念，高度评价凤阳山自然景观为"山水大画卷"，并强调生态保护的重要性。①2007年，习近平在龙泉考察期间，进一步指出要发挥"三员管护"作用，为自然保护地的网络化、精细化管理指明了方向。"国家公园就是尊重自然"这一论述和理念体现了"尊重、顺应、保护自然"观念和方法，是习近平生态文明思想的早期体现与重要组成部分。2017年6月20日，浙江省提出要以"国家公园+美丽城市+美丽乡村+美丽田园"打造诗画浙江大花园最美核心区。2018年丽水市政府工作报告中提出要高起点创建国家公园。2018年4月18日，丽水市成立丽水国家公园创建工作领导小组。七年来，丽水市深入贯彻"国家公园就是尊重自然"的理念，深入贯彻落实习近平生态文明思想，创造性地将"一园两区"建设方案列入试点序列，努力将国家公园建设的"丽水样本"作为展示浙江生态文明建设的"重要窗口"。同时，丽水市积极开展浙江（丽水）绿色发展综合改革创新区、全国首个生态产品价值实现机制试点市、浙江省绿色发展标准化重大战略试点、首批深化气候适应型城市建设试点等建设，率先探索国家公园设立标准与实践，创新性地提出设立方案，得到浙江省政府、国家公园管理局支持，并顺利通过试点评估，百山祖园区创建的"丽水样本"荣获"中国改革2020年度十佳案例"，并入选中国生物圈保护区网络正式成员。

从百山祖园区规划总面积看，涉及龙泉、庆元、景宁三个县（市），其中龙泉占总面积最多，核心保护区面积也是最多。于龙泉而言，国家公园创建是关联经济社会文化全面绿色低碳发展的全域布局。对此，龙泉市秉持"国家公园就是尊重自然"理念，为维护好百山祖园区生态系统原真性、完整性保护，实施生态立市发展战略，建立健全生态空间管理措施，强化"三线一

---

① 胡敏,李步前.以"丽水样本"展示"重要窗口"——浙江丽水创建国家公园的实践与思考[J].绿色中国,2021(2):32-39.

单"制度。在污染防治方面，通过"四大行动"与"三大革命"的持续努力，确保了生态环境质量在全省保持领先地位，并积极争取成为省级"无废城市"及国家级生态文明建设示范县（市）。此外，龙泉市还广泛推行河长制、林长制、田长制，全面推进全域土地的综合整治与矿地的有效利用，实施山水林田湖草沙一体化的系统治理策略。早在2016年就形成了《龙泉市创建省级低碳县试点实施方案》并入选首批省级低碳试点创建名单，把提升碳汇能力摆在关键位置，切实落实好"3+4"行动①，大力倡导并推广绿色低碳的生产生活方式。同时，龙泉市充分利用国家公园这一强大IP的引领作用，推动国家公园大道、文化创意大走廊等关键项目的建设，形成了"保护控制区、辐射带动区、联动发展区"的圈层共振效应。总之，龙泉市以及百山祖园区龙泉创建办（龙泉保护中心）以"国家公园+"为抓手，把创建国家公园作为践行"丽水之干"的重要任务，促进一二三产深度融合与高质量绿色低碳发展，使国家公园成为推动龙泉高质量绿色发展的强大引擎。

（二）始终树立"尊重自然、顺应自然、保护自然"的整体生态观

百山祖园区遵循习近平生态文明思想，是"尊重自然、顺应自然、保护自然"生态理念的具体演绎，确立人与自然耦合关系在国家公园领域的延伸。生态文明理念作为处理人与自然关系的根本，其内涵越发丰富、重要性越发优先，从党的十八大报告确立其内涵是"尊重自然、顺应自然、保护自然"理念，到党的十九大报告进一步提出"人与自然是生命共同体，人类必须尊重自然、顺应自然、保护自然"，直至"生态文明"写入宪法强化"五位一体"发展格局，生态文明的重要性不言而喻。国家公园以保护生态环境优先为原则，《国家公园管理暂行办法》以"保持重要自然生态系统的原真性和完整性，维护生物多样性和生态安全"为立法目的，欲以"保护具有国家代表性的自然生态系统"，回应了"尊重自然、顺应自然、保护自然"的

---

① 省级低碳试点旨在建立推进低碳发展的县(市)级政府治理体系、空间管理体系、统计核算体系，完善低碳产业培育机制，健全低碳能源开发利用机制，构建低碳生活推广机制。"3+4"行动中的3是指打造碳汇富民先行区、能源示范区、智治领先区，积极探索林区整体智治高效途径，到2025年基本建成生态产品价值实现机制创新平台总体框架。4是指全力推进"森林提质增汇、能源结构优化、产业提质升级、城市低碳建设"四大工程，统筹抓好林业固碳增汇体系、近零碳高效能源体系等十大任务。

生态观。《百山祖国家公园"三员管护"制度（试行）》《关于进一步加强百山祖国家公园生态保护管理的实施意见（试行）》等规定，更是因地制宜的制度设计。

人与自然和谐共生与发展导向下的整体生态观"并非在提倡一种为保护自然而完全排斥人类活动的思想，而是强调在尊重自然、顺应自然和保护自然的前提下进行绿色发展、循环发展和低碳发展的观念"[1]。百山祖园区制定全域联动发展专项规划，构建"保护控制区+辐射带动区+联动发展区"三级差异化同频联动发展格局，根据生态系统的承载能力的临界点，优先确保资源开发利用行为被约束在生态系统的承载能力范围内。百山祖园区一方面有序开展生态搬迁与资源确权、特许经营等，树立人与自然和谐共生发展的区域典范，另一方面通过数字化管理手段进一步提升园内生态环境与自然资源的监管，有效保护和维持园区生态系统和资源利用的可持续性，实现人与自然循环永续发展。

（三）充分蕴含文化与自然相互交融的"天人合一"思想

习近平总书记指出："中华文明历来崇尚天人合一、道法自然，追求人与自然和谐共生。"国家公园是数以万计生物与非生物资源共存亡的复合生态载体，文化与自然相互交融的"天人合一"思想有力保障国家公园建设的独特个性。2024年，国家林业和草原局国家公园（自然保护地）发展中心印发《中国国家公园文化传播工作方案（2024—2026年）》，提出积极培育国家公园文化品牌和传播体系，符合系统性、共时性以及人文性的要求。国家公园建设须充分挖掘独特的文化资源，传承和弘扬中华优秀历史文化、积极向上的民族民间文化，继承和发扬革命红色文化，鼓励开展多种形式的国家公园文化传播。百山祖园区具有丰富的生态资源和独特的山水景观，是中国山水景观"平远、高远、深远"的典型代表，是中亚热带森林生态系统的典型代表，是迄今为止亚洲最古老锆石的发现地，也是孑遗植物百山祖冷杉的全球唯一分布区。在保证生态系统与文化遗产保护的前提下，百山祖园区应利用独特的自然—人文资源环境优势发展适应性经济，积极探索国家公园生态产

---

① 王社坤,焦琰.国家公园全民公益性理念的立法实现[J].东南大学学报(哲学社会科学版),2021(4):50-59.

品价值实现的有效途径，凝聚国家公园核心价值，释放国家公园"生态红利"。龙泉片区蕴含的香菇文化、青瓷文化、宝剑文化、畲族文化、红色文化、廊桥文化等已成为构成百山祖园区独一无二的文化体系的重要支撑和组成部分。总之，百山祖园区在发展建设中，已经生动呈现出"人与天谐、天人共美"、人文与自然交融共生的理念和情怀。

二、呵护秀美山水厚植"美丽龙泉"的浓重底色

（一）跨部门一体化系统推进国家公园保护与管理

自 2022 年起，龙泉市以"大综合一体化"行政执法改革为契机，推动实施"一支队伍管执法"入国家公园，通过跨部门协同合作、数字技术赋能以及强化源头治理措施，有效促进了国家公园综合治理工作的深入发展。本着"务实、快速、高效"的原则，强化"第一时间发现、第一时间报告、第一时间处置"的作风，按照问题线索难易程度，分类研判，一般问题线索一天内全面完成分析、研判、流转、办理；重大复杂事件，提交龙泉市执法指挥中心，完成流转交办，确保"处置不过夜"。

1.实施"单一执法队伍"协同机制

龙泉市在百山祖园区内构建了生态联勤警务站，采用"1+5+X"工作模式，其中"1"代表常驻接待人员，负责处理民众事务；"5"涵盖公安、综合执法、环保、林业、应急管理五个常驻部门，各自专注重点领域并相互协作；"X"则代表其他部门的实时联动，确保数据、业务和部门间的无缝对接。

2.深化跨区合作与跨界整合

龙泉市已与福建省浦城县、浙江省江山市及遂昌县签署了《省际生态警务联防联控协议》。自跨界警务合作启动以来，截至 2024 年 9 月，已联合行政部门执行 16 次执法行动，查处 11 起违法行为，刑事立案 2 起，并成功捕获 4 名跨省破坏生态资源的犯罪嫌疑人。此外，与景宁和福建政和紧密合作，逮

捕9名非法猎捕、出售野生动物的嫌疑人，其中6人已被移送审查起诉。①2024年11月1日，龙泉、庆元、景宁三地公安联合钱江源-百山祖国家公园龙泉、庆元、景宁三地保护中心，共同签订"联管、联享、联排、联查、联宣"生态警务协作机制协议，打破行政区域壁垒，通过信息共享、优势互补，护航百山祖园区生态保护与经济发展。

3.利用"单一平台"激发智能治理潜力

龙泉市以林地权属数字化落界为起点，开发了"益林共富"多场景应用，该应用连接省市县乡村组户七级，联动17个部门，整合196项业务数据，实现了对全市林地的全面数字化服务与管理。截至2024年9月，已新增国土绿化2.91万亩，精准提升森林质量18.11万亩，有效释放毛竹需求1800万株，交易额达2.3亿元，毛竹附加值增长28%。②

4.建立"一套机制"加强源头管理

为确保监管全面覆盖，当地采用车辆、视频、无人机、望远镜等工具进行常态化巡查监测，并结合云值守和"江浙之巅"数字孪生应用进行科学保护。截至2024年9月，累计巡护里程超过10万公里，完成9889项巡护任务，收集生物多样性数据40238条，监测到35种重点保护动物。③龙泉持续推进"一支队伍管执法"深入国家公园，加大国家公园各类自然保护地重点生态功能区域和治安防控区域生态保护监管力度，切实保障生态环境安全。

（二）多举措双驱推动布局龙泉片区生态安全与改革发展大棋

1.坚决守住生态安全

一是严守森林防火底线。国家公园首要功能是重要自然生态系统的原真性、完整性保护，同时兼具科研、教育、游憩等综合功能。对此，龙泉市建立健全"人防+物防+技防"森林火灾立体化防控体系，定期开展业务知识培训和实战能力演练、重点防火期督查检查；在黄茅尖、凤阳湖、绝壁奇松等

---

① 季燕鸿,周陶,曾力培.一支队伍管执法龙泉推进国家公园综合治理[EB/OL].http://zjrb.zjol.com.cn/html/2024-09/11/content_3768450.htm.

② 季燕鸿,周陶,曾力培.一支队伍管执法龙泉推进国家公园综合治理[EB/OL].http://zjrb.zjol.com.cn/html/2024-09/11/content_3768450.htm.

③ 季燕鸿,周陶,曾力培.一支队伍管执法龙泉推进国家公园综合治理[EB/OL].http://zjrb.zjol.com.cn/html/2024-09/11/content_3768450.htm..

热门景区以及户外运动爱好者主要通行路口部署安装电子警察，强化游客及户外运动爱好者的森林防火意识，提高森林管理效率。此外，与庆元县、景宁县紧密协作，加强跨省统筹联动，共同构建高效的国家公园护林联防机制，合理划定跨区域的联防范围，以确保森林等自然资源与生态环境的安全以及一体化系统保护。

二是强化疫病防控措施。龙泉采用视频监控、无人机巡检、望远镜观测等现代化技术手段，实施网格化管理，对指定区域内的松材线虫病疫情进行持续性的巡查与监测，确保疫情能够第一时间被发现、报告并迅速处置。例如，2024年4月21日，兰巨保护站成功监测到相邻乡镇存在疑似松材线虫病感染树木，对此，保护中心迅速响应，即刻调配专业力量，协助当地乡镇在第一时间清除了19株疑似染病树木。

三是提升资源破坏打击能力。龙泉不断推进数字化监测能力建设，建有均溪、兰巨、龙南、屏南、瑞垟等5个保护站，布局将军岩、杜鹃谷等21个监测站点，设有凤阳山哨卡监控点、麻连岱监控点等22个监控站点，基本配备了保护资源安全的必要监管设施。龙泉不断深化跨部门协作机制，与检察院、法院、公安部门及行政执法局紧密配合，持续推进"一支队伍管执法"进国家公园，依法处置人为破坏生态环境违法违规行为，极大地增强保护区内资源破坏案件的查处与打击效能。为强化"森林法官+三长一员"（县、乡、村三级林长和护林员）这一高效协作机制，龙泉市人民法院在兰巨乡设立百山祖园区（龙泉）生态"共享法庭"，不仅促进了多方在生态环境保护和资源管理方面的信息共享与协同行动，还显著优化了环境资源审判的职能，使得相关案件能够得到更加专业、迅速且公正的裁决。通过这一机制，环境资源审判不再仅仅局限于法庭之内，而是延伸到了林区的每一个角落，实现了对生态环境问题的及时发现、快速响应和有效处理。

2.深化改革谋发展

一是全力以赴推进项目落地见效。在过去的四年里，龙泉高效整合并利用中央及省级财政拨款，新建均溪、瑞垟两个保护站，并对大田坪-乌狮窟等12条巡护道与步道进行建设或优化升级，圆满完成了十八窟、步儿岩、大田坪-凤阳湖等区域的地质灾害生态修复任务，以及5个周边村落的美丽社区建设项目。另外，龙泉还精心规划储备未来项目，聚焦生态修复、绿色发展、基础设施建设等关键领域，积极筹备2025年度的项目申报工作，涵盖大田坪至石梁岙至闸口至凤阳湖生态修复项目、20公里生物防火隔离带升级、消防设施采购与部署、20公里巡护步道（含巡护道路）改造提升、龙泉自然博物馆展览布置、野外博物馆科普研学路径开发等项目。

二是持续深化改革创新活力。龙泉早在2020年率先全面完成国家公园集体林地地役权改革工作，完成集体林地19767.02公顷237宗地的确权登记，发放集体林地所有权不动产权证书237本、集体林地地役权登记证明237份、国有林地使用权证5本，林农每年补偿收入至少达到1429.15万元。创新推出"益林贷"和贷款贴息办法，采用林地地役权补偿收益权质押、林地地役权补偿收益反担保质押等方式，对依法设立林地地役权的供役地企业和自然人实施授信贷款，自2020年起发放贷款1500余万元，有效破解周边村落、村集体经济组织和林农融资难、贷款难等问题，为林农致富注入"金融活水"。以林长制为抓手，实现林业重点指标稳中有进，林业金融改革取得新突破，开发"浙林碳汇"1.86万亩、3.51万吨，发放林业碳汇权证1108本，林业碳汇预期收益权质押贷款1.06亿元，"益林共富"入选全国林业改革发展典型案例，获评全省自然资源集约利用考核林长制专项评价优秀县（市）。

三是探索特色产业发展。龙泉积极打造具有国家公园特色的"林下经济"品牌标识，成功建立了占地2590亩的梅地灵芝谷共同富裕基地。该基地以林下椴木灵芝种植为主导产业，年总产值超过500万元人民币，有效促进了当地林业经济的发展，为120余名林农提供了就近就业机会，人均年收入增长超过8000元人民币。屏南镇充分利用国家公园得天独厚的生态环境优势，全力推动高山蔬菜产业的发展，种植面积已扩大至4250亩，年总产值高达6400余万元人民币。此外，屏南镇还积极探索稻石蛙生态养殖模式，实现土地资源和水资源的高效利用，形成了稻蛙共生、效益叠加的良好局面。该模式下，每亩土地的综合产值可达到20万元，纯利润约8万元，为山区特色农业养殖树立了新的典范。

3.积极开展科研与宣教

一是坚持实施长期生态监测工作。龙泉充分利用国家级生态定位观测研究站这一重要平台，深化与南京林业大学及省级林业科学研究院等技术支撑单位的合作，不断提升监测技术水平，为构建国家层面的长期生态监测网络贡献高质量数据。在此基础上，龙泉片区动植物本底资源调查，期间陆续发现倍林斑粉蝶等新增蝴蝶新记录种53种，命名了昆虫新种——凤阳巨基叶蜂，发现植物新种华大花忍冬、凤阳山樱桃、凤阳山荚蒾、锈毛帚菊等，并记录出现如莼菜、槭叶小牵牛、红头咬鹃、白腹暗蓝鹟等二级保护动植物物种的新分布。此外，两颗大于40亿年的冥古宙碎屑锆石的发现也再次引起学者探讨龙泉片区悠久复杂的地质结构与地壳作用。

二是着力加强科研项目研究力度。龙泉突出国家公园垂直带谱研究的独特优势，近年来与国内知名科研单位携手，共同揭榜挂帅，申报开展了40余项科研课题。同时，龙泉积极推进凤阳山植物资源的整理与科普工作，相继出版了《百山祖国家公园蝴蝶图鉴》第一卷，《凤阳山植物图说》第三卷和第四卷等。

三是广泛开展生态保护宣传教育。龙泉成立凤阳山宣教中心，集风光鉴赏、科普知识宣传、青少年研学等功能为一体，生动形象展现凤阳山秀丽风貌、文化熏陶与生态价值。龙泉首创性打造野外博物馆展线，并在全省范围内推广。龙泉保护中立创设的"美丽凤阳山"微信公众号坚持每天更新科普龙泉片区动植物，截至2024年8月，已有50余篇被"学习强国""龙泉发布"等新媒体平台收录并转载。此外，龙泉围绕"爱鸟周""生态环境日"等主题，挖掘国家公园自然生态科普教育意义，组织了一系列送戏下乡、校园科普宣传等多类型的活动，增进公众对国家公园和生态保护知识的了解，有效提升了公众的自然保护意识。

（三）见行见效深度挖掘龙泉片区生态文化资源

根据2021年龙泉市文化和广电旅游体育局调查统计相关数据，梳理出龙泉市主要文化元素241个，涉及2个主类、24个亚类、51个基本类型。其中，以青瓷文化、宝剑文化和香菇文化为代表的中华优秀传统文化约占总量的78%，以浙西南红色革命文化为代表的革命文化约占总量的22%。根据实地调研情况，按照文化主题分类，课题组梳理出龙泉片区广袤丰富的自然资源哺育出多姿多彩的生态人文资源概况，见表4-1。

表4-1 龙泉片区生态人文资源概况

主题类别	生态人文内容分类	生态人文资源
遗迹景观主题文化	历史遗迹	摩崖石刻、银矿洞、土匪洞、仙米洞、屏南红旗渠、南垟石拱桥、南垟古寨门、屏南(硋)铺龙王宫、安仁季步高故居、安仁安福青瓷古窑址、龙南乡五显庙、垟尾钟楼等
	园林景观	安仁天平山风景名胜区
自然主题文化	地质文化	龙南富硒土、两颗冥古宙碎屑锆石等
	动、植物资源代表性文化	长三角最高峰(黄茅尖)、越野文化(千八线)、大小天堂湿地、凤阳湖、绝壁奇松、老鹰岩、将军岩、七星潭、双折瀑、乌狮瀑、大峡谷、木鱼石、官埔垟枫树林、猕猴谷、高际下瀑布、周岱村(悬崖上的村庄)、琉华山、瑞垟水库、上畲、大岭后梯田、日出、云海、佛光、观星、老鹰岩绝壁祥云、八面山迎客松等
森林主题文化	古树名木、古树群文化	屏南、龙南、兰巨古树名木及古树群,东山头江南油杉,炉岙粗榧、南溪口南方红豆杉、银杏、南垟后岙千年柳杉、百步苦槠、横坑头乌冈栎等
农耕主题文化	农耕建筑文化	香菇文化资源:菇民建筑群、菇民大屋等特色建筑 廊桥文化资源:永和廊桥、古溪廊桥、顺德廊桥、济恩廊桥、永庆廊桥等
	农耕器具文化	打谷机、草鞋耙、制棕索(绳)机、织布纺纱机、圆箩等
	农耕民俗文化	石马元宵节、凤阳庙庙会、龙南迎神节、屏南烧火堆、长桌宴、屏南春节"砍银树"、安仁稻草龙、安仁板龙、安仁西溪花灯等

主题类别	生态人文内容分类	生态人文资源
农耕主题文化	美食文化	龙泉灵芝、龙泉黑木耳、龙泉香菇、茶叶、兰巨水果、高山蔬菜(绿皮茄、四季豆)、石蛙、黄粿、青团、咸菜、东山头横溪小柿子、龙南乡珊瑚菌、野生华东野核桃、香椿、苦凉板
廊桥主题文化	廊桥文化	屏南(垟顺村顺德廊桥),龙南、兰巨廊桥,安仁廊桥
香菇主题文化	代表性文化资源	凤阳庙十八坊庙会、龙南迎神节、菇民防身术、菇民大屋、龙南乡香菇庙会、龙南乡菇民功夫、龙南乡菇乡花鼓戏
青瓷宝剑主题文化	代表性文化资源	青瓷文化资源:龙泉青瓷传统烧制技艺(国家级非遗、国家级地理标志产品)、大窑龙泉窑遗址、青瓷民间传说等 宝剑文化资源:龙泉宝剑锻制技艺(国家级非遗)、宝剑小镇、宝剑厂等
红色主题文化	代表性文化资源	革命遗址:兰巨大赛红军战斗纪念碑、瑞垟无名烈士墓、住龙红色文化基地等 红军标语:仓坛红军标语、麻连岱红军标语、均溪村革命标语等 革命烈士故居:季步高烈士故居、李逸民将军故居等 纪念馆亭:上田战斗纪念馆、宝溪乡溪头红军纪念亭等

资料来源:根据实地调研结果整理。

三、生态环境保护与实践的多元价值

（一）维护生态系统平衡价值

1.生态系统完整性与原真性价值

2019年8月，习近平总书记在致信祝贺第一届国家公园论坛开幕时指出："中国实行国家公园体制，目的是保持自然生态系统的原真性和完整性，保护生物多样性，保护生态安全屏障，给子孙后代留下珍贵的自然资产。这是中国推进自然生态保护、建设美丽中国、促进人与自然和谐共生的一项重要举措。"[①]维护生态系统完整性与原真性的价值，不仅体现在对自然环境的直接保护上，更深层次地，它关乎地球生物多样性的存续、气候稳定的维持、自然资源的可持续利用，以及人类社会福祉的长远保障。这一价值的实现，要求人类在发展经济的同时，采取积极措施恢复受损生态，预防未来破坏，确保生态系统的健康运作，为子孙后代留下一个生机勃勃、和谐共生的地球家园。

百山祖园区龙泉片区位于南亚热带与中亚热带的交界区域，自然环境优越，植被繁茂，地形陡峭，山谷深邃，雨水丰沛，光照与温度条件适中，生态环境多样，为野生动物提供了理想的栖息与繁衍场所。保护区内物种多样性极高，珍稀濒危物种比比皆是。龙泉片区因广袤的森林资源孕育着丰富的动植物。其生态系统树种繁多，类型各异，具备出色的固氮释氧、气候调节、水源涵养、土壤保持等生态服务功能，为众多动植物提供了宝贵的栖息地。特别是阔叶林和针阔混交林，保护状况良好，林下枯枝落叶堆积，腐殖质层深厚，供给了大型真菌丰富的养料；同时，群落结构复杂，小生境多样，为昆虫、爬行动物、鸟类和兽类提供了理想的栖息环境和丰富的食物来源。在这片森林中，生活着各种生态位的动物，包括半地下生活型、地面生活型、树栖型和洞栖型，种类和数量众多，构成了多营养级的生态系统，形成了完整而复杂的森林生态系统。

保护森林资源是国家公园的重要职责，不仅原有森林植被得到了有效保

① 习近平书信选集(第一卷)[M].北京:中央文献出版社,2022:234.

护，而且随着森林的自然演替，原先黄茅尖、黄凤阳尖、凤阳尖、烧香岩等区域的草山灌丛逐渐被黄山松等先锋树种所取代。被划进百山祖园区的1万多亩山林，早在2003年就落实了生态公益林政策。尽管百山祖园区的森林在某些区域经历了变化，但由于自然保护区的设立，人为干扰逐渐减少，森林正按照生态发展的自然规律进行演替。总之，通过集体林地地役权改革，在不改变林地权属的基础上，龙泉市建立了一套科学合理的地役权补偿机制和共管机制，进一步保护自然生态系统的完整性和原真性，实现自然资源资产的生态效益最大化。

2.景观资源的保存与保护价值

保存和保护景观资源的价值，不仅在于维护自然美景的原始风貌与独特韵味，为人类社会提供审美享受与精神寄托，更在于其作为地球自然遗产的重要组成部分，承载着丰富的生态信息、文化记忆与历史价值。这些资源是生态系统服务功能的基石，如调节气候、保持水土、促进生物多样性等，对维护地球生态平衡起着不可替代的作用。同时，它们也是地方特色与民族文化的象征，促进了旅游业的可持续发展，为当地经济注入活力。因此，保存和保护景观资源，就是守护人类共同的未来，确保自然与文化遗产得以传承。

百山祖园区龙泉片区拥有得天独厚的自然禀赋：一是受相对较高的海拔与茂盛的森林影响，加上独特的地形和水文地理环境，形成明显的小气候特征，空气负离子含量全省第一。二是地形复杂，俊峰峡谷，沟壑交错，既为浙江省第二大江——瓯江的发源地，又有长三角第一高峰——黄茅尖。三是片区内物种资源丰富，孕育有珍稀濒危植物81种，拥有华东最大的柳杉群——五星柳杉王，享有"华东地区古老植物的摇篮""天然植物园"等美誉，使其境内龙泉山景区被誉为"浙江省最值得去的五十个景区"之一。龙泉市紧密围绕"绿水青山就是金山银山"以及"国家公园就是尊重自然"这一深刻而生动的生态理念，充分发挥自身独特的地理优势与丰富的自然资源，助力丽水市打造成为中国自然保护地生态体验与自然教育的引领区、示范区。龙泉市以生态保护的高标准、严要求作为驱动力，实现自然景观资源的有效保存与科学保护，确保这些珍贵的自然资源得以永续利用，营造一个生态和谐、风景如画的美丽家园。

（二）保育生物多样性保护价值

1.动植物基因库价值

动植物基因库的价值体现在多个方面。首先，它是生物多样性保护的核心基石。在这个基因库中，存储着无数动植物种类的遗传信息，这些遗传信息是生物进化的历史见证，也是未来生物科学研究与技术创新不可或缺的宝贵资源。随着全球环境的不断变化，许多物种面临着灭绝的风险，而动植物基因库的存在，就如同一个"生命备份"，为人类提供了应对物种灭绝危机、恢复生态系统平衡的可能。其次，动植物基因库对于农业和林业的可持续发展具有重大意义。通过基因库中的遗传资源，可以筛选出具有优良性状（如抗病虫害、耐逆境、高产等）的作物和林木品种，为农业生产和林业发展注入新的活力，提高农业产量和质量，保障全球粮食安全，同时促进生态环境的优化与保护。最后，动植物基因库还承载着教育、科普和文化传承的功能。它不仅是科研人员的实验室，也是公众了解生物多样性、增强环保意识、学习自然科学知识的重要场所，对培养新一代生态保护和科学研究人才具有重要意义。

龙泉凤阳山地质古老，气候湿润，雨量充沛，以其得天独厚的自然条件孕育了极为丰富的珍稀动植物资源。这里的气候湿润宜人，雨量充沛，为各类生物提供了理想的栖息与繁衍环境。据统计，凤阳山区域内共有种子植物多达2005种，在这庞大的植物群落中，不乏红豆杉、南方红豆杉等国家一级重点保护植物，它们不仅是自然界的瑰宝，更是生物多样性的重要标志，对于维护生态平衡具有不可替代的作用。野生脊椎动物有529种，其中包括黄腹角雉、云豹、黑麂、猕猴、黑熊、鬣羚等一系列国家重点保护动物。这些珍稀动物的存在，不仅丰富了凤阳山的生态画卷，也体现了该地区在野生动物保护方面的重要价值。凤阳山的森林结构呈现出多元化的特点，以常绿阔叶林和针叶林为主，形成了层次分明、生态功能强大的森林生态系统。更为珍贵的是，这里还保留着完整的中亚热带森林植被垂直分布序列，从低海拔阔叶林到高海拔针叶林，每一层都承载着独特的生物群落和生态功能，共同构成中国乃至全球都极为罕见的生物基因库。

2023年，百山祖园区龙泉片区的保护与监测体系建设项目投入使用，即

"江浙之巅"国家公园数字孪生应用正式上线，这也是全国首个国家公园数字孪生上线应用项目。"江浙之巅"应用是通过融合天空地感知体系下的卫星遥感、物联设备、无人机等前端感知感应设备，构建国家公园特色的保护与监测体系，实现对国家公园"天上看、空中探、地上查、网上管"一体化的智能感知，通过搭建国家公园统一的时空信息框架，将多维度的数据整合、碰撞，实现一个时空体系中的融合、分析和决策，增强管理者全面、准确地掌握国家公园的情况，推进保护地科学管理。现已获取生物多样性数据1.69万余条，对百山祖园区内120种动物实施实时监测，其中重点保护动物30种。2020年以来，科考团队和专家先后在百山祖园区发现了百山祖角蟾、百山祖元蘑、百山祖多足摇蚊、百山祖狭摇蚊、皱盖油囊蘑、丽水丽丝盖伞、百山祖老伞、斑环狭摇蚊、黑翅腮扁蜂、凤阳巨基叶蜂、近蓝紫丝膜菌11个新物种。该应用将持续更新迭代，打造公众服务端，公众用户可以通过"浙里办"小程序身临其境地了解百山祖园区整体情况，从而助力公众树立保护意识，推动生态环境保护事业的发展，实现生态保护与民生改善共赢共荣。

2.生物多样性保护与遗传价值

生物多样性是地球生命体系中不可或缺的基石，它们不仅关乎自然界的平衡与稳定，更与人类的福祉和未来发展紧密相连。加强生物多样性保护与遗传价值的维护，有助于维护生态系统的完整性和服务功能，如净化空气、调节气候、保持水土、提供生物栖息地等，这些功能对于人类社会的可持续发展至关重要。生物多样性保护与遗传，不仅关乎自然界的繁荣与稳定，更与人类社会的可持续发展息息相关。因此，加强生物多样性保护，促进遗传资源的合理利用，是全球各国共同的责任和使命，也是实现人与自然和谐共生、推动生态文明建设的重要途径。

丽水市建成全国首个覆盖全市域的生物多样性智慧监测体系，持续建设"全国生物多样性保护引领区"。龙泉市作为百山祖园区创建的主阵地，在生物多样性保护工作中先行示范、创新创建，编制完成了《龙泉市生物多样性监测方案》。百山祖园区龙泉片区还打造了野生动物救助站，推进野生动物栖息地修复和生态廊道建设工程，率先在百山祖园区创建了全国第一个国家公园野外自然博物馆。龙泉按照国家、省、市关于生物多样性保护工作部署，扎实推进生物多样性保护工作，取得显著成效，曾被宣布灭绝的阳彩臂金龟在龙泉被发现踪迹，世界上尾突最长的蛾之——红尾大蚕蛾、"国保"鹰鸮现身龙泉市住龙镇，黑麂、黄腹角雉等珍稀野生动物频频"亮相"龙泉，无愧有"天然珍稀动植物园""华东古老植物摇篮"之称。龙泉市住龙镇坐落着全省首批开放的生物多样性体验地。随着全国首个国家公园数字孪生应用——"江浙之巅"的上线，百山祖园区建立了天地空一体化监测体系，将现实世界时空信息在数字孪生世界中进行汇集、认知、决策、协同，实现对国家公园智能管理、科学规划、应急指挥、辅助决策等全要素的可查、可管、可追踪。龙泉市在"美丽浙江"建设的引领下，积极打造生物多样性保护新高地，形成了《龙泉市生物多样性本底调查报告》《龙泉市重点物种分布专题图集》以及一套生物多样性调查数据和电子标本。截至2024年，共记录高等植物179科1315种，大中型兽类7目15科25种，还有鸟类、两栖动物、爬行动物、鱼类、底栖动物、真菌等630余种。

（三）提升生态资源的研究教育与推广价值

1.自然教育价值

自然教育是指通过接触和了解自然环境与生态系统，培养民众尊重和保护自然环境的意识，并促进人与自然和谐共处的一种教育方式。换言之，自然教育是在自然中实践的、倡导人与自然和谐共生关系的教育，它是一种连接人与自然的桥梁，一种培养人们尊重自然、理解自然、与自然和谐共处能力的教育方式。自然教育通过亲身体验和观察自然，使人类能够直观感受到自然界的美丽与脆弱，意识到保护环境的重要性。这种从内心深处产生的环保意识，比任何外在的环保宣传都更为深刻和持久。此外，通过与自然界的亲密接触，有助于减轻压力、缓解焦虑，提升幸福感和身心健康状况。自然教育可以培养全社会尤其是青少年的生态保护意识，鼓励人人都成为生态文明建设的参与者。

《钱江源-百山祖国家公园总体规划（2020—2025年）》设置专章"第八章自然教育规划"，对自然教育的对象与方式、生态体验与环境教育规划、解说标识系统规划等进行了规定，提出了到2025年自然教育普及率达到100%的目标。2022年，《百山祖国家公园生态体验与自然教育专项规划》通过专家评审。目前，龙泉已在中心城区设置自然教育中心，重点利用大型沉浸式投影、VR设备，增强访客的视觉冲击和身临其境的效果。此外，还有龙泉青瓷博物馆、龙泉宝剑博物馆，集中呈现广袤自然资源孕育的人类灿烂文明。自然教育有利于增进人与自然的关系，践行"绿水青山就是金山银山"重要理念，让人们有机会深入了解自然界的运作规律，感受到生命的多样性和相互依存关系；有助于培养人类对自然的敬畏之心，促进人与自然的和谐共处；有助于个人生态系统平衡、生物多样性等生态知识传承下一代，形成可持续发展的社会观念。

2. 生态体验价值

生态体验一般包括自然风光体验、科普学习教育、传统文化体验、生态保护体验、科研考察研究、乡村生活体验、户外运动探险、森林露营、天文观测等。百山祖园区根据自然资源、景观资源、人文资源等特点，在一般控制区开展生态体验和环境教育，为公众提供亲近自然、体验自然、了解自然以及作为国民福利的游憩机会，访客通过形式多样的自然教育，感受国家公园自然、人文魅力，进而树立尊重自然、爱护自然、保护自然理念，逐步提高人们生态保护意识。目前，百山祖园区打造生态体验点30处，已开展了一定的生态体验项目，如观光体验、休闲体验、运动体验、文化体验等。其中，观光体验是百山祖园区内开展的最主要的生态体验项目，访客可一路欣赏百山祖地质景观、水文景观、动植物景观、森林景观、天象景观等自然景观，还可进入传统村落欣赏古民居、农田景观等人文景观。生态体验通过亲身体验自然生态，人们能够更直观地感受到自然环境的脆弱性和保护生态的重要性。这种直接的感官接触往往比文字或图像更能激发人们的环保意识，促使人们重新审视与自然的关系，增强环保意识，以更加负责任的态度和行为，减少污染、节约资源。融入自然之中的生态体验，感受清新的空气、绿色的环境对身心情绪的正向作用，能有效减轻现代生活的压力和焦虑，提升心理健康。同时，生态体验有助于激发人们的想象力和创造力，从大自然中汲取灵感，创造出令人惊叹的作品。

3. 文化宣传与推广价值

宣传与推广生态环境保护文化的价值，不仅体现在对自然环境的直接保护上，更在于其深远的文化影响和社会效应，是推动生态文明建设、实现人与自然和谐共生的关键一环。首先,百山祖园区龙泉片区对于生态系统的重要性不言而喻。通过加强生态环境保护文化的宣传与推广,可以激发社会各界参与生态保护的热情和积极性,从而形成全社会共同保护自然环境的强大合力。其次,宣传与推广生态环境保护文化有助于提升公众的生态文明素养。尊重自然、顺应自然、保护自然的生态文明理念将为生态文明建设的持续推进提供坚实的社会基础和思想保障。最后,宣传与推广百山祖园区龙泉片区对于促进地方经济发展具有积极作用。独特自然风光和生物多样性资源,可以吸引更多的游客,带动当地旅游产业的发展。通过推广绿色、低碳、循环的发展理念,可以引导当地产业结构探索出经济与环境双赢的可持续发展模式,也为其他地区提供了可借鉴的生态经济发展经验。

比如在龙泉片区策划并举办一系列聚焦生态价值的学术沙龙与国际会议,不仅能够吸引国内外生态学家、环境保护专家等的目光,共同探讨百山祖园区龙泉片区的生态保护策略、生物多样性保护以及可持续发展路径,还能够显著提升该区域的国际知名度和影响力。这些学术交流活动,以其深刻的学术内涵和前瞻性的议题设置,可以为百山祖园区的品牌建设注入强大的智力支持和科学导向。同时,结合龙泉片区独特的文化底蕴,举办香菇文化、廊桥文化、宝剑文化、青瓷文化以及红色文化等一系列丰富多彩的展览活动,不仅是对本地传统文化的一次生动展示,更是对百山祖园区文化多样性的深度挖掘和弘扬。这些展览活动,通过视觉艺术的魅力、互动体验的趣味以及文化故事的讲述,让参与者近距离感受到龙泉乃至整个浙南地区的文化魅力,进一步增强百山祖园区的文化底蕴和吸引力。在此基础上,发展具有地方特色的文化IP,成为连接百山祖园区品牌价值与文化传播的重要桥梁。通过精心打造一系列以生态、文化为主题的特色IP,如设计具有地方特色的生态文创产品、开发互动体验式的文化旅游项目、制作高质量的文化纪录片和宣传片等,不仅能够有效传播百山祖园区的自然美景和文化故事,还能激发游客的情感共鸣,提升对国家公园的认同感和归属感。这些IP的推广,不仅促进本地特色文化的传播与弘扬,也为百山祖园区的品牌建设与市场推广注入新的活力和动力,使其在众多国家公园中脱颖而出,成为一张亮丽的名片。

总之,丽水市应充分利用独具特色文化的百山祖园区这一平台,使之成为丽水深化区域开放合作、扩大合作伙伴网络、实现协同发展的关键驱动力。通过加强与钱江源园区、武夷山国家公园及国内其他同类公园的协作与交流，在国家公园体系构建中积极作为，从而增强百山祖园区在全国体系中的位置。拓宽百山祖园区生态文化输出渠道，主动对接长三角，共谋生态教育与生态旅游基地；拓宽国际合作视野，充分利用丽水丰富的华侨资源，积极与美国、欧洲等地的国家公园建立友好合作关系，引入先进理念的同时输出中国特色文化，不断提升百山祖园区的世界价值和影响力。

第二节　绿色发展与山区共同富裕价值

丽水素有"中国生态第一市"美誉，是"绿水青山就是金山银山"理念重要萌发地和先行实践地，也是全国首个国家生态产品价值实现机制试点地区。自 2019 年 1 月，丽水正式成为生态产品价值实现机制国家试点以来，全市着重推进争创百山祖园区、建立价值核算评估应用机制，在生态保护修复、生态产品市场交易、生态产品附加值提升、生态价值产业实现路径创新和生态产品价值实现支撑体系构建上不断获得新突破和新成效。在国家和省市一系列强有力的政策扶持下，百山祖园区龙泉片区坚定不移地贯彻落实"坚持生态保护第一，统筹保护和发展，实现生态保护、绿色发展、民生改善相统一"的发展目标，立足于百山祖园区龙泉片区的资源禀赋、环境承载力和绿色发展基础，不仅采取多种有效措施保护片区内自然生态系统的原真性和完整性，更是在探索建立一条以百山祖园区为轴心的生态保护发展带，以国家公园品牌引领全市域和全园区联动发展，推进国家公园品牌价值转化，打通生态保护、绿色发展和生态富民三大通道，走出一条高质量绿色发展与山区高质量建设发展共同富裕之路。

一、绿色农业发展带动农民致富

百山祖园区龙泉片区拥有良好的自然生态条件，为发展生态农业提供了多样的种植养殖基础，形成了香菇、高山蔬菜、高山茶叶、油茶、锥栗、灵芝、铁皮石斛等特色农林产品。通过加强在海拔600米以上绿色有机农林产品基地和美丽牧场建设，制定最严格的生态农林产品生产标准，禁用对环境有害的农药，实施测土配方施肥和保护性耕作等措施，减少面源污染及水土流失，打造生态原产地产品，赋予更高的生态环境附加价值，推动农户增收、开拓农产品市场、加快农业产业化进程，提高区域农业开发的经济效益和整体素质。

（一）种植业高效发展带动农民致富

1.发展粮食蔬菜系列产品

百山祖园区龙泉片区昼夜温差大，山区降雨量比较丰富，高山粮食蔬菜生长周期长，品质高于普通蔬菜，且病虫害少，上市时间还可以与平原地区农产品错开，可利用"时间差"，市场优势明显。目前，屏南镇和龙南乡等地已经建立高山蔬菜示范基地和有机大米基地，全程肥药双控，只施用有机肥并开展有机认证，通过示范基地和技术培训等途径，大力推广粮食蔬菜生产新技术和新品种，有效地将高山资源优势转化为经济优势，促进农民增收。同时，着力发展毛竹、冬笋、春笋和功能性竹材，结合森林旅游业开发毛竹鞭笋和特色小径竹笋。此外，龙泉片区还可以结合本地资源优势，因地制宜地引育高端新品种农产品，以及引进精准农业管理体系和物联网等相关设备产品，提高农产品品质。例如，龙泉保护中心可以与龙泉供销合作社合作，建设100亩高山育种和300亩大棚蔬菜的数字化基地。在百山祖园区龙泉片区龙南乡岭后村-蛟垟村100多公顷的富硒土壤环境中发展富硒大米、富硒大蒜、富硒蔬菜等多种富硒特色农业，提高农产品的附加值。加强各类富硒农产品的加工，从低层次向高层次的转变，加强富硒农业品牌化建设，发展与传承百山祖园区龙泉片区的富硒文化。

2.加强各类水果（干果）产品开发

加强柑桔、枇杷、猕猴桃、葡萄等品种的技术研发，培育桔柚、锥栗、香榧等特色果品，利用园艺设施建设高效、精品、生态果业。在龙泉龙南乡、屏南镇建立水果种植基地，根据土壤、气候等条件发展桔、柑、桃、猕猴桃、梨、枇杷、板栗、黄桃、红心李等水果（干果）种植。同时，依托市农科院等单位，加快特色果树新品种、新技术的推广应用，加大技术支持和培训，提高果品品质，推出香榧油等定制高端精品，将国家公园水果产业向"生态、精品、特色"的方向发展。此外，还可以结合当地条件，推进农耕过程体验商品化，加快发展农文旅等生态体验综合类项目。

（二）养殖业高质量发展促进农民致富

1.推进高山水产养殖业发展

有效利用龙泉片区充沛的降水资源和高山梯田资源，在龙南乡、屏南镇建设发展高山田螺、田鱼、泥鳅等养殖基地，通过规范化养殖增加山区农民收入。着力发展园地、林下生态、原生态养殖，禁止引入外来物种；着力发展水库洁水渔业，培育有机鱼品牌；着力推广山区稻渔综合种养，提升产业化水平；着力推动溪流性鱼类资源开发，建立健全浙西南特色水产苗种产业体系；着力推动娃娃鱼、石蛙等名优品种的产业提升，完善产业链建设。以屏南镇生态石蛙养殖与稻蛙共生为例，合兴、均溪、金何等村分布有生态石蛙养殖基地，基地利用山涧溪水进行仿生态活水养殖。

2.加强蜜蜂养殖业发展

龙泉片区有着优质的自然生态资源，为养蜂产业发展提供了较为丰富的蜜源植物，有助于形成独具特色的蜜蜂养殖产业。例如，龙泉片区内枧木资源相当丰富，枧木花期较长，沁蜜量较大，开花沁蜜不存在明显大小年的状况，是当地土蜂越冬的主要蜜源食物，可以避免在一般蜜蜂养殖过程中冬天需要人工添加糖料的问题。而且，枧木蜜颗粒较为精细，质地纯净，品质优良，较好地保证了蜂蜜的质量。通过在兰巨乡、屏南镇建立蜜蜂养殖基地，开展一系列养殖技术创新和管理手段更新，利用当地的蜂种资源，邀请农科研等科研机构对蜂农进行养殖技术的培训，以标准化、规模化的生产模式来推进蜂蜜养殖业的发展，创建具有国家公园品牌特点的蜂蜜产品，为农民提供更多的增收致富路径。

3.其他生态养殖产业发展

目前，百山祖园区龙泉片区现存零散的家禽、家畜养殖场，由于劳动力欠缺，养殖场难成规模，生态养殖品质不可控。在可控小范围区域内，批准个体庭院式创新型生态饲养，生态化放养模式，采用畜—沼—农（大农业）连接循环模式，根据国家公园内不同区域的特点逐渐扩展，补充更多生态位，形成一个完整的半封闭、基本上是人工的生态循环系统。

（三）林业特色产业发展助推农民致富

1.加快竹木产业发展

龙泉片区范围内竹木资源十分丰富，具有较高水平的固氮释氧、调节气候、涵养水源、保持水土等生态系统服务功能。竹木类采运产业在龙泉片区范围之内属于限制类产业，仅限在国家公园范围内现有耕地上开展种植，需要符合绿色、生态、环保的要求。围绕着山区共同富裕的目标，竹木产业发展需要从以下几方面重点推进。第一，完善产业链条，加强竹资源培育、种植和加工环节，完善竹林基础设施、竹初加工点建设，提高竹产品的质量和竞争力。第二，优化产业结构，加大引进优质商业资源力度，推动竹产业向高附加值和绿色发展方向转型，加强技术创新和品牌建设。第三，加强政策支持，制定有利于竹产业发展的政策，建立健全竹产业的市场机制和保障体系。依托当地独特的竹木资源和加工行业特点，通过竹产业发展项目的大力建设，实现竹产业效益增长，林农收入持续提高，竹林资源利用率提升，生态环境得到改善，打造"两山"理论实践示范地、竹产业发展综合展示地。

2.促进食用菌产品发展

龙泉片区是世界人工栽培香菇的发源地。目前，兰巨乡大赛村、龙南乡龙溪村、屏南镇南溪口村都有食用菌基地，采用国际先进技术建设菌棒生产区和养护区，并依托这些基地，通过展览宣传、食用菌栽培和产品制作体验等多种形式，向游客进行传统农耕文化和生态文明教育宣传。同时，为了强化香菇、黑木耳、灵芝等食用菌在全国的优势地位，丽水市大力发展精深加工业，加快推进一二三产融合，促进从"香菇大市"向"食用菌强市"转变。例如，梅地灵芝谷创办于2013年，是一家集准野生灵芝、椴木灵芝、灵芝孢子粉、灵芝片、灵芝茶、灵芝盆景等食药用菌生产和经营的家庭农场。目前基地流转山林2500亩，年接待游客约1.5万人，年产量达到1.5万斤，孢子粉3000斤，产值超过1500万元。从2017—2018年开展农林旅结合项目开始，龙泉市区已建立游客接待中心、展示展销厅，设立灵芝文化馆。

3.加强高山茶产业发展

龙泉片区有众多高山茶园，茶产业是当地农村的重要收入来源，茶园经营多以个体经营和小规模合作社承包为主，虽然资源条件优越，但整体品质不高。在资源有限的条件下，为更好地促进农民收入，需要在国家公园及周边大力推广高山原生茶产业，将茶园逐步改造为生态茶园，以有机肥料代替常用肥料和农药，引入先进制茶技艺，逐步实现有机茶业。结合龙泉青瓷、廊桥文化、畲乡文化等打造各类传统农耕文化体验试点，将种茶、采茶、古法炒茶、茶具制作等作为传统农事体验项目，使游客融入国家公园社区生活，更好地体验国家公园的魅力。在兰巨乡大赛村、官铺垟村、炉岙村和屏南镇的周岱村、坪田村开展高山生态茶园建设，为全面推广高山生态茶园改造提供示范。在龙南乡凤阳村建设丽水市茶文化协会研究中心，与中国农业科学院茶叶研究所合作研发茶餐和茶产品。顺应消费需求趋势，集聚发展多茶类开发与精深加工，推进茶产业转型升级与茶旅产业融合，强化品牌建设，提高龙泉片区茶叶竞争力。

4.推进油茶产业发展

油茶作为耐火树种可以用作生物防火隔离带，可结合森林防火工程进行规划栽植。在百山祖园区龙泉片区，油茶产业发展不仅有助于森林防火工程的建设，还有助于联动周边社区发展林业产业和促进山区农民经济收益增长。在龙南乡五星村、屏南镇横坑头村开展油茶示范基地建设。同时，还可以在油茶基地进行山稻套种，山稻植株较高，可以起到遮阴的作用，又能够减少地表径流，从而起到固土保墒的作用，还可以提高土地肥力，利于油茶的生长。此外，山稻是一种绿色食品，市场销售前景较好，林农可以在油茶林中套种来实现"以短养长"，从而减少管理成本。以油茶套种水稻种植模式为起点，可以在龙泉片区范围内，进一步探索其他增加综合效益的林下经济发展新模式，从而开启林农合一、生态经济共赢的山区经济发展新路径。

5.加快林下中药材产业发展

龙泉片区生态环境及山地资源优势十分明显，森林资源丰富，具有众多海拔在800米以上的高山台地，适合发展林业经济。在龙泉片区的一般控制区和入口社区毗连地区，选择适宜的区域，在不破坏林地资源的前提下，适当发展铁皮石斛、林下灵芝等中药材种植，拓宽当地居民增收渠道。高品质发展中药材种植业的同时，加强中药材原产地、种源、种质、地理标志和品牌保护，依托中药资源普查，建立中药资源数据库、种质库和保护圃。依托丰富的中药材优势，重点开发中药饮片、中药配方颗粒、食用菌药品，构建现代中药种植、研发、生产、销售为一体的全产业链。并推动中医药向健康食品、休闲体验、养生养老等领域的跨界延伸，促进中药材种植助力乡村振兴、推动富农增收，加快构建"中医药+"融合发展新格局。

6.探索碳汇交易模式

第一，建立碳汇监测计量体系。立足于龙泉片区的自然资源优势和碳汇产业的潜力，通过林草生态综合监测评价成果，建立生态系统碳汇监测计量体系。对龙泉片区范围内的森林、草原、湿地、土壤等碳汇本底调查、碳储量评估、潜力分析，实施生态保护修复碳汇成效监测评估。加强国家公园范围内生态系统碳汇技术及交易研究，建立健全能够体现碳汇价值的生态保护补偿机制，研究制定碳汇项目参与碳排放权交易，提出生态系统固碳、减排的方案，提出增加碳汇的具体办法举措。建立百山祖园区龙泉片区碳汇产业发展的有效运行机制。第二，加强碳科普教育。建设国家公园典型植被碳通量观测站，打造国家公园森林碳汇科普基地，组织开展森林碳汇科普及研学活动，通过建设各种碳汇科普宣教场景，让访客可以体验互动设施、学习科普小知识，推动更多人成为绿色生活的践行者，也让绿色成为发展最动人的色彩，促进绿色低碳发展理念深入人心。制定龙泉片区低碳行为准则和低碳行为体验系统，以龙泉片区的数字化系统搭建园内"碳普惠"场景，推广公众碳普惠应用场景。对个人、小微企业的绿色低碳行为以碳减排量的形式进行具体量化，并通过商业激励、政策鼓励或与减排量交易相结合等方式，为绿色低碳行为产生的碳减排量赋予一定价值，遵循"谁减排、谁受益"原则，形成绿色低碳发展正向引导的机制。第三，开发各类低碳产品。围绕国家公园内森林资源开发"碳标签"产品，主要产业、产品建立"碳账户"体系。通过构建碳减排计量模型，测算访客低碳行为水平，采用赠送积分和权益的方式将个人绿色行为应用至生活服务和金融服务中，通过"碳账户"建设形成绿色消费意识的正向激励，提高全民参与、践行绿色生活方式的意愿，引导社会经济向绿色低碳转型，助力"双碳"目标实现。

二、生态工业兴起实现富民兴村

以绿色发展为指引，在百山祖园区龙泉片区范围内推进发展生态加工项目，实现生态工业领域的大力发展。生态加工是打通传统种源产业链的关键一环，更是加速富民兴村进程的有效途径。不仅可以有效破解传统农产品附加值低、效益差的难题，也可以带动现代农业产业发展加速集聚。按照"基地做优、加工做深、品牌做响、营销做畅、链条做长"的思路，做大做强优势产业，为龙泉片区绿色发展注入强劲动能。

（一）农特产品加工产业发展

一是依托于龙泉片区已有的农业产业发展基础，提档升级农产品加工业，推进"中国特色农产品优势区"建设，大力发展农产品精深加工和综合利用加工，开发各类具有"功能性""养生性""食疗性"的衍生产品。鼓励开展生物基因技术和生物保健品化妆品药品的研发和产业化，做大做强农业龙头企业。加快建设农产品加工园，面向国家公园和周边区域，布局生态农林产品加工和商贸流通项目。

二是重点建设食用菌和竹产品的高新精深加工园区，将其打造成为一个集资源交易集散地、产品加工集聚地、产品营销中心为一体的综合性农产品深加工业基地。结合全产业链数字化建设项目，续建龙泉300吨灵芝精深加工产品综合开发项目，建设数字化工厂、数字化GMP车间和智能化实验室。配制数字化灵芝提取、自动化丸剂生产、数字化超低温破壁、全自动胶囊填充和数字化中药超微粉碎生产线。

三是聚焦绿色休闲品制造业领域，以定制化、绿色化、数字化为方向，紧抓"双循环"新发展格局机遇，进一步提高国内市场占有率，构建创新设计为引领、绿色品牌为标志的绿色休闲品产业链。以绿色化、简便化为方向，重点发展竹制、生活用品、办公文具、竹制小家具等时尚家居产业，重点布局竹木文创产品开发。

（二）健康医药加工产业发展

1.加快生物医药（食）品产业的发展

发挥龙泉片区的生态资源和道地药材资源优势，以特色化、规模化、集群化为发展方向，巩固提升中药，加快推动"中药材规模种植—中药饮片加工—中成药制造"全产业链发展。重点推进厚朴、茯苓、灵芝、白术、元胡等道地中药材基地建设，为药材资源就地转化提供支撑。创新发展中药饮片产品，重点开发精制饮片、免煎饮片、超微饮片、颗粒饮片、直接口服饮片等新型中药饮片，加快推进中药配方颗粒及提取物研发生产，积极开发食用菌多糖、灵芝破壁孢子粉、中药茶饮等适合百山祖园区区域的生物资源特点的特色中药饮片产品。加大对传统中成药产品二次开发创新。积极开展食药物质试点，做大做强铁皮石斛、蜂产品、珍珠粉类、灵芝类、保健酒类、维生素类等保健产品，结合山地运动产业建设，发挥龙泉片区有机食品和中药资源优势，开发运动营养食品。

2.加强水经济产业的大力发展

在百山祖园区龙泉片区范围内盘活水资源，做大水产业，打响"丽水山泉"品牌，把水经济培育成为新的经济增长点。目前，在龙泉市龙南乡的入口社区区域已经建成矿泉水厂，正谋划在凤阳村新建山泉纯净水厂。规划在国家公园入口社区或联动发展区引进龙头企业，培育具有竞争力的本土企业，开发高端饮用水、医用针剂、美容护肤、生物萃取、健康日化、酒水软饮料等领域的高附加值涉水产品，构建具有丽水特色的涉水产业体系。高水平打造华东优质水经济产业园，谋划实施跨区域输配水工程，推进优质水资源与长三角地区重要城市远程共享。

三、现代服务业壮大推动区域共富

（一）生态体验产业发展

以龙泉片区生态承载力和游客承载力为依据，依托园区分布的森林、峡谷、水文、梯田、古村落等自然与文化资源，提升机动车通、步行道路、驿站、体验平台等基础设施，为百山祖园区访客提供不同类型、不同主题的生态体验活动，主要包括生态旅游、森林康养、户外运动、乡村旅游、研学活动五大类生态体验活动。

1.生态旅游

生态旅游是基于龙泉片区各类优良资源的有效结合，深入实施各类生态产品的价值转化，把优良的生态价值转化为经济价值。龙泉片区的自然、生态、文化资源丰富，在不影响国家公园保护前提下，开展生态旅游是推进当地服务业产业发展的重要途径。

（1）打造生态体验点。结合龙泉片区不同区域的资源禀赋，充分利用现有设施，如自然博物馆、生态保护站、科研监测点、物质文化遗产、古村落以及现有的旅游设施等，在龙泉大赛香菇部落、梅地灵芝谷、官田菖蒲塘、官埔垟、炉岙、大庄、安和、双溪米桶潭、麻连岱、黄茅尖、凤阳尖、龙泉大峡谷、绝壁奇松、屏南镇瑞竹洋、周岱、瓯江源等地，打造不同类型的生态体验点。在一般控制区建立生态徒步道，串联国家公园内自然景观、人文景点及各生态体验点，使访客在休闲、森林徒步、游憩中感受百山祖园区龙泉片区的生态价值，增强生态保护意识。利用凤百古道、黄谢圩村—龙泉五星村等巡护步道，设置各类生态徒步道。根据不同景观类型将徒步道设为2—5公里、5—10公里等不同长度，沿途设置宣传牌、宣教长廊、解说牌等标识，以及休憩亭、生态厕所等设施。发挥龙泉片区江浙第一高峰以及群峰高耸资源，打造中国最美山脊线、最具创意山地梯田、江浙海拔最高暗夜公园等山景产品。依托龙泉山景区、披云山景区等重点景区，强化景区内外一体化打造，着重打好景区游览+周边休闲的发展组合拳，结合周边村落，完善生态旅游服务业，实现百山祖园区及其周边区域一体化发展。

（2）促进产业融合发展。依托龙泉片区现有的各类自然、生态和文化资源，推动旅游与传统种养殖产业和生态加工业的深度融合，将观光式旅游逐渐向体验式旅游转变，构建丰富的农文旅融合产品体系。依托高山果蔬、茶叶、食用菌、谷物、中药材等传统种植业和石蛙、大鲵、稻田鲤鱼、蜜蜂等特色养殖业，建设农旅融合体验区和示范区，开展生态农业和山水田园旅游体验，实现一产和三产的融合。依托相关食用菌、竹制品、蜜蜂等农产品加工和生物科技企业，建设园林式的工业厂房，促进工业生产的生态化，开发其旅游观光价值，实现二产和三产的融合。在此基础上，打造国家公园摄影基地，打造摄影艺术高地、数字影像产业高地、生态摄影高地和摄影人才培养高地，创设和提升百山祖园区摄影节、摄影大奖、摄影大会、摄影大展等一批载体平台，谋划建设国家和地市级数码影像中心、数字摄影博物馆、影像数字中心、摄影主题公园等一批重大项目。

（3）推进产业发展设施建设。在龙泉片区的国家公园入口社区及城镇布局必要的生态体验接待服务基地，满足公共服务、医疗救助、交通运输等功能需求。规划建设访客中心，根据功能区划分为访客服务区、多媒体展览区、科普教育区、综合管理区等功能区块。依托数字化和智能化等创新技术，推动旅游数字化，依托云旅游、云直播和短视频等载体，实现非接触式的新型生态旅游形式。以高精度的三维虚拟建模、远距交互等技术构建沉浸式动态虚拟场景，推进"江浙之巅"数字平台场景的大众化使用模式建设，更好地体验百山祖园区的特色。

2.森林康养

龙泉片区生态资源禀赋优良，依托得天独厚的"五度禀赋"气候养生环境，以及全国少有的生态气候条件，挖掘其康养功能和价值，催生健康养生新业态、新模式、新产业，建设康养品牌，发展旅游业导向下的森林健康产业。

（1）建设森林康养小镇。结合龙泉片区森林、气候、水质、空气质量等资源优势，在国家公园一般控制区和入口社区选择海拔600米以上村落，建设森林康养医院、康养社区、康养酒店、康养民宿等，开发以森林氧吧、避暑养生等为主题的康养产品，打造国家公园品牌山地康养小镇，吸引高端旅居养老和疗养人群。建立龙泉屏南户外运动小镇、龙泉市兰巨氧吧长寿小镇等一系列康养特色小镇，实施统一标准、统一营销、游客互送，实现联动发展，打造长三角乃至全国的康养胜地。支持和鼓励森林康养服务和健康生产的融合发展，以及森林康养产业与旅游、文化、科技、信息等融合发展，着力打造以森林康养产业重大项目为载体，产业、文化、旅游"三位一体"，生产、生活、生态融合发展的森林康养产业发展集聚区。

（2）打造森林康养产品体系。围绕医、养、食、游、体、娱等打造具有特色的森林康养产品，丰富森林康养的体系结构。通过森林康养基地与医疗机构的深度合作，引进医养结合型的养老机构和综合性养老项目，积极规划打造森林康养养老产业园。研究国家公园内森林植物对人体健康的功效，开发芳香疗法、森林触觉疗法、森林浴、森林冥想等森林康养产品。依托中医药文化资源，积极打造中医药特色小镇和特色街区，开展中医特色治疗、康复理疗、针灸推拿、药膳、情志养生等服务项目，努力建成中医药文化养生服务基地。结合丽水全国首个全域国家气象公园建设，依托凤阳山小气候资源，以气象观测研究、避暑养生旅游为重点，建设一批疗休养基地。

（3）实施健康管理服务。基于百山祖园区龙泉片区的自然、生态与医药文化资源等，强化全人全程健康管理，发展健康咨询、健康体检、慢病管理、心理健康、康复护理等全生命周期健康管理服务。深化医防融合理念，开发全面健康管理解决方案，普及化发展健康管理服务，扩大健康管理覆盖面。加强慢性病、职业病高危人群健康体检、健康风险评估、健康咨询和健康干预服务。加快发展心理健康服务，培育专业化、规范化心理咨询、心理干预和辅导机构。鼓励社会力量提供差异化、定制化健康管理服务，建立行业标准，规范发展健康管理服务。

3. 户外运动

依托龙泉片区优越的山水生态禀赋、丰富多样的地形地貌及绿道资源，建设国家级运动训练基地、极限运动体验营、户外主题公园、徒步营地等项目，开展登山越野、户外骑行、低空飞行、徒步露营等户外主题活动，建设百山祖园区徒步基地，打造"山水陆空"四位一体的中国最美户外运动天堂。积极发展竞赛表演、体育观赛、体育培训、体育旅游等新消费业态。

（1）打造户外运动基地。对龙泉片区一般控制区内古道、步道、巡护道及现状道路进行梳理，串联成网，建立国家公园内部步道系统和必要的服务设施，开发步行、自行车骑行穿越国家公园产品，打造独具百山祖园区龙泉片区特色的徒步骑行基地。在龙泉片区范围内选取高等旅游度假区和景区、风景公路附近，依托徒步道、骑行道、观景平台等建设，打造一批森林露营基地。露营基地以帐篷露营、架空野奢木屋为主要形式，并配备基础的公共服务设施，打造以原生态森林环境为特色的露营基地。结合一般控制区特色村落开发，建设一批自驾车、房车露营基地，配备加油站、水电、厕所、住宿、垃圾处理等基础的生活服务设施。

（2）建设屏南户外运动小镇。立足于屏南户外运动资源，升级"华东第一虐"千八线，做强自主赛事IP的"江南之巅天空越野赛"，开发山地运动产品体系，组织优质赛事，打造极限运动赛事举办地。整合利用通村县的古道和防火道，推出不同长短路途、适宜不同人群的赛程赛道，谋划系列活动，打造一年四季不间断的赛事活动，吸引运动俱乐部的入驻，打造体育俱乐部。引入儿童户外体验活动、夏令营、亲子活动、太极拳青少年户外体育运动、"篝火晚会"等主题鲜明的活动。结合屏南高山特色资源，研发运动康养食品，如运动饮品、食品、营养补充品等，在此基础上再进一步开发赛前、赛中、赛后等不同阶段的运动类营养品。

（3）开办各类森林运动节。结合龙泉片区森林生态资源，探索森林运动、极限运动、亲子运动、乡村运动、水上运动等户外运动项目。有效利用百山祖园区龙泉片区空心村等低效用地改扩建体育公园，拓展现有公园功能，因地制宜布局体育设施，利用山地森林、河流峡谷等地貌建设特色体育公园，融入与当地自然条件和民族文化相融合的体育元素。打造以体育健身为重要元素，与自然生态融为一体，具备改善生态、美化环境、体育健身、运动休闲、娱乐休憩、防灾避险等多种功能的绿色公共空间。谋划举办百山祖园区品牌山地运动赛事活动，打造成为全市乃至全省的精品赛事品牌。把国家公园作为重要节点纳入瓯江绿道体系，联合打造马拉松、自行车骑行等赛事。

4.乡村旅游

龙泉片区一般控制区以及周边村庄，可以利用国家公园丰富的自然、生态、文化以及当地的特色旅游资源来推进乡村旅游业的大力发展，促进当地村民在国家公园保护过程中提高自身的经济收入，促进乡村共同富裕。

（1）开展乡村田园旅游。龙泉片区一般控制区以及附近乡村，拥有国家公园的优良的自然生态资源以及当地的各类农业资源，创新推进农业公园、田园旅游综合体、精品休闲农庄和特色景区村四大项目支撑体系，实现乡村及农业资源的多元化发展。塑造百山祖园区独特的山乡田园体验。以游客亲身体验和参与的生产生活方式来深入游玩，享受田园生活劳动成果，接受简约适度、绿色低碳的生活方式，树立绿色低碳循环发展的理念，从而能够感受人与自然和谐共生的内在联系。例如，依托百山祖园区外围梅地村灵芝谷，访客在灵芝谷专业种植人员的带领下，可在落叶下种下一截椴木，培育一棵自己的灵芝。在双溪村通过线上平台推出"认养梯田"活动，每年丰收时节收获藜麦、红米、大米或高山蔬菜，还可亲自到现场参加劳动，亲近自然，体验山地农耕的乐趣。

（2）打造乡村文化体验基地。在龙泉片区一般控制区内的空心村以及搬迁村庄，延续当地乡村传统生产生活方式，打造以原生态生活体验为特色的民宿村，开办农业产品体验馆，开展农耕文化体验、香菇文化体验、马仙文化体验、廊桥文化体验、青瓷宝剑工艺体验活动，为游客提供回归大自然以及古朴生活的体验。

5.研学活动

立足于龙泉片区丰富的生态人文资源，开展各类科研创新、生态教育、环境教育等活动，有助于进一步扩展生态体验产业的内容，提高国家公园在生态环境教育、科学研究等领域的知名度和影响力。

（1）建设各类研学实践基地。基于百山祖园区监测系统的建设，建立国家公园科研监测中心，整合通信、遥感等高新技术手段和地面监测站点体系，建立全天候响应的天地空一体化监测系统，对生态环境以及生物多样性，特别是珍稀野生动物等进行监控及保护，对其赖以生存的生态环境进行修复，同时为植物、动物、生态、地质、气象等专业人员研究提供服务。利用国家公园一般控制区梯田山地联动地形地貌，在适当位置搭建江浙天眼天文望远镜、观云台等天文观测设备以及必要的服务设施。利用国家公园作为东南沿海地区光污染最小区域的优势，在凤阳湖附近谋划建设以天文观测、天文科普为核心功能的暗夜公园，引进全天域数字投影系统，通过高分辨率的球幕影像，实现虚拟天象演示、三维宇宙空间模拟，为天文爱好者露营观星、科研专家开展科学研究、青少年天文研学打造优质的综合服务平台。

（2）推进科研合作与企业创新。坚持引育并举，深化与各类科研院校合作，设立或共建高水平新型研发中心，推动开展长效紧密型合作。开展企业创新能力提升行动，支持龙头企业牵头组建重点实验室、研发中心、技术检测中心等，围绕大健康、农产品精深加工等产业，加强科技创新体系建设，加强食用菌、竹产品、石蛙、大鲵等传统种植养殖加工业的深度研发和创新能力，大力发展农产品精深加工和综合利用加工技术。科学评估在不同生态系统、森林类型、树种、资源环境等背景下森林康养的功效与作用机制，明确不同年龄、性别、特殊人群、健康状态等群体的差异性，为森林康养的科学发展提供理论支撑。

（二）特色文化产业发展

结合乡村文化振兴目标，促进乡村文化资源与消费需求有效衔接，丰富文化业态，打造特色鲜明、优势突出的特色文化产业乡镇或文化产业特色村，培养形成具有地域特色的传统工艺产品，推动形成具有较强影响力和市场竞争力的特色文化品牌。

1.地域文化产业的发展

龙泉片区内拥有丰富的民间文化资源，非物质文化遗产类型多样，森林文化、湿地文化、养生文化、香菇文化、青瓷文化、宝剑文化、廊桥文化和马仙文化等文化相互交融碰撞，是中华优秀传统文化的宝贵精神财富，深入挖掘其中的丰富内涵，特别是汲取地域传统文化中的生态文化成分，促进与生态保护理念、自然保护政策相融合，实现生态文化价值的有效转化和创新性发展，保护国家公园自然生态的同时，能够实现多元化发展，实现在保护中发展、发展中保护的目标。

（1）促进文化保护与展现的统一。推进地域文化的保护，需要以展现方式来让公众了解相关文化内容。一方面，为了更好地保护龙泉片区非物质文化遗产的活态保护，需要建设国家公园非物质文化遗产博物馆群，展示香菇文化、廊桥文化、青瓷文化、宝剑文化等非物质文化遗产，并开发非物质文化遗产体验项目，创新文化展现方式。另一方面，培育具有地域特色的民间演艺团体，搭建民间民俗艺术文化交流展示平台。围绕龙泉"剑瓷文化""香菇文化"等民俗文化，挖掘民间文学、传统美术、传统音乐、传统舞蹈、传统戏剧、传统曲艺、传统游艺和杂技、传统医疗等非物质文化遗产资源。积极开发歌舞、话剧等民间艺术、民俗表演项目，以梯田、山谷等山水自然为底色，打造类似"天下龙泉"大型实景演出固定舞台，并定期开展演出活动，同时打造大型山水秀表演、主题灯光秀等项目，努力把民俗文化产业培育成新的经济增长点。

（2）推进文化营销与发展的统一。以文化产业发展为起点，推进地域文化的产业化营销与发展，实现地域文化的发展与传承相一致。一方面，依托百山祖园区文旅风情小镇建设，结合各个乡镇特点与村落资源，打造各具特色的百山祖园区特色村落。在特色村落布局建设国家公园乡村驿站，引入民宿、文创等业态，激发特色村落发展活力。结合民俗文化创建特色街区或聚落，如龙泉民俗文化街区。另一方面，举办有地域代表性的节事活动吸引游客前来打卡，例如迎新祈福民俗文化旅游节、踏春品茶文化旅游节、香菇文化旅游节、青瓷宝剑节等。设立"乡村文化活化厅"，积极举办"乡村文化节"，引导村民主导策划文化节事、举办文化展览，提高村民文化素养，实现乡村民俗文化的传承和宣传。注重对地方传统工艺的传承和复兴，结合村落文化特色建立形式多样的传统手工艺作坊，诸如发展龙泉"陶艺之家"等特色手工艺品牌之家，形成一批具有地域特色的"工匠之乡"。

（3）实现文化传承多种形式的统一。立足于龙泉片区丰富的地域文化类型与文化资源，采取多样化的传承与保护的方式来推动文化的持续发展。一方面，文化传承需要积极培养和扶持文化传承人，通过支持文学创作、出版宣传图册、制作影视作品等多种形式，挖掘、传承和弘扬传统文化。建设文化艺术大师村，为画家、作家、雕塑等名家和青年创作者提供创作基地和环境。创新文化展现形式，推动动漫、游戏、网络视频等数字文化产业发展。建设网络文学创优基地和线上平台，为网络文学爱好者提供创优服务的优雅环境，推动龙泉片区民俗文化的宣传和影响。另一方面，实施数字内容创新发展工程，鼓励对艺术品、文物、非物质文化遗产等文化资源进行数字化转化和开发，实现优秀传统文化资源的创造性转化和创新性发展。依托地方特色文化，开发具有鲜明区域特点和民族特色的数字文化产品。加强现代设计与传统工艺对接，促进融合创新。依托文化文物单位馆藏文化资源开发数字文化产品，提高博物馆、图书馆、美术馆、文化馆等文化场馆的数字化智能化水平，创新交互体验应用，带动公共文化资源和数字技术融合发展。

2.国家公园的品牌体系构建

国家公园品牌体系建立坚持"绿水青山就是金山银山"发展战略，从"国家公园制造"高度来打造"百山祖园区"品牌体系。以百山祖园区龙泉片区及其周边区域优势特色产品为基础，以国家公园号召力、影响力为抓手，以品牌引领的多维产品矩阵及一二三产全产业链体系为载体，探索生态化、标准化、品牌化、金融化、电商化、多元化的"百山祖园区"品牌升级及带动发展模式，实现国家公园治理体系创新，国家公园周边社区居民增收致富的目标。

（1）凝聚品牌内涵。通过深入分析挖掘百山祖园区龙泉片区的优势与特色，结合其自然风光、风土人情和发展定位，综合凝练国家公园的品牌内涵及核心竞争力。围绕百山祖园区龙泉片区具有代表性和典型性的自然生态系统、中亚热带常绿阔叶林生态系统以及经济发达地区少有的近自然生态系统的区域等优势特点，充分彰显其生物多样性丰富、珍稀濒危物种集聚度极高、我国野生大型真菌种质资源重要分布区、复杂的地壳演化历史和古老的地质遗迹、同纬度地区最为明显的山地立体气候特征和多元文化交汇源远流长等独特的国家公园自然文化特色及重要保护对象。综合提炼突显百山祖园区的"原始生态、纯真自然、珍贵稀缺、源远流长、文化交融"的品牌内涵，并围绕这一内涵树立打造国家公园的核心竞争力。

（2）构建品牌标识。围绕龙泉片区"中国山水画实景地""尊重自然理念的发祥地""国家公园理念发祥地""长三角的生物最高地"的品牌内涵，重点突出国家公园"原始生态、纯真自然、珍贵稀缺、源远流长、文化交融"的特点，建立完整、统一的品牌标识体系。品牌标识应当简单易记、与时俱进、个性独特。在数字化时代发展背景下，国家公园品牌标志设计需要运用与众不同的表现手法，在当下数字化语境中呈现出人们对于事物共识的有机融合，既充满着多种解读特色，又富有时代精神。此外，品牌标识要个性独特，最大程度将国家公园历史演变和建设发展过程中沉淀下来的自然资源与历史文化的核心内涵融入设计中去，将国家公园的特质与文化巧妙地融入在美观、独特、个性的标识中，拉近国家公园与消费者的距离，同时又显著有别于其他国家公园及自然保护地。

（3）打造产品矩阵。有效结合信息时代、数字时代、电商时代的特点和优势，多元化、多角度、多领域创新发展，打造自然风光、生态体验、环境教育、文创产品、手工纪念品、绿色农林产品、绿色金融等多领域、多维度的产品矩阵，丰富壮大国家公园产品体系。生态旅游产品需要完善旅游服务设施，规划精品旅游线路，打造国际一流旅游目的地，塑造丽水全域旅游的核心品牌。生态农林产品主要发展食用菌、高山茶叶、高山蔬菜等种植与加工包装。森林康养产品主要是建设森林康养医院、康养社区、康养酒店等，开发以森林氧吧、避暑养生为主题的康养产品。品牌节庆活动主要是注重节庆赛事活动开发，策划组织一批国家公园高峰论坛、国家公园摄影艺术节、国家公园森林运动节、国家公园森林音乐节、国家公园避暑旅游节等，以活动举办促进生态旅游产业的快速集聚。

（4）扩大品牌效应。发挥国家公园 IP 作用，构建以"百山祖园区"为核心 IP，以"江浙之巅"为特色 IP 的百山祖园区 IP 矩阵，构建 IP 阐述和宣传系统。通过新媒体、数字化、互联网等手段不断扩大其品牌效应，积极推进品牌培育，使其逐步成为广大消费者知晓的品牌、认可的优质产品，扩大品牌增值效益。推进百山祖园区 IP 与龙泉"世界龙泉青瓷之都""中国龙泉宝剑之乡"以及丽水山耕、丽水山景、丽水山居等 IP 叠加，与周边社区形成利益共同体，形成更强大的品牌效应。扩大品牌效应还要注重与宣传媒体的合作，充分发挥媒体的宣传作用，通过报刊、广播、电视、网络等各种媒体对国家公园所展示的文化内涵、自然风情、畲族及马仙文化、非物质文化遗产等进行宣传和报道，使人们对国家公园有一个正确的认知。

第三节　文化传承传播与特色产业融合发展价值

传统文化资源具有悠久的历史渊源、丰富的农耕资源、完善的知识技术体系、极高的艺术价值、哲学价值和人文意义等特点，深挖传统文化的多种功能，释放其蕴含的经济、社会、科技等多元价值，对于助力乡村振兴、扎实推进共同富裕有着重要意义。

一、乡村文化传承传播与特色产业融合发展

百山祖园区龙泉片区依托丰富多样的乡村文化资源优势，在保护好文化核心要素的基础上，十分注重推动乡村文化传承传播与乡村特色产业融合发展的多重价值转化。

（一）乡村文化传承与传播

乡村文化是中国传统文化的重要组成部分，承载着乡村人民的历史、记忆与感情，在长期的生产、生活实践中，赋予了广大乡村以生机和活力。乡村文化中的许多理念、思想和对自然规律的认知在现代社会仍具有一定的现实意义和应用价值，通过对龙泉片区各种文化价值的有效传播，发挥乡村文化的情感纽带作用，有助于留住乡村精神血脉、稳住农业根基，从而推动乡村文化振兴。

1. 媒体渠道传播

通过电视、广播、报纸等媒体，以电视剧、电视栏目、广播节目等形式进行传播，促进龙泉片区独特的农耕文化传承。同时，通过互联网、数字化技术等，在网络上建立专题网站、开设微博和微信公众号、图片与视频网络播放等方式，为乡村文化提供广阔的传播平台，提高乡村文化传播的影响力。例如龙泉香菇文化与建筑文化在各大网站和文旅公众号上都有过宣传文章，央视网、优酷网、腾讯网等知名网站上都有香菇文化相关内容的视频传播与宣传推广。

2. 农民艺术团体传播

农民艺术团体是乡村文化传播的重要力量，他们自发组织并表演传统歌曲、戏曲，举办文化展览、演讲宣传等，向公众传播地区独特的乡村文化，促使更多群体了解和关注乡村文化的内涵和价值。例如，屏南地戏始创于清朝，因当时菇民外出江西，见到当地群众喜欢在广场或中堂上唱曲演出，他们认为这种形式既方便又省钱，就在菇民当中渐渐传开，并由此引进山区。目前，屏南地戏已被龙泉市人民政府列入市级非遗名录，其唱词都是菇民自创的，以歌颂劳动人民的勤劳和智慧，谱调就是花鼓调，现今屏南、瑞垟一带的村民在节假日里常聚在一起传唱。为了更好地传承地区文化，让更多的人有机会走近地戏、了解地戏的独特魅力，屏南镇已成立20余人的"地戏"表演队，并聘请专门的教练为表演队进行排练培训。

3. 乡村文化活动传播

乡村文化活动是推动乡村文化传播的重要途径之一，形式多样、丰富多彩的文化活动可以促使优秀传统乡土文化的再创作与传播，加深群众对乡村文化的认识和了解，提升乡村居民的文化素养，增强乡村社会的凝聚力和文化自信。通过开展各类民俗活动、传统手工艺品制作、节庆活动等，可以深入挖掘和保护乡村文化资源，促进文化产业发展，培育文明乡风和社会人才，从而推动乡村经济、社会、环境的全面振兴。作为千年菇乡的龙南乡具有丰富的香菇文化遗存，在每年农历五月至七月之间，大部分村庄都会相继举办"迎神节"和香菇庙会等节庆活动，以此来祈求风调雨顺，保佑香菇来年丰收。这些香菇文化节活动丰富多彩，有菇神祭拜仪式、菇民防身术表演、香菇花鼓戏、木偶戏和香菇文化图片展览等，有效丰富了菇民们的业余生活，宣传了独特的菇乡文化，拉动了地区的经济增长。

（二）乡村文化价值转化与乡村特色产业融合发展

龙泉片区依托丰富多样的乡村文化资源优势，在保护好文化核心要素的基础上，推动乡村文化资源的多重价值转化，促进其与乡村特色产业融合发展。

1.乡村文化物质价值转换

文化除了能够满足人类的精神生活需要之外，本身也可以创造巨大的经济价值，龙泉片区丰富的乡村文化资源有效推动了乡村文化和相关产业交融互动、融合发展，具体体现在以下几个方面：

（1）推动农文旅产业融合发展。在良好的自然生态和文化资源禀赋基础上，龙泉片区以农业产业为基础，乡土文化为灵魂，旅游休闲为形态，走"农业+文化+旅游"等农文旅融合发展路径，有效实现物质价值转化。各个地方"农遗+"的创新性实践，不仅充分挖掘并阐释乡村传统文化的时代意蕴，更是有效实现了文化资源与绿色经济的嬗变转换。例如，龙南乡是"中华香菇历史与文化第一乡"，是世界上最早的人工香菇技术的发源地，至今已有2000多年历史，对世界的香菇栽培技术影响深远。该地区的香菇文化源远流长、博大精深，不仅形成了一整套完善的文化体系，包括技术规范、劳动技能、行业规则、建筑范式、信仰习俗、语言文字、音乐戏曲等诸多内容，而且还拥有大量保存完好的历史文化建筑，例如廊桥、村庙、古道等。因此，为了更好地展现龙泉片区的地域特色和文化底蕴，促进农文旅融合等特色产业的高质量发展，龙南乡积极盘活五星村等地的古屋、古树、古建筑、古廊桥资源，凸显高山古村落风貌，打造高山研学—休闲—康养的沉浸式度假品牌，塑造网红打卡点，通过推进传统民居保护性修缮，使古老乡村再次焕发新活力。同时，基于这些丰富的农耕文化资源，龙南乡计划打造农耕文化小镇，即以"农耕文化"为主题、以"康养度假"为核心、以"百山祖园区"发展为依托，集"康体养生、高山农业、民俗体验、观光游憩"等多元功能于一体的"国家公园门户小镇"，推动"农文旅融合"高质量发展。

（2）助力山区群众共同富裕。龙泉片区通过对乡村文化资源的多方式、多渠道激活，促进群众持续增收，有效实现物质价值转化。如利用非遗技艺开发乡村文创产品，开展各类民俗活动，开发乡村民宿与农家乐等相关旅游产业，促进村民多渠道的灵活就业和多元化收入来源，有效推动共同富裕。再如，龙泉片区立足国家公园得天独厚的生态资源基础，培育发展高山蔬果、生态养殖、林下经济、养生民宿等生态产业，打造国家公园生态产业品牌。同时，充分释放国家公园顶级生态 IP 效应，谋划打造国家公园特色村落，谋划建设国家公园体验环线、骑行徒步基地，推动养生民宿、乡村旅游、森林康养等多产业融合发展，鼓励引导国家公园内及周边相关企业、园区居民参与特许经营活动，以此来创造生态公益岗位、游憩体验服务岗位，拓宽周边居民增收渠道，实现推动共同富裕的发展目标。

2.乡村文化社会性价值转换

龙泉片区通过对文化资源的开发来激发乡村治理新动能，促进社会和谐稳定，实现社会价值的有效转化。

（1）赋能乡村社会治理。乡村文化可以通过思想价值体系和行为规范的形式来约束和引导人们的行为，并以此为纽带凝结社会力量，形成社会共识，从而发挥乡村文化资源对基层治理的赋能作用。龙泉片区内具有丰富而独特的乡村文化资源，充分发挥其文化"软治理"作用，通过社群文化构建规范体系和公共价值，使其广泛扩散和代际传播，形成对社会普遍行为的价值标杆和行为导向系统。例如，兰巨乡通过打好文化礼堂"建管用育"组合拳，为群众构筑起文化服务的"主阵地"，打通文化惠民"最后一公里"，开展春泥计划、农家书屋等系列专题活动。同时，探索培育乡风文明，持续不断深入开展移风易俗系列活动，数智文明系统上报有效信息1012条，好人线索上报16条，不断挖掘辖区孝老爱亲、助人为乐好人典范，通过不同类型的文化活动有效引导民众行为规范，发挥文化引领和软约束力的作用。

（2）推动农村精神文明建设。通过挖掘利用乡村物质和非物质文化资源，培育共同情感和文明认同，从而坚定文化自信，塑造正向的社会精神，凝聚乡村社会多方力量。例如，屏南红旗渠于20世纪50年代修建，在条件极端困难、工具十分简陋的情况下，全村近百名男女劳动力在两年内修渠5条共计10678米长，事后被评为浙江省先进单位、全国社会主义建设先进单位，领头人沈朝邦1958年12月在北京人民大会堂受到毛主席、周总理的亲切接见。该事迹登上语文课本《神仙办不到的事，我们能办到》，被拍成纪录片《丰收红旗处处飘》，"蚂蚁啃骨头"的红旗渠精神也深深地激励着屏南人民继承和发扬吃苦耐劳、自力更生、艰苦奋斗的精神。

3.乡村文化的生态环境价值转换

（1）推进山林水网修复。充分整合国家公园、交通、水利、高标农田建设等项目，不断优化龙泉片区的自然生态格局，水源涵养、气候调整、水土保持、水质净化等生态功能有了显著提升。例如，龙南乡坚持创新探索"两山"转化路径，坚守生态底线，守护好绿水青山，用好山林资源，大力发展林下经济，通过国家公园、交通、水利等项目建设，完成固定资产投资1305万元，完成率达130.5%，位列同类乡镇前列。

（2）强化生态文明保护。绿色发展是乡村振兴的重要动力，通过挖掘和传承乡村生态文化，加强生态教育和宣传，不仅可以弘扬人与自然和谐共生的价值观，提高乡村居民生态文明素养，还可以促进乡村生态环境的修复与保护，加强生态文明建设。例如，龙泉片区开展乡村文化弘扬行动，引领生态文明新风尚，通过深挖林业历史、森工精神、排工精神，厚植森林康养文化底蕴。以国家公园为核心，将名山古道、毛主席批示纪念碑、红旗馆、竹木产业创新服务中心等资源串点成线、连线成片，开发特色鲜明的森林康养产品和森林康养精品线路，形成集医疗、养生、康复、保健、旅游、教育、文化、体育等于一体的综合性森林康养产业体系。持续办好国际生物多样性日、世界湿地日、世界环境日、生态日、爱鸟周等活动，结合3·12植树节，大力推广"碳普惠—浙里种树"平台，推进"互联网+全民义务植树"建设，形成全民参与的良好氛围。

4.乡村文化的历史文化价值转换

（1）推动古村落保护传承。历史文化价值转换主要体现在古村落文化的发掘、保护与传承。古村落被誉为乡村传统文化的"博物馆"、乡村历史的"活化石"，是研究乡村历史变迁和文化传承的重要载体。龙泉片区众多古村落是数千年农耕文化的结晶，保留着较长时段的历史沿革，是地方历史和民俗文化的标志。通过保护和利用这些古村落资源，有助于理解学习珍贵的历史信息，对传承乡村人文精神，发挥着不可替代的教育和启迪作用。

龙泉片区在保护和传承古村落过程中，一是坚持整体保护和活态传承。始终坚持古村落空间、历史文化和价值完整性的有机统一，做到村落结构肌理与山水格局保护并重，物质文化遗产保护与非物质文化遗产保护并重，生产生活环境保护与生产生活方式保护并重，力求在传统村落中见人、见物、见生活。例如，按照"原材料、原工艺、原形态"要求，修复古民居、古建筑、古道，注重建筑保护与生活方式改变的关系，在不改变村庄历史格局和建筑风貌的前提下，积极改造村庄内部及民居的使用功能，提高居民的生活质量。二是坚持保护优先和合理利用。坚持保护第一，做到能保即保、应保尽保，整体保护、全面保护。同时，注重合理发挥古村落的经济价值、社会价值和文化价值，努力实现以保护促发展，以发展强保护。三是坚持重点保护和分步实施。由于保护资金有限，在保护过程中，结合本土特色，突出重点，分步实施。四是坚持文化保护和彰显特色。在古村落保护中关注传统文化，深挖历史文化，彰显乡村文化特色。通过对这些古村落文化资源的发掘和保护，可以保留历史建筑、传统手工艺、民俗习惯等历史文化遗产，有助于非物质文化遗产的活态传承和文化产业的发展，有效守护中华农耕文明，传承优秀传统文化，推动乡村全面振兴。

（2）弘扬民俗文化的历史传承价值。民俗文化是传统文化的重要组成部分，类型多样，主要包括传统节庆习俗、民间艺术表演、特色的饮食习惯、独特的服饰风格等，是民众在长期的生产生活实践中逐渐形成并传承下来的，承载着地域性的历史记忆、生活智慧和情感寄托，蕴含独特的文化魅力和深厚的情感价值。龙泉片区保留着丰富多样的民俗文化，通过举办民俗文化节、开展民俗文化展览、制作民俗文化宣传片、展开民俗艺术表演等活动有效传播民俗文化，一方面可以激发群众的好奇心和创造力，培养他们对民俗文化的浓厚兴趣；另一方面可以促进文化交流与多元融合，推动不同文化之间的相互理解和尊重，培养地方民众共同的价值观念和认同感，增强社会凝聚力，推动和谐社会建设。例如，龙南乡菇农们为了祈求香菇有个好收成，每年的农历六月至七月，各村都有按自己村选定的日子办盛大的"迎神节"。

二、剑瓷文化传播与特色产业融合发展价值

（一）青瓷文化价值

在长期的生产生活过程中，青瓷从实体空间到精神空间、数字空间的迁变，展现了青瓷的多样态发展趋势。青瓷生产融合了器物为用的物质主义与器道合一的价值生产，逐渐形成了青瓷铸造技艺文化、青瓷铸造匠人文化、青瓷铸造传统文化三种类型，其特色文化包含了"天地五行"的哲学思想、"九天玄女"的青瓷传说、"比德以玉"和"静以依归"的儒道精神，展现了朴素的浪漫主义情怀和价值依归。

1.民间文化价值

民间传说源于群众的生产生活，是青瓷文化的重要起源和特殊传承，而历代文人对青瓷的赋诗咏颂也是青瓷文化和青瓷精神传递的重要渠道。如唐代诗人陆龟蒙在《秘色越器》中写道："九秋风露越窑开，夺得千峰翠色来。"诗句将青瓷之釉色比作"千峰翠色"，将瓷体本色与大自然之色遥相呼应，展现"青"色底蕴。在漫长的历史发展中龙泉青瓷技艺辈辈相传，精神代代相传，为青瓷文化传承创新奠定了现实基础。

（1）龙泉窑传说。龙泉历史悠久，早在新石器时代就有先祖在龙泉这块土地上繁衍生息。龙泉窑是青瓷生产的核心区，开创于三国两晋，生产瓷器的历史长达1700多年。到南宋时期，哥窑与弟窑的产品远销世界各地，"龙泉窑传说"在各个历史时期都有不同的民间传说版本，但其经典部分主要是凸显宋朝的制瓷宗师章生一、章生二兄弟俩烧制龙泉青瓷的故事。章氏兄弟通过不懈努力，持续创新烧瓷技艺，开创了哥窑与弟窑瓷器，成为龙泉青瓷的杰出代表。类似的民间故事还有"龙泉窑土天上来""女娲补天赐宝泥"

"飞天窑女娘娘路""章氏梦仙改行""青瓷龙床""雪拉同的故事""三头窑"等。

（2）青瓷传奇故事。"飞天窑女娘娘叶青姬"的传说故事描绘了天青釉青瓷的来源。被青瓷人称为"九天玄女"的叶青姬，原是青瓷工匠的女儿，为了挽救父亲和青瓷工匠的性命，也为能烧制出温润如玉、清澈韵致、明滑透亮的青瓷而纵身祭窑。叶青姬勇于献身的行为，符合人民群众质朴敦厚、坚韧刚毅的精神品位，故被当地青瓷窑场一致奉为"窑神"。青瓷蕴含的"青如玉、明如镜、声如磬"的韵味气质，融入了创造者的追求和信念，是先辈们所追求的一种民族精神。南宋是龙泉青瓷鼎盛时期，外销产品都以龙泉青瓷为主。当龙泉青瓷首次传至法国，法国人为之倾倒。巴黎人将杜尔夫所著的法国歌剧《牧羊女亚司泰来》中男主人公雪拉同在演出时所穿的青色舞台服装，及其纯洁善良的艺术形象赋予了中国青瓷，于是便用"雪拉同"来称呼龙泉青瓷。

2.精神文化价值

龙泉青瓷不仅内含着中国古代哲学的"金、木、水、火、土"五大元素，同时也蕴含着丰富的儒道文化。青瓷文化洋溢着器道合一的艺术追求。龙泉青瓷烧制技艺强调实用价值和艺术价值，反映了人们对美好生活和美好事物的艺术追求，是中国传统艺术文化的典型代表。

（1）天地五行的哲学思想。青瓷艺术融合了中国人敬天尚青的价值诉求，青瓷经过烈焰焚烧，蜕变为富有灵性的器物，体现了人们对大自然的敬畏与理解。古代青瓷器物外观的日月纹案，表达了宇宙万物阴阳统一的哲学意涵，展现了深厚的天地阴阳文化精神。青瓷的原料取之于土，经过柴火的烧制，在整个制作过程中需要大量的纯净水，青瓷的品质又取决于土坯和釉彩相关的微量金属元素，体现了金、木、水、火、土五大元素融合相济的哲学观。

（2）儒道兼容的青瓷器质。儒家思想倡导"德治""礼治"，重视道德教化功能，龙泉青瓷契合了儒家"托物言志""比德以玉"的道德情操。制瓷工匠师以玉为衡，追求青瓷如玉之美感，而消费者则视青瓷为碧玉之品，追求高雅、古朴、温润，体验美感和儒雅之气。青瓷下为器物之形，上为聚神之气，将人格和器物融为一体，人见其品，品亦见其人。青瓷之品源于百姓日常生活，淡雅质朴的青色瓷器寓含着古朴、平淡、谦卑的为人之道，而非争功夺利、图虚外表的逐利之图。故青瓷之士，富有淡泊名利、修身养性的之品质，亦契合于道家清心寡欲的审美情趣，遂有"君子之交淡如水""静以依归"之道教信仰。

（3）精益求精的匠心精神。青瓷工匠精神体现了生产过程中制作者的专注、求精、创新的职业品质。青瓷工匠专注于产品的细节，历经取土、成胚、烧制、打磨等工作流程，每一件产品都倾注了自己的情感和追求，完美实现了从制造者价值生产到消费者价值传递的过程。这种追求卓越、精益求精、孜孜不倦的精神，使得青瓷制品渐趋完善，使青瓷传承历史久而不衰。

3.艺术文化价值

龙泉青瓷具有珍贵的艺术价值，其瓷器精品被世界很多博物馆收藏。经过多年的传承创新发展，龙泉青瓷在制造工艺、数字化应用等方面得到了持续改进，从而步入全新的发展阶段。在瓷釉等复古工艺和新材料创新方面，成功研究出紫铜色釉、高温黑金釉、虎斑色釉、赫色釉、茶叶末色釉、乌金釉和天青釉等制作工艺。在工艺美术设计装饰方面，探索出"青瓷薄胎""青瓷玲珑""青瓷釉下彩""象形开片""文武开片""青白结合""哥弟窑结合"等新工艺新技术。

龙泉青瓷器型、釉色、纹饰等都体现了丰富的文化内涵和独特的艺术特色。龙泉青瓷产品有两种：一种是白胎和朱砂胎青瓷，以"弟窑"或"龙泉窑"著称，另一种是釉面开片的黑胎青瓷，称"哥窑"。"弟窑"青瓷釉层丰润，釉色青碧，光泽柔和，晶莹滋润，胜似翡翠。有梅子青、粉青、豆青、灰黄、月白、淡蓝等不同釉色。"哥窑"青瓷以瑰丽、古朴的纹片为装饰手段，如冰裂纹、蟹爪纹、牛毛纹、流水纹、鱼子纹、鳝血纹、百圾碎等，加之其釉层饱满、莹洁，素有"紫口铁足"之称，产品以造型、釉色及釉面开片取胜，因开片难以人为控制，裂纹无意而自然，可谓天工造就，更符合自然朴实、古色古香的审美情趣。①

4.文化旅游价值

龙泉青瓷传统文化具有潜在的文旅经济价值，逐渐形成了一批集文化传承基地、青瓷产业园区、文化旅游胜地于一体的青瓷主题小镇。例如，上垟

---

① 胡兆雄.浅谈龙泉青瓷的文化价值[J].陶瓷科学与艺术,2014(8):64-67.

镇是龙泉青瓷小镇的核心和青瓷文化的发祥地，被列为浙江省第一批省级特色小镇创建名单，素有"青瓷之都"的美誉。为提升青瓷小镇的空间布局和文化功能，上垟镇规划建设了披云青瓷文化园、1957 创意设计基地、国际陶艺村、国际陶瓷会展中心、旅游休闲度假中心、青瓷研发和产业集聚发展基地等实体项目，着力打造集文化传承、文博展示、学习交流、创作教学、收藏鉴赏、旅游观光等功能于一体的瓷文化旅游观光。宝溪乡拥有龙窑 9 座，是世界上最大的以及保存完好的古龙窑群。通过挖掘宝溪青瓷底蕴，植入青瓷文化体验、特色民宿等业态，打造宝溪青瓷文化国际村。此外，通过统筹国家 4A 级景区、省级旅游度假区、旗舰型文旅项目等资源优势，强化与百山祖园区旅游线路串联和客源互送，提升旅游总体的竞争力和附加值。

丰富的龙窑遗址文化资源为新业态发展奠定了良好的基础。近年来，龙泉市通过不断升级与创新"不灭窑火"活动的内容与文化内涵，持续推进非遗文化活态传承，积极打造文旅 IP，促进龙泉青瓷传统龙窑烧制技艺与全域旅游有机融合。目前，"不灭窑火"已被列入浙江省级示范文旅 IP 名单。为加强"不灭窑火"品牌建设，龙泉持续举办"不灭窑火"活动，每年开展约 20 场"不灭窑火——龙泉青瓷传统龙窑烧制"活动，并以此为契机，探索一条以"不灭窑火"非遗活动促进"文旅融合"和助力共同富裕的典型模式，为推动共同富裕与乡村振兴发展提供有力的文化支撑。

5. 文化国际传播价值

龙泉自古素有"古浙西南水陆枢纽""驿马要道""商旅咽喉""瓯婺八闽通衢"之称。龙泉青瓷外运依赖于水运陆运交通网，区域内仍保留着官埔垟古道、大风岙古道、杨梅岭古道、岱岭古道、黄南古道、鞭篁古道、宋瓷古道等历史遗迹，而瓯江等水路交通也是古浙南重要的运输通道和水上青瓷之路。古青瓷运输网络不仅是手工业与商业发展的必要条件，也是文化传播的重要渠道。龙泉青瓷曾远销海外 50 多个国家和地区，在全球形成了长达 300 余年的龙泉青瓷现象，成为西方人眼中的"雪拉同""世界瓷器皇冠璀璨明珠"。

新时期为了进一步推动青瓷国际文化交流以及拓展百山祖园区生态人文文化传播路径，2019 年龙泉市政府与中外文化交流中心签署了战略合作框架协议，青瓷、丝绸、茶叶等特色产品被纳入中外文化交流中心项目。通过实施"走出去"战略，支持青瓷从业人员参加中国轻工业联合会、中国陶瓷工艺协会、中国工艺美术协会等行业组织，通过参加国际茶博会、国家博览会、世界青瓷大会以及参与亚运会、亚残运会的国礼定制，扩大青瓷文化影响力。在杭州第19届亚洲运动会期间，由龙泉青瓷制成的吉祥物手办"龙泉瓷娃"火热"出圈"，备受外国运动员的喜爱。在G20杭州峰会、APEC峰会、中国国际进口博览会等国际平台上，龙泉青瓷多次被选为国宴用瓷和专属国礼，相关产品连续8次入选世界互联网大会，产品入驻钓鱼台国宾馆、人民大会堂和西湖国宾馆。目前，海外"龙泉青瓷展示角"陆续在韩国首尔、西班牙马德里等多个国家地区落成。

（二）宝剑文化价值

在中国传统文化中，剑被视为君子的象征，代表着正直、勇敢与智慧。龙泉宝剑作为中国古代名剑，被赋予丰富的精神内涵。龙泉宝剑的价值不止在于物尽其用的武器，也在于物以喻道的价值传承。龙泉宝剑经历千锤百炼终成精品的过程，寓含了人民勇于挑战、不畏艰难的高贵品质。古代将士佩带龙泉宝剑，象征着保家卫国、为国捐躯的高尚情操。侠义之士仗剑行天下，践行打抱不平、众生平等的文化理念。随着历史的演变，龙泉宝剑已经从杀伐为用的兵器工具逐渐转向礼仪、精神信仰的文化产品。因此，传承龙泉宝剑的历史文化底蕴，适时复兴宝剑铸造技艺，不仅有利于培育中华民族的审美志趣、人文心态和文化价值观，也有利于提升百山祖园区生态人文文化价值。

1.精神文化价值

宝剑的精神价值是人们赋予宝剑的社会情感、价值认同，通过托物言志，展示了人们的世界观和人生观。宝剑的文化精神主要体现了为民请命的侠义文化、千锤百炼的匠心精神等。

（1）为民请命的侠义文化。剑客的理想风范在于保持义士节操和英雄气概。龙泉宝剑可以喻物明志，强化个人崇高修养和勇往直前的气派。李白诗曰"宁知草间人，腰下有龙泉"，即便游历远行，也以剑匣相伴。类似的诗文还有，"猛将宜尝胆，龙泉必在腰""万里横戈探虎穴，三杯拔剑舞龙泉"等。宝剑承载着扬善惩恶、匡扶正义的社会期盼。贾岛诗曰："十年磨一剑，霜刃未曾试，今日把示君，谁有不平事？"有些名人志士为维护国家和集体利益，或为追求正义，不惜奉献自己生命。秋瑾在《鹧鸪天》中写道："祖国沉沦感不禁，闲来海外觅知音。金瓯已缺总须补，为国牺牲敢惜身？嗟险阻，叹飘零，关山万里作雄行。休言女子非英物，夜夜龙泉壁上鸣!"秋瑾借用龙泉宝剑，烘托其志于民族大业报国杀敌的英雄气概。

（2）千锤百炼的匠心精神。自古以来，锻造宝剑被视为一种复杂、精细的过程。"宝剑锋从磨砺出"预示着劳动者的矢志不渝、精益求精的精神。龙泉宝剑作为刀剑行业的翘楚，不仅依赖于当地铁英砂、松木等优质原料，更依赖于精湛的龙泉宝剑锻制技艺。龙泉宝剑铸造需要经历捶打、刨锉、磨光、镶嵌、淬火等28道核心工序，通过工匠们巧妙的构思和精湛的手艺，将剑身、剑鞘、剑柄等各个部分完美地组合在一起，最终才能成为一件独具匠心的精美艺术品。

龙泉宝剑体现了"坚毅"之韧劲和"求真"之品德。匠人们通过冶炼、锻打等高强度的劳动，而且还要克服高温等恶劣环境，凸显了社会生产中人与自然之间对立和谐的生存之道。正如唐代诗人裴夷直在《观淬龙泉剑》中写道："欧冶将成器，风胡幸见逢。发硎思剸玉，投水化为龙。讵肯藏深匣，终朝用剸钟。莲花生宝锷，秋日励霜锋。炼质才三尺，吹毛过百重。击磨如不倦，提握愿长从。"龙泉宝剑锻造工艺复杂，宝剑的选材、锻制和淬火决定了剑体的质量，而工序的差异性也决定了宝剑的神韵，这需要匠人们精益求精，钻研工艺，持续改进每一个细节，追求每一道工序的完美性，无不体现了铸剑师追求至善的匠心。

（3）淳朴归宗的民间信仰。龙泉宝剑工艺传承和文化习俗已经融入群众日常生活过程，促使其从"物"的崇拜转向"人"的崇拜。欧冶子作为剑匠祖师，一直被视为龙泉宝剑文化传承中的核心人物。明代宋濂有诗写道："英英匣中剑，三尺秋水明。上有七星文，时作龙夜鸣。铸此双雌雄，云是欧冶生。"长期以来，剑匠行业逐渐形成了祭祀欧冶子的民间信仰习俗，祭拜者通常在剑铺铁炉上放置欧冶子神龛，或张贴标有"欧冶子将军之位"字样的大红纸，每日分早、晚上香祭拜；每月初一、十五供奉三牲，拜谢祖师传艺之恩，祈求保佑剑铺炉火旺盛、工艺臻善和生意兴隆。

此外，宝剑文化还与哲学、宗教、风水等文化密切相关。在哲学层面，宝剑文化与中国传统哲学思想亦有相同之处，古代龙泉剑设计讲究"刚柔并济"，符合阴阳调和的哲学思辨，避免"为刚则断"或"为柔不利"的极端困境，丰富了宝剑文化的内涵。宝剑亦谓"风水剑"，具有"超物神"特殊功能，可以压邪镇煞、转变风水，破解"阴、煞、病、劳"的困境。

（4）传递友谊的文化载体。龙泉是中国宝剑之乡，龙泉宝剑锻制技艺已经被列入首批国家级非物质文化遗产名录，成为中国文化的瑰宝和民族精神的象征。龙泉宝剑作为中国传统文化艺术的重要载体，有着精美的外观和深厚的文化底蕴，如七星宝剑的"七星"标志代表着天、地、人、时、空、阴、阳等宇宙间的七种元素，寓意着宝剑的神秘力量和崇高地位。宝剑常有飞龙图刻，龙是汉族的图腾，代表着力量、尊贵、祥瑞之义。因此，在古代，龙泉宝剑不仅是传统文化艺术的一种载体，更是智慧、高雅和身份地位的象征。在不同历史朝代，龙泉宝剑一直都是皇室贵族及文人士大夫的收藏品。在现代文明社会，龙泉宝剑是我国政府作为邦邻友好和礼仪往来的首选佳品，多次作为国礼赠予外国元首和国际友人，展现民族文化、团结友好的象征。1972年，美国总统尼克松获赠两把特制龙泉剑。1983年，国防部订制了250把龙泉宝剑，作为国礼馈赠国际友人。

2.美学艺术价值

龙泉宝剑锻制技艺源远流长，其精湛的工艺美学主要体现在宝剑之物和锻制之技两个方面。其一，宝剑剑刃经百炼淬火而呈现出若隐若现的岩状纹、松针状纹等异光花纹，剑柄选用名贵木材且镶嵌精美铜饰，剑身雕刻了龙凤、七星等花纹图案，使宝剑具有极高的观赏价值和美学价值。其二，龙泉宝剑属于金属工艺美术，其锻制过程精致复杂，一般经过捶打、刨锉、磨光、镶嵌、淬火等多道工序，使剑身、剑柄、剑鞘等各个部分完美匹配，成为兼备外观和品质的精美艺术品。龙泉宝剑的外在文化艺术特征还表现在材质美、造型美、装饰美。

（1）材质美。龙泉宝剑材质美主要是指剑身的锻造材料，剑身是由剑脊、剑刃等部分构成，是宝剑的"灵魂"。剑身材质变化体现了生产力的水平，早期的剑身材质经历了石剑、玉剑、青铜剑等变化，到春秋时期，冶铁业开始兴起，欧冶子在龙泉铸成"龙渊""泰阿""工布"三把铁剑，开创了铁剑铸造的先河。龙泉宝剑选用优质的铁砂材料，加之高超的锻造工艺，使之锋利且保持良好的韧性。此外，在锻制过程中，含碳量高的硬钢和含碳量低的熟铁经过反复折叠锻打后，形成了"异光花纹"效果，叠打的花纹有水云纹、珍珠纹、羽毛纹、螺旋纹、龟裂纹等不同形状。据《越绝书》记载，龙渊剑的花纹"如登高山、临深渊"；泰阿剑的花纹"如流水之波"；工布剑的花纹"如珠不可衽"。

（2）造型美。宝剑造型与铸剑师的技艺有关联性。东汉崔骃在《刀剑铭》中盛赞了欧冶子高超的铸剑技艺和宝剑的形态之美，曰："欧冶运巧，铸锋成锷。麟角凤体，玉饰金错。龙渊太阿，干将莫邪。带以自御，煜煜吐花。"龙泉宝剑的剑身造型一般是以剑脊为中心，剑体两边部分在大小、形状和排列上具有左右对称状特点，整体表现了宝剑的对称、和谐、庄重的美。剑体的对称造型美主要体现在结构对称、功能对称和装饰对称三个方面。

（3）装饰美。龙泉宝剑继承了中国古剑的传统，剑身表面采用镂刻、错金银、鎏铜等多种装饰技艺，精心设计剑身和外装装饰，形成了独特的风格。剑身一般刻有剑名、器主、铸剑师名等常见文字，有的剑身还刻有励志的铭文，常见的图纹是龙凤七星图案。剑鞘一般取材于木质坚韧、纹理美观的花梨木或者是紫檀、红木等名贵木材，并装饰银、铜镂花等饰件，体现了浓厚的中华美学传统和文化底蕴。[①]龙泉宝剑的外装纹饰常有瑞兽、花草、星辰、山水、人物、文字等吉祥图案，尤以龙纹最为常用。

3.文旅融合价值

龙泉宝剑文化是当地劳动人民在长期生产生活中所创造的、具有独特地域特色的文化遗产。宝剑文化的传承发展和宝剑产业的现代化转型并不是孤立、简单的复兴作坊式的生产模式，而是通过保护传承宝剑文化，推动文化旅游产业融合发展。

通过打造"国家公园+龙泉宝剑"宣传矩阵，明确宣传主题和互融策略，提升市场知名度。充分发挥百山祖园区文化品牌效应，优化布局非遗展示体验馆、大师工作坊等场所建设，延伸宝剑产业链，进一步推广国家公园的生态优势和龙泉宝剑的文化优势。与此同时，百山祖园区作为特色文化传承的载体，蕴含丰富的文化资源。龙泉宝剑产业充分发挥百山祖园区文化品牌作用，通过开展"国家公园+龙泉宝剑"主题宣传活动，布局建设非遗展示体

---

① 沈州.将中国古代铸剑艺术的辉煌发扬光大[J].经贸实践,2024（7）:24-26.

验馆、大师工作坊，延伸宝剑产业相关产业链，使国家公园的生态人文文化优势得到更好推广的同时，也进一步提升了龙泉宝剑文化的知名度。

通过促进"宝剑+武术"融合发展，推动武术文化与宝剑文化的创新融合，突破传统制造业发展瓶颈。龙泉片区积极塑造"龙泉论剑"赛事品牌，2019年成功举办首届浙江省"龙泉论剑"传统武术比赛，相继成功举办2020长三角"龙泉论剑"武术大赛、第七届浙江省太极拳公开赛，通过将国家非遗龙泉宝剑与中华传统武术两大民族瑰宝有机结合，提升宝剑文化知名度。

通过加大"宝剑文化+旅游"融合发展，发挥龙泉宝剑产业对旅游业的引流和带动，打造特色旅游品牌。以旅游业带动龙泉宝剑产业打响知名度，加大宝剑产品和景区的开发力度，促进文化与旅游相互融合、相互渗透，形成"文旅融合"新模式。例如，龙泉片区以宝剑小镇为产业发展的核心平台，以"文化旅游休闲、宝剑锻造技艺、刀剑生产基地"为主题，着力构筑"一桥二宝三山四塔五馆六龙七星"剑文化元素格局，推进宝剑风情街、宝剑体验街、宝剑体验社区、宝剑博物馆、秦溪山村、名剑山庄等项目建设，打造"集宝剑铸造技艺传承地、宝剑文化重点项目210创意集散地、宝剑文化体验区、宝剑文化旅游休闲区为一体"的特色小镇，吸引了大量游客和投资者的关注，进一步扩大影响力和知名度。

第四节　红色教育文化与文旅融合发展价值

红色文化教育对于社会公众的文化认同、社会认同与国家认同建构具有重要意义。十四五规划纲要明确指出，坚持以文塑旅，以旅彰文，打造独具魅力的中华文化旅游体验，推进红色旅游、文化遗产旅游、旅游演艺等创新发展。基于此，作为浙西南革命根据地的中心区域之一，龙泉市根据《丽水市红色旅游发展专项规划》，多层次、全方位地深入挖掘红色旅游资源，保护传承红色文化，并不断探索促进红色教育与文旅融合发展的创新路径。

一、百山祖园区龙泉片区红色教育文化建设概况

龙泉是浙西南革命根据地的核心区域，拥有14个红色革命老区乡镇（街道）、308个革命老区村及100余处红色革命遗址。近年来，龙泉市高度重视红色文化保护传承，通过挖掘红色历史、研究红色理论、保护利用革命遗址及创建红色基地等措施，全力抢救、挖掘、整理和保护红色文化资源。在打造红色教育升级版的同时，其影响力与辐射范围也涵盖了百山祖园区龙泉片区。

为了更好地开展红色文化教育工作，龙泉市文广旅体局启动了文化基因解码工程，梳理革命历史脉络，摸清红色资源家底，围绕剑瓷文化、华严文化、红色文化等标志性元素进行解码，并推动解码成果的现代化转化。目前，龙泉市有10处14个革命历史文物保护单位，其中1处为全国重点文物保护单位。

（一）全力打造红色旅游景区

龙泉市依托丰富的红色资源与独特的历史，通过文旅深度融合与美丽龙泉建设，全力打造红色旅游景区，成功创建了多家国家A级景区。其中，宝溪景区与住龙红色小镇尤为突出。宝溪景区地处浙西南革命根据地的中心，保留了众多革命遗址，如红军北上抗日先遣队指挥机关遗址、随军银行旧址等。住龙红色小镇则被誉为"浙江小井冈"，是中国工农红军挺进师的重要活动区域，有着深厚的红色历史积淀。

（二）开展丰富的研学体验

在红色教育模式的创新上，通过打造红色研学阵地，如中国青瓷小镇·披云青瓷文化园研学基地、龙泉住龙红色小镇研学实践基地等，为游客提供丰富的研学体验。这些基地不仅展示了龙泉市的红色文化，还融入了青瓷文化、廉政文化等多种元素，让游客在研学过程中能够全面了解龙泉市的历史文化与发展成就，是开展红色教育的重要场所，为传承红色基因、弘扬革命精神提供有力支撑。

（三）多方面拓展红色文化教育

在红色产业的灵活利用上，通过加强旅游资源整合，将散布的革命遗迹串点成线，实现红色阵地在时间和空间上的拓展。依托博物馆、文化馆等文化设施，以及红色旅游景区等资源，设计一系列精品红色旅行路线，如"'浙西南革命精神'红色文化传承研学""来龙泉感受'红绿'炫彩魅力"等，让游客深入了解龙泉市的红色历史文化。

（四）打造优质特色文旅项目

在谋划红色文旅项目上，龙泉市充分利用特色资源，挖掘红色历史故事，打造了一系列优质文旅项目。例如，源底村的"初心馆"，通过六大主题区域展示了源底村的历史、风土人情及近代文化，同时融入了青瓷、廉政等多种文化元素，成为游客了解龙泉市历史文化的重要窗口。此外，龙泉市还通过"实物摸排+实地寻访"的方式，对住龙镇等区域内的红色文化资源进行了摸排和恢复，并谋划建设一系列重点项目，来进一步提升接待能力与业态水平。

（五）创新多种方式加强红色文旅宣传

通过推出"口袋里的博物馆"红色革命宣传系列活动，利用视频讲解宣传红色革命文物，让公众能够更直观地了解龙泉市的红色历史。同时，深入挖掘红色旅游文化，植入新业态，开发了一系列旅游产品，如重走红军路、夏令营等，吸引了大量游客前来参与。定期举办形式多样的红色文化活动，如"天下龙泉一路向北"暨红色城北初心之旅活动等，通过展览、阅读节、演讲比赛等形式大力宣传龙泉市的红色旅游，这些活动不仅提升了龙泉市红色旅游产品的价值和品牌效应，还带动了乡村地区红色旅游产业的蓬勃发展。

二、百山祖园区龙泉片区红色教育文化建设内容

百山祖园区龙泉片区作为浙西南革命根据地的重要区域之一，拥有丰富

的红色文化资源，这些资源经过历史的沉淀和岁月的洗礼，形成了独特的红色文化。龙泉片区通过深入挖掘整合红色文化资源、红色教育阵地建设，不断促进红色教育文化建设。

（一）红色资源的挖掘与整合

百山祖园区龙泉片区深耕浙西南革命老区的丰富党史素材，积极做好红色资源的挖掘与整合工作。通过党建联建共享红色资源，有机整合了屏南红旗渠、金龙村民兵连、中共龙泉县委旧址、苏维埃政府旧址、革命烈士陵园等红色资源，为红色教育提供了坚实的基础。在未来五年的规划中，百山祖园区龙泉片区还将重点挖掘和整合以下红色资源。

1.打造"国家公园+研学旅行"模式

在国家公园辐射区建设国家公园青少年素质拓展基地，创建市级、省级中小学研学旅行基地。在此基础上，开发国家公园主题生态研学、文化研学产品，纳入丽水以"两山"理念为核心的绿色教育体系。同时，深入挖掘国家公园内红色文化资源，建设红色研学实践教育基地和爱国主义教育基地，纳入浙西南研学联盟和全省红色旅游线路，实现红绿融合发展。此外，加强与福建宁德等地合作，联合开发红色旅游精品线路。

2.打造屏南红旗渠红色文化

挖掘屏南镇坪田村红旗渠文化，利用闲置的农房建设屏南红旗渠文化馆，打造文化科普研学馆。

3.深入挖掘屏南镇金何村金龙民兵的精神内涵

运用金龙瞭望哨旧址等红色资源，结合弘扬践行浙西南革命精神和红色旅游开发，打造爱国主义教育和国防教育基地。这不仅是对金龙民兵精神的传承和发扬，更是对新时代党员干部群众的激励和鞭策。

4.促进联动发展区文旅特色园发展

完善住龙红色旅游区建设，使之与百山祖园区龙泉片区的红色文旅协同发展。该旅游区位于住龙镇，对此，将以"浙西南革命精神"为引领，将镇域内红色资源串点成线，着力推进"红色旅游区"建设，实施创4A级景区基础提升、3条红军古道文化植入及设施提升、住龙休闲养生养老基地等项目。

（二）红色教育阵地建设

1.举办红色文化体验活动

利用屏南、龙南、兰巨等地域优势以及国家公园的生态优势，将丰富的红色资源串点成线，融合"重走红军路""吃红军餐"等活动，有效融合地方文化、生态资源与红色资源，打造多样化的文化阵地。例如，屏南镇均溪村的红色文化资源丰富，不仅有千米红军道，还有红军庙、红军桥、红军亭等。均溪村高度重视红色文化资源保护工作，通过加强文物保护、修缮革命历史遗迹等方式，促进红色文化的传承与发展。同时，该村依托丰富的红色文化资源，大力发展红色旅游，通过举办红色徒步、红色文化展览等，开展多种形式的爱国主义研学活动。这些活动不仅促进了村庄的经济发展，也提高了其红色文化的知名度和影响力。基于上述红色文化资源，均溪村获得了百山祖园区龙泉片区集体林地地役权补偿资金，不仅为进一步提升村民生活质量、保护红色文化资源、发展特色产业等奠定了基础，也有助于村庄的红色教育阵地建设。

2.红色教育与民生实事相结合

百山祖园区龙泉片区在红色教育文化建设中，注重将红色教育与民生实事相结合。通过围绕乡村振兴、防范风险等重点工作和生态环保、养老服务、食品安全等重点民生事项进行走村入户，党员干部积极开展"周二下村日"活动，收集记录各村存在的问题并加以解决。这些举措不仅提升了群众的生活水平，也增强了群众对党和政府的信任和支持。

（四）红色教育文化传播

龙泉片区通过举办红色研学旅行、红色纪念活动、红色主题演讲比赛、文艺演出等文化活动，不仅在缅怀革命先烈中传承了红色基因，而且丰富了群众的文化生活，加深了人们对红色文化的理解和认识，促进了红色教育文化的传播。

1.烈士纪念日活动

在每年的烈士纪念日（9月30日），组织隆重的纪念活动，以缅怀革命先烈、弘扬革命精神。纪念活动通常包括向烈士陵园敬献花篮、瞻仰烈士纪念碑、参观革命烈士纪念馆等环节，让社会公众可以更加深入地了解革命先烈的英勇事迹和崇高精神，从而更加珍惜今天的幸福生活。

2.清明祭英烈活动

清明祭英烈活动主要表达对革命先烈的哀思和敬意。这类活动通常包括现场祭扫、网上祭扫、参观主题展览等多种形式。通过祭英烈活动，人们可以更加深刻地认识到革命先烈的伟大贡献和牺牲精神，从而更加坚定地走好新时代的长征路。

3.党员红色教育活动

积极组织红色主题党日活动，通过参观红色教育基地、聆听革命故事、重温入党誓词等方式，增强党员的党性修养和爱国情怀。同时，积极打造线上线下同发力、齐发声、全覆盖的党员教育宣传矩阵，通过收集整理革命故事，征集各类革命文物和梳理重点革命遗址，打造线上线下双向课堂。这些活动有助于提升党员的思想觉悟和党性觉悟，激发他们的工作热情和创造力，为经济社会发展贡献力量。

4.红色文化宣传活动

通过悬挂标语、发放宣传册、举办讲座等方式，向社会公众普及红色文化知识、传承红色基因。这些活动不仅有助于提升社会公众的文化素质和思想觉悟，还能营造浓厚的红色文化氛围。

三、红色教育文化与文旅融合发展价值

文化价值作为经济价值和社会价值复合体，与旅游的融合可以加快旅游产业的产品升级、结构优化、效益提升，再共同作用于社会效益和经济效益同步提升。因此，文旅融合发展的目的是实现经济效益与社会效益的统一，以更好地满足人民对美好生活的新期待。红色教育与文旅融合的发展不仅有助于促进地区的经济与社会生活水平的提高，而且对于爱国主义教育、国家认同建构和社会主义的文化现代化具有重要意义。

（一）文化价值

红色教育通过传承红色文化，有助于增强人们的文化认同感和民族自豪

感，而文旅融合则通过旅游活动让人们更加直观地感受和体验红色文化，进一步加深文化认同，从而提高对民族历史与国家的认同。

1. 革命历史的见证与传承

百山祖园区龙泉片区作为浙西南革命根据地的重要区域，承载着丰富的革命历史资源，片区内的大量红色景点见证了中国共产党领导的红军在浙西南地区的英勇斗争历程。这些遗址和遗迹不仅记录了革命战争的艰辛与辉煌，更通过生动的展览和讲解，将革命精神传递给每一位到访的游客。在这里，游客可以亲身感受到革命先烈的英勇事迹和崇高精神，从而加深对革命历史的认识和理解。

2. 红色文化的弘扬与创新

百山祖园区龙泉片区的红色教育文化资源是浙西南红色文化的重要载体和生动体现。在龙泉片区内红色旅游景点中，游客可以了解到革命先辈们的英勇事迹、革命历程和革命精神。这些故事和精神不仅是对历史的回顾，更是对红色文化的弘扬。通过参观红色景点、聆听革命故事，游客可以更加深入地理解和认同红色文化，从而增强对红色文化的认同感和归属感。龙泉片区在传承红色文化的基础上，积极探索红色文化与当地传统文化、自然风光等相结合的新模式，形成了独特的红色旅游文化，既丰富了红色文化的内涵，也增强了红色文化的吸引力和感染力。例如，通过举办红色旅游节庆活动、红色旅游研学、研讨等，将红色文化与当地的风土人情、民俗文化和自然风光相结合，为游客提供了更加专业的旅游文化设计和更为丰富多彩的旅游体验。

3. 多元文化交流的融合与共享

百山祖园区龙泉片区的红色旅游资源不仅展示了革命历史，还融合了当地的风土人情、民俗文化和自然风光。游客在参观红色景点的同时，也能深入了解百山祖园区龙泉片区的自然环境、传统文化和当地社会风貌，从而增进对多元文化的认识和尊重。通过红色旅游，游客可以亲身体验到不同地域、不同民族之间的文化差异和特色。这种体验不仅有助于拓宽游客的视野和思维，也有助于促进不同文化之间的交流与融合，实现文化的互鉴与共享。此外，红色教育文化的发展还促进了当地文化与外来文化的融合与创新，这种文化的创新不仅丰富了当地文化的内涵和形式，也增强了当地文化的吸引力和竞争力。

（二）经济价值

红色教育与文旅融合，不仅有助于将红色资源转化为红色经济，带动当地的旅游服务发展，提升城市知名度，而且有助于带动红色产品的制造与销售，从而形成具有地方特色的红色产品，促进产业繁荣。此外，红色产业通过延伸产业链可以形成具有一定经济规模效应的经济增长点，提供就业岗位，为当地居民创造了更多的就业机会，进而推动乡村振兴。[①]

1.推动红色旅游业的蓬勃发展

红色文化传播直接促进了龙泉片区红色旅游业的兴起，越来越多的游客被吸引到百山祖园区内参观革命遗址、纪念馆等红色景点。这些景点不仅记录了革命历史的沧桑巨变，更通过生动的展览和讲解，让游客深刻感受到红色文化的魅力。红色旅游的升温不仅为百山祖园区龙泉片区带来了可观的旅游收入，同时也带动了当地餐饮、住宿、交通等相关产业发展。红色旅游业已成为百山祖园区龙泉片区经济的重要增长点，为地方经济发展注入了新的活力。

2.促进文化产业与相关产业的繁荣

龙泉片区积极利用红色文化资源，开发了一系列红色文创产品，如红色主题纪念品、文化衫等，这些产品深受游客喜爱，不仅满足了游客的购物需求，更成为了一种独特的文化符号，传播着红色文化。同时，红色文化也为当地的文艺创作提供了丰富的素材和灵感，推动了文艺作品的创作和演出。红色旅游的兴起还带动了当地农产品加工、手工艺品制作等。

3.提升城市形象与知名度

红色文化传播显著提升了百山祖园区龙泉片区的形象和知名度。通过举办红色文化活动、红色旅游节庆等方式，成功地将红色文化转化为城市品牌的一部分。这些活动不仅吸引了大量游客前来参观旅游，更提高了百山祖园区龙泉片区在全国范围内的知名度和影响力。

---

① 潘海远,朱国华.浙中地区红色文化资源开发价值、障碍与应对策略[J].中国集体经济,2024(17)：9-12.

4.助力乡村振兴与共同富裕

龙泉片区通过挖掘红色资源、打造红色景点等方式,将红色文化转化为乡村发展的动力。不仅促进了当地经济的多元化发展,还为乡村居民提供了更多的就业机会和收入来源。同时,红色文化传播也增强了乡村居民的文化自信和凝聚力,推动了乡村社会的和谐稳定和繁荣发展。

(三)社会价值

乡村旅游作为城乡融合的重要路径之一,通过区域间旅游资源、客源、需求对接,加大对乡村的人才和智力支持,有助于使城市和乡村借助文旅融合形成社会效益共享区域。通过红色教育和文旅融合发展,促进城乡之间、区域之间的文化交流,提高社会凝聚力和认同感。

1.增强社会凝聚力与认同感

通过参观红色景点、聆听革命故事等方式,人们能够产生共鸣,形成共同的历史记忆和文化认同。这种共同的历史记忆和文化认同不仅有助于增强游客对百山祖园区龙泉片区的归属感和自豪感,也有助于促进当地社会的和谐稳定和繁荣发展。同时,红色教育文化的发展还促进了农村居民与游客之间的互动和交流。在红色旅游景点周边,许多居民开设了农家乐、民宿等旅游服务设施,为游客提供餐饮、住宿等服务。这种互动和交流不仅有助于增进游客对当地文化的了解和认识,也有助于促进当地社区的经济发展和社会进步。

2.推动乡村公共事业的发展

百山祖园区龙泉片区的红色旅游资源开发,为当地低收入群众提供了就业机会和收入来源,有助于改善他们的生活条件。红色旅游也促进了当地生态环境的保护和改善,推动了绿色旅游和可持续发展。例如,在屏南镇等红色旅游资源丰富的地区,政府和企业加大了对生态环境的保护和治理力度,推动了绿色旅游和可持续发展,许多居民通过开设民宿、销售土特产等方式实现了增收致富,也提高了游客的旅游体验和满意度。

3.提升城市形象与知名度

通过发展红色旅游,百山祖园区龙泉片区不仅展示了其丰富的历史文化资源和独特的自然风光,还提高了知名度和美誉度,有助于吸引更多的游客和投资者前来百山祖园区龙泉片区，推动当地经济的繁荣和发展。红色旅游景点是城市的重要名片和品牌形象，通过举办红色旅游论坛、主题活动等，百山祖园区龙泉片区成功地将红色文化转化为龙泉城市品牌的一部分，这种品牌形象的塑造不仅有助于提升城市的知名度和美誉度，也有助于增强游客对城市的认同感和归属感。

自百山祖园区正式启动创建工作以来，龙泉市以实际行动开展百山祖园区建设工作，遵循并践行"国家公园就是尊重自然"，坚定不移贯彻落实"坚持生态保护第一，统筹保护和发展，实现生态保护、绿色发展、民生改善相统一"，"国家公园+"模式开展龙泉片区生态人文资源的多元价值保护及传承创新实践工作，主要包括："国家公园+全域联动"推动生态人文资源价值系统性保护，赋能山区共同富裕；"国家公园+地役权改革"促进生态人文资源价值统一高效管理；"国家公园+数智化治理"赋能生态人文资源价值有效保护；"国家公园+绿色金融"赋权生态资产"促就业增收"；"国家公园+森林碳汇"创造生态产品价值转化"增长点"。

第一节　"国家公园+全域联动"推动生态人文资源价值系统性保护

龙泉市是浙江省 26 个加快发展地区之一，同时也是浙江大花园核心区（丽水）的重要组成、丽水创建国家公园的核心区域。按照浙江（丽水）生态产品价值实现机制试点的部署，为推动加快发展地区打通"两山"转化通道实现跨越式发展，2022 年设立浙江（龙泉）生态产品价值实现机制创新平台（简称"创新平台"），为推动国家生态文明试验区建设、推进丽水国家公园建设、实现山区高质量跨越式发展、推进国土空间规划支撑"绿水青山就是金山银山"实践试点提供有力支撑。依托该创新平台，可以有效挖掘转化百山祖园区龙泉片区的价值，发挥国家公园作为丽水高质量绿色发展的引擎作用，探索建立国家公园引领下全域联动发展模式。绿色发展联动机制是推广国家公园保护理念和标准，提升全域生态文明建设水平的重要举措，有助于转化释放国家公园价值，打通"绿水青山就是金山银山"转化通道的重要路径。全域联动机制建设是建立国家公园保护与发展互促的新模式，有助于实现人与自然和谐共生的良好局面。

百山祖园区龙泉片区基于园内外差异联动，形成以保护标准统一为前提，以连接交通网络构建为基础，以品牌共享为核心，构建"保护控制区+辐射带动区+联动发展区"三层级全域联动发展格局。保护控制区为国家公园核心保护区和一般控制区；辐射带动区以国家公园入口社区为依托打造一批国家公园文旅休闲区，构建形成环国家公园产业带；联动发展区包括龙泉市的一级联动区和其他县区的二级联动区。

一、产业联动发展促进区域共富

推进百山祖园区龙泉片区与丽水山耕、丽水山居、丽水山景等融合发展，推进龙泉片区及其周边地区的一二三产业的联动发展，构建"国家公园+"产品体系，有效转化国家公园的生态、文化、物质资源价值。根据《龙泉生态产品价值实现机制创新平台实施方案》，创新平台选址兰巨片区，位于百山祖园区龙泉入口，地处龙泉主城区南部，距市区10公里。创新平台规划范围约为33.25平方公里，建设用地面积约12.48平方公里。以健康养生、精密制造、文化创意等功能为主导，规划形成大健康研发制造区、生物医药制造区、通航现代产业服务区、龙庆经典文创示范区、未来乡村新社区、坡地康养试验区、精密制造区和三产融合示范区等八个主要片区。

（一）推动绿色农业产业联动发展

以百山祖园区龙泉片区的资源为依托，形成品牌形象，制定最严格的百山祖园区生态农林产品生产标准，采用"品牌核心区+品牌加盟区"模式，构建百山祖园区系列农产品。品牌核心区为百山祖园区龙泉片区的一般控制区和辐射区，大力发展食用菌、高山茶叶、高山蔬菜、油茶、水果（干果）、高山田螺、中蜂、高山中药材、高山水稻等。品牌加盟区扩展到丽水市域范围。在此基础上，赋予符合百山祖园区生态农林产品生产标准的优质农产品国家公园品牌使用权，打造百山祖园区龙泉片区农产品成为"丽水山耕"大品牌下的高端优质子品牌。基于国家公园的品牌影响力，创建"丽水山耕""龙泉灵芝"等区域公用品牌，构建"线上导购+线下体验"营销体系。推动当地百兴菇业、国境药业、生物科技等生态环境内生型产业的发展。在产业联动发展机制的带动下，百山祖园区龙泉片区的农业产业得到全面发展。以茶产业为例，兰巨乡官埔垟村茶叶种植面积达1050余亩，80%以上的农户有茶园，茶叶年产值超过300万元，人均增收5000元以上，成为浙江乌龙茶第一村。

（二）推动生态工业产业联动发展

在百山祖园区龙泉片区辐射区范围内谋划建设百山祖园区农产品加工园区，与龙泉片区优质的自然、生态条件相结合生产加工各类优质的农产品。在加工企业的选择上，需要优先考虑行业龙头企业和优质加工企业，注重产品品质的保证。在此基础上，围绕着百山祖园区龙泉片区的优质水、林下资源、农业资源进行开发与加工，扩大生态工业发展的领域，以此带动周边社区和居民能够参与进来并有效地实现区域共同富裕目标。同时，结合"碳达峰、碳中和"，争取在龙泉地区建设抽水蓄能电站，并尝试布局光伏、风能等绿色能源项目，打造"国家公园+绿色能源"的生态工业发展新模式。以屏南镇茶产业加工行业为例，当地的小叶单株野茶在龙泉市数量最多，通过在野茶原产地进行加工，减少品质受损，通过古法工艺制作，最终生产出"屏南原茶"，年采摘茶青20万斤，产值达到1500万元。

（三）实现生态旅游产业联动发展

1.打造全域旅游线路

利用百山祖园区龙泉片区保护控制区内的一般控制区和辐射带动区，开发旅游产品，完善旅游服务设施，打造国际一流旅游目的地。把百山祖园区龙泉片区作为丽水全域旅游的核心平台，纳入旅游发展体系，基于精品旅游线路的打造，实现与全市域各主要景点的有效串联。

2.带动周边旅游行业发展

在龙泉片区的一般控制区和辐射带动区范围内，利用闲置农房资源，推进整村开发，建设一批高品质民宿村。引入国内外知名民宿开发运营机构和文化创意人才，调动乡村振兴"两进两回"人才资源，打造各类国家公园主题的精品民宿。把龙泉片区的民宿纳入丽水山居品牌体系，实现统一标准、统一营销、统一管理，整体提高民宿品牌的知名度。

3.开发地域文化产业

依托百山祖园区龙泉片区特色的香菇文化、廊桥文化、剑瓷文化等文化资源，布局建设非遗展示体验馆、大师工作坊、文化创意街区等。结合龙泉片区一般控制区和辐射带动区闲置农房资源，引进国内外艺术家、文化匠人，设立工作室，打造山中的文化艺术村落。搭建国家公园剧场，打造百山祖园区精品剧目，同时开发引进生态保护主题文化演艺产品。随着龙泉片区生态旅游产业的逐步发展，有效地带动了周边农村生态旅游经济的提升。以兰巨乡官埔垟村的炉岙自然村为例，现有农家乐经营户23家，其中星级农户13家，可接待住宿600余人，用餐1000余人，年接待游客数量超过10万人，当地农户平均家庭收入超过15万元。

二、设施联动建设提升公共服务

加强交通设施先行，加大投入力度，突破关键瓶颈，提高百山祖园区龙泉片区以及周边区域的可达性，带动周边居民生产生活条件改善，同时，打通全域联动发展通道，实现资源有效整合和无障碍流动。

（一）提升龙泉片区交通可达性

1.构建国家公园周边"一轴一环三连"的交通网络

建设龙泉下庄儿至兰头段、龙泉屋后岗至下庄儿段、龙泉塔石至龙南段工程，推进"一轴"即奉化—庆元公路，纵向贯穿国家公园保护控制区的同时，向北连通丽水市区，向南连接福建北部。一是布局旅游集散中心。结合百山祖园区龙泉片区入口社区建设布局三级旅游集散中心，与龙泉中心城区二级旅游集散中心以及丽水市区一级旅游集散中心构建形成旅游集散服务体系，为游客提供交通换乘、信息咨询等服务。二是开通旅游专线。开通百山祖园区龙泉片区专线巴士，建设至丽水机场、丽水火车站、龙泉中心城区主要交通节点的专线交通。结合百山祖园区龙泉片区内环建设条件，开通环国家公园旅游公交。三是设立自驾车服务设施。结合百山祖园区龙泉片区入口社区和特色村落建设，设置自驾车旅游服务区、自驾车营地等，并沿线增设加油站、充电桩、维修点等，满足自驾车出行需求。

2.完善周边社区基础设施

（1）提升园区基础设施。对凤阳山栈道、大田坪-乌狮窟等29条巡护道进行提升改造，完善保护类基础设施，实现资源保护与便民服务功能相统一。

（2）提升科研监测设施。建设浙江凤阳山-百山祖国家级自然保护区（凤阳山部分）保护与监测体系建设项目和"江浙之巅"国家公园数字孪生应用项目。目前保护与监测体系项目已投入使用，大大提升了园内野生动植物、人为活动、森林火情的监控力度。国家公园数字孪生应用项目已正式上线"浙政钉"，系全国首个国家公园数字孪生上线应用项目。

（3）提升自然教育设施。百山祖园区龙泉自然博物馆已完成选址，规划占地面积约18亩，目前已进入项目设计方案公开招标阶段。

（4）提升社区发展设施。在坪田村、炉岙村、龙溪村等8个村开展美丽乡村建设。进行周边节点打造、沿线环境综合整治、道路景观改造、民宿改造提升工程，对基础设施进行改造升级，高质量推进乡村人居环境改善。从2022年周边社区基础设施投入情况来看，2022年度项目由龙泉保护中心、文广旅体局、林业局、自然资源与规划局、屏南镇、龙南乡、兰巨乡、小梅镇、安仁镇等9个单位负责建设，2022年底累计完成投资额13559.2万元，占总投资81.5%。

三、品牌联动推广实现价值转化

做强百山祖园区龙泉片区品牌建设，强化与龙泉以及丽水市区域品牌联动，扩大品牌效应，形成优质资源导入的强大吸引力。

（一）构建国家公园IP矩阵

构建以"中国山水画实景地"为核心IP，以"江浙之巅""中国最美山脊线"等为特色IP的百山祖园区龙泉片区的IP矩阵，构建IP阐述和宣传系统，推进百山祖园区IP与龙泉"世界龙泉青瓷之都""中国龙泉宝剑之乡",以及丽水市中国生态第一市、中国天然氧吧城市、全国首个全域国家气象公园城市等IP叠加,形成更强大的品牌效应。2022年,百山祖园区龙泉片区推进IP矩阵建设,与青瓷宝剑产业局、人力资源和社会保障局、青瓷协会合作举办首届青瓷形象创作大奖赛,评选出获奖作品102件(组)。与摄影家协会合作举办"百山祖园区杯"凤阳山春夏季摄影、短视频创作大赛,评选出获奖作品199件(组),全方位展现国家公园生态美。

(二)加大国家公园品牌宣传

创新构建"一个LOGO、一套VI系统、一部形象宣传片、一位形象大使、一首宣传主题歌曲、一部主题戏剧、一个卡通动漫形象、一套手绘旅游地图、一套系列书籍、一个门户网站、一个官方App"全方位品牌推广体系。加强与主流媒体合作,全媒体高密度开展百山祖园区品牌宣传。积极创建国家级摄影创作基地,结合丽水国际摄影名城建设,持续推进高质量国家公园摄影作品。积极争取电视剧、电影、电视节目等到国家公园取景拍摄。通过图片、视频等方式,让世界知道和了解百山祖园区。为进一步加强国家公园的品牌宣传,由浙江省林业局、浙江新蓝网主办的2022年"诗画名山浙里行"现场直播活动,龙泉保护中心、兰巨乡、融媒体中心合作组织环国家公园"最美路线"骑行活动,吸引了广大骑行爱好者参与,直播吸引300多万人在线观看。此外,"美丽凤阳山"公众号每日发布国家公园内动植物科普、风景揽胜、民俗风情等主题推文共计245篇,并在学习强国、浙江新闻、今日龙泉App、中国基层网、浙江林业公众号以及龙泉新闻网等转载,点击率超过8000万人次。

(三)打造国家公园品牌活动

积极与IUCN(世界自然保护同盟)、国家公园管理局以及国际和国家级生态环境保护、生态旅游等机构合作,组织举办高等级会议、展览活动,争取设立永久性举办地。注重节庆赛事活动开发,策划组织一批旅游、体育、文化等节庆活动和赛事活动,以活动举办推进旅游消费的快速集聚。例如,2022年与屏南镇合作举办"江南之巅"半程马拉松比赛,与龙南乡合作举办乡村文化漫游节、山货节，吸引广大市民关注。此外，各类研学活动发展进一步扩大，向中小学生推荐百山祖园区龙泉自然教育中心，让学生体验国家公园内生物多样性并培养其生态保护意识，年度研学游超过1000余人次。

第二节 "国家公园+地役权改革"
促进生态人文资源价值统一高效管理

2017年，中共中央办公厅、国务院办公厅印发《建立国家公园体制总体方案》，对建立国家公园提出了具体要求，国家公园实行最严格的保护，对于集体土地，优先通过租赁、置换等方式规范流转，也可通过合作协议等方式实现国家公园管理机构统一有效管理。《关于建立以国家公园为主体的自然保护地体系的指导意见》明确指出，对划入各类自然保护地内的集体所有土地及其附属资源，按照依法、自愿、有偿的原则，探索通过租赁、置换、赎买、合作等方式维护产权人权益，实现多元化保护。龙泉片区积极探索集体林地和林木（包括统管山、责任山、自留山）（以下简称"集体林地"）"地役权"设立机制，首创地役权颁证制度，是在保护自然资源资产完整性和原真性需要的基础上实现自然资源资产统一管理的有效途径，是促进百山祖园区实现生态人文资源价值统一高效管理、实现集体林地人地和谐的创新实践。

一、"国家公园+地役权改革"的背景

在我国南方区域建设国家公园，集体土地占比高是个不争的事实。百山祖园区规划范围内集体林地面积4.89万公顷，占比97%，其中：国有林地面积0.95万公顷，集体林地面积3.95万公顷，集体林地占总林地面积比例高达80.6%。要创建国家公园，必须实现大面积林地资源的统一集中和有效管理。调查发现，若采取置换方式，在土地资源稀缺的山区乡镇（街道）面临不少困难；若通过赎买方式，按土地征收价格亩均2万元估算也难以实现；若采取租赁方式，存在到期续租反复协商的复杂过程。同时，为了生态环境保

护，深居山林、依山靠山的原地居民，在一定的政策补偿下自愿退出森林经营，让出集体林地，并进行生态搬迁，为促进自然资源的原真性和完整性保护作出了重大贡献。如何更好地引导这些长期以来以经营采伐森林、猎捕野生动物和利用野生资源为主要生计的原住民，有能力、有资金发展生态产业或进行自主创业，从而逐步摆脱对大山的生计依赖，成为当地政府割舍不断的牵挂，需要在确保群众利益并取得最大支持的基础上，利用有限的政府财力，以实现集体林地长期的规范化统一管理。

2020年，丽水市委市政府深入调研，根据《中华人民共和国物权法》《不动产登记暂行条例》等法律法规和建立国家公园体制相关要求，首先在龙泉片区试验，以现有的生态公益林补偿为基础，实行地役权改革的思路，通过合作协议实现集体林地国家公园规范管理。所谓地役权，是指在不改变林地权属的情况下，政府提高生态补偿金，并与村民签订协议限制对森林的使用，对国家公园实行统一管理。这意味着，相应的集体林地的所有权仍然归属于相关村集体，其地役权则属于国家公园管理。

二、"国家公园+地役权改革"的创新做法

在百山祖园区创建工作中，面对片区内林地权属复杂、内容庞大、涉及人口众多等难题，龙泉市于2020年3月13日召开创建百山祖园区百日会战动员大会，第一时间组建确权登记工作专班，选取兰巨乡官埔垟村作为试点单位，以点带面促进确权登记工作全面铺开。

（一）出台一套制度，划定统一标准

丽水市出台《百山祖国家公园集体林地设立地役权改革的实施方案》，提出通过对集体林地设立地役权的改革，在不改变土地权属的基础上，建立科学合理的地役权补偿机制和共管机制。按照方案此次地役权补偿标准为43.2元/亩·年。为推动地役权改革，后来参照浙江省公益林补助标准的额度，将补偿标准提高到48.2元/亩·年，地役权设定年限与林地承包剩余年限相一致。

为最大限度地释放国家公园范围内集体林地地役权改革红利，龙泉市林

业局、龙泉保护中心会同中国人民银行、农商银行出台了《龙泉市林地地役权补偿收益质押贷款管理办法（试行）》（下文简称《管理办法》），供役地权利人以依法设立、未来可持续的集体林地地役权补偿收益作为质押担保，由农商银行发放的具备林权抵押贷款同等功用的一种创新型贷款，包括林地地役权补偿收益质押贷款、林地地役权补偿收益反担保质押贷款等方式。贷款额度最高不超过年度林地地役权补偿收益的20倍，每亩可质押贷款964元。由中国人民银行征信中心办理林地地役权补偿收益质押登记。根据《管理办法》，农商银行制订了《龙泉市林地地役权补偿收益质押贷款实施细则（试行）》，进一步明确了贷款对象、条件、用途、期限和利率，贷款期限最长可达5年。实行利率优惠，一年期（含一年）贷款利率为4.35%，一年至三年（含三年）的按贷款利率4.75%执行。贷款流程简便为民：农户申请→向所在村委会开具《林地地役权补偿收益权证明》→农商银行调查审批→签订合同→办理质押登记→贷款发放。

（二）先行一个试点，推动全局

在前期宣传调查工作基础上，选取龙泉片区兰巨乡官埔垟村作为试点单位，经村民小组代表会议决议同意和村民委托，林地所有权人（代表）通过卫星影像判读、无人机拍摄和现场实地指界等方式进行界址确认，由村民委员会作为代表签订地役权合同，经公示、申请等程序后，不动产登记机构依法办理集体林地地役权证。2020年4月10日，时任浙江省委书记车俊在考察百山祖园区创建期间，向百山祖园区管理机构颁发了浙江省首本集体林地地役权证书，同时也是全国第一本集体林地地役权证。8月14日，在兰巨乡官埔垟村首批符合条件的10名村民代表分别获得了20—30万元不等的贷款授信金额，授信金额共计250万元。

以官埔垟村贷款试点为基础，在龙泉片区涉及的3个乡镇14个行政村逐步推进。通过权籍调查、签订地役权合同、依法办理登记等程序，共确权登记集体林地29.7万亩237宗地，村民小组决议169份，村民代表会议决议14份，农户、村民小组、村集体经济组织委托书3763份，发放不动产权证书242本，地役权登记证明237本，林农每年补偿收入至少达到1429.15万元，充分发挥地役权补偿收益的倍数效益。

（三）建立一支队伍，专项攻坚

为推动地役权改革，丽水市、龙泉市组建百山祖园区龙泉片区集体林地地役权改革确权登记市、县、乡三级工作专班，编印了《百山祖国家公园集体林地地役权改革工作指导手册》，建立"一周一例会，一周一通报、一月一督查，一月一点评"工作推进机制，建立政府牵头、部门协作的机制，林业局、龙泉保护中心、金融办、人民银行、银保监组、农商银行、乡镇等部门形成合力。在市政府的组织下，各部门定期商讨和解决工作过程中出现的疑难问题，为林地地役权补偿收益质押贷款健康良性运行提供程序、操作、制度上的保障。

市级具体负责做好地役权改革政策解读和业务指导工作；县级在市级指导下负责业务、技术、协调、发证等工作；乡级以乡镇主要领导为组长、分管领导为副组长，以乡村干部为主要力量，做好群众的宣传动员、人员组织、会议决议、协议签订等工作，特别对历史上遗留的县际山林积案矛盾纠纷进行集中攻坚，挂图作战，"准司法"调解，通过6个月时间，成功调解龙泉等片区县际山林纠纷50件面积1万余亩，园区内久拖未决的山林纠纷争议基本"清零"。

（四）开展一项调查，明晰边界

开展地役权改革，"明晰权属"是重要前提，为此丽水市委托专业调查设计单位，开展自然资源权籍调查，同时由乡镇政府、林业工作站等部门负责组织、协调等工作。通过资料收集、技术培训、分片包干等多种方式，对集体林地勘界、定界、落界，确定范围、面积及权属，形成全面细致的调查成果，建立百山祖园区集体林地权属调查数据库，实现了权籍调查数据"一张图"管理。

（五）颁发一本证书，终身受惠

在完成前期各项工作基础上，供役地权利人和地役权人持《百山祖国家公园集体林地设立地役权合同》等法定申请材料，双方共同向不动产登记中心申请地役权登记，依法取得地役权登记证明。

三、"国家公园+地役权改革"的创新效果

地役权改革突破了"人地"矛盾的制约瓶颈，实现了"人地"和谐，突出了国家公园与社区共建，缓减了资金投入压力，体现了生态保护第一、全民共享、世代传承的生态理念，达到了国家公园原真性、完整性保护目标，对南方集体林区开展国家公园为主体的自然保护地建设具有示范推广意义。

（一）实现了集体林地统一规范管理

百山祖园区集体林地设立地役权改革，前后历时6个多月，全面完成了集体林地数据建库入库，实现了国家公园范围内集体林地依法、规范、统一、科学管理，破解了在集体林地占比高、人口密度大地区设立国家公园实现人地和谐的难题。

（二）促进了自然资源原真性完整性保护

百山祖园区通过集体林地的地役权改革，以法定形式确定了供役地权利人"应当对供役地严格保护，不得对林地开荒、开挖，不得进行流转，不得对林木进行采伐和损坏以及其他破坏生态环境的行为"等保护义务，引导各地把生态保护、国家公园保护内容写入村规民约，有效提高乡村治理能力，维护人与自然和谐共生，促进国家公园自然资源原真性和完整性保护，为百山祖园区成为全面展示高水平生态文明建设"重要窗口"打下坚实基础。

（三）确保了相关权益方获得"定心丸"

集体林地地役权改革以《物权法》为基础，丽水市制定出台政府规范性文件，通过国有林地、集体林地面积和权属界线调查认定、村级集体和承包经营户"两决议三委托"及协议合同签订等相关程序，明确了供役地方和需役地方的权利与义务，经双方共同申请，由当地不动产登记中心发放地役权证，确保了双方权益。同时，以集体林地地役权补偿收益作为质押担保，解决了发生不良贷款不能通过采伐林木来处置变现的难题。金融机构避免了处置林木资产的困扰，如果贷款到期无法偿还，银行以林地地役权补偿款还

贷，处置安全方便，降低了金融机构信贷风险，激发了银行业金融机构参与信贷融资的热情和积极性。也有效破解了周边村落、村集体经济组织和林农融资难、贷款难等问题，为林农致富注入"金融活水"。

此外，在地役权改革进程中，龙泉片区深入开展了社会稳定风险评估，并高度重视山林纠纷化解工作。市、县建立了自然资源、林业、司法等部门全面参与的山林纠纷指导组，采取现场定界调解、协商协议调解、法院判决落界等形式化解矛盾纠纷，共同妥善调解集体林地所有权纠纷百余起，实现了龙泉片区林区的有效管理，维护了林区和谐稳定。

（四）促进了国家公园内集体林地资产盘活

原来国家公园内集体土地经营利用受到了严格制约。通过地役权改革，促成了"砍树"变"看树"、"叶子"变"票子"、"资源"变"资金"的系列转变，在保持自然生态系统的原真性和完整性前提下，提高林农财产性收入和村集体经济增收，走出一条自然保护、资源管理、强村富民、产业发展的新路子。

国家公园设立后，自然资源实现国家统一管理，百山祖园区龙泉片区集体林地占79.4%，地役权补偿收益达到1429.151万元/年，农户人均863元、户均3979元，开展林地地役权补偿收益质押贷款融资，户均可贷8万元。此外，为让1.65万村民共享改革红利，除了按地役权合同享受每亩48.2元/年的补偿收益款，还可以通过林地地役权补偿收益质押贷款，具有利率低、周期长、一次核定、随用随贷、余额控制、周转使用、不用提供其他担保的特点，为林农搭建了新的融资平台，提高了农村金融服务水平，有效解决了林农生产生活和产业发展融资难、融资贵等问题。同时，也有效地壮大了农村集体经济实力。龙泉片区村级集体经济组织所有的林地0.39万公顷，每年可获得地役权补偿280.52万元，平均每个村20.03万元，通过成立村级林地地役权补偿收益担保金，与银行业金融机构合作，为村集体、新型经营主体和村民提供担保，收取1.5%的担保服务费，既优化贷款配置，信用增级，完善风险防控机制，同时增加村集体经济收入，增加了乡村振兴、产业发展投入，促进美丽乡村建设，也提高了村民的幸福感、获得感。

第三节 "国家公园+数智化治理"
赋能生态人文资源价值有效保护

大数据、云计算、人工智能等新兴技术的迭代升级与不断创新，为国家公园生态人文资源的保护与传承带来重要机遇。在此背景下，龙泉保护中心以数智技术为抓手，探索"国家公园+数智化治理"的新型管理和服务模式，从动态监测、智慧决策、生态共富多个维度，积极拓展多样化应用场景，赋能生态人文资源的精准化识别、可视化管控与价值转化，实现生态环境良好、政府决策科学、社区公众参与的"多赢"局面。

一、"国家公园+数智化治理"的创新实践

"江浙之巅"数字孪生系统是百山祖园区龙泉片区探索数智化治理的重要创新实践。

（一）数字物理设备

无人机遥感监测设备、生态环境监测设备（含重要湿地环境监测、森林生境因子监测、水文地质监测）、生物多样性监测设备（野生动物红外相机监测、野生动植物食品检测、道路和卡口视频安防监控、声境指数监测、野生动物疫源疫病监测等）、北斗智能巡护终端、网络传输系统建设等一系列"技治"物理设备，为数字孪生系统应用搭建坚实全面的设备支持。

（二）数字智能系统

"江浙之巅"的数字智能系统是指"一舱两端"应用体系，"一舱"是指挥驾驶舱，面向各级党政机关；"两端"是指业务管理端和公众服务端，分别面向百山祖园区龙泉片区的管理人员和社会公众。"一舱两端"应用体系依托百山祖园区龙泉片区内的"天、空、地、人"感知体系下的卫星遥感、物联设备、无人机等前端感知感应设备，融合监测数据、资源数据、基础数

据、业务数据以及部门数据，搭建起百山祖园区龙泉片区的统一时空信息框架，通过对多维度数据的整合与分析，为政府的决策研判、管理人员的科学管理、社会公众的科普游览等提供全面、准确的信息，从而提升百山祖园区龙泉片区的数智化治理水平。

指挥驾驶舱包含"动态监测""生态环境""生物多样性""立体巡护""科研监测""电子围栏""规划发展""智慧决策"等8个业务场景，旨在提升生态资源管理与智能决策能力。

业务管理端由生态云图、科研监测、资源一张图、资源管护等应用体系构成，涵盖生物多样性数字管理、生态环境监测、科研信息管理、碳汇监测、立体巡护、视频监控管理等多个业务场景，相关数据接入"浙政钉"，旨在强化生态安全防控与智能监测能力。

公众服务端包含"浙政钉"与"浙里办"两端公众服务平台。"江浙之巅""浙里办"应用小程序已上线，下设"百山祖""智慧导览""家园共建""保护动态"和"我的"几个应用板块，涵盖国家公园模块、国宝家园、智慧导览、VR全景、自然风光模块、文化故事、在线巡护、留言墙、特色经济和科普讲堂等多个场景，旨在增加公众对国家公园生态人文保护的参与能力。

二、"国家公园+数智化治理"赋能生态人文资源价值的保护机制

要真正实现数智技术对国家公园生态人文资源价值保护的赋能，就需立足生态人文资源价值、民生福祉和技术应用之间的逻辑关联，以"信息采集—信息分析—信息传播"的结构将国家公园的数智化治理拆解为三个相互衔接的机制进行考察和建设。

（一）动态监测的前端感知机制

科学、精准、全面的前端数据采集是"国家公园+数智化治理"的基础。换言之，"国家公园+数智化治理"离不开具有综合性、多模态、精准度、即时更新能力的数据库。当前，百山祖园区已在多个空间方位、管理环节接入运用遥感卫星、5G摄像头、无人机等前端感知设备，支撑构建了"数智百山

174

祖"三员管护系统与数字孪生应用"江浙之巅"。相比较传统监管巡查过程，云计算、大数据、人工智能等技术支持下的百山祖园区龙泉片区的动态监测机制能够有效解决监测盲区多、监测精准度低等问题。除此之外，"江浙之巅""浙里办"应用小程序还具备在线巡护、守护与记录、留言墙等功能，为百山祖园区的综合治理采集游客体验与社情民意。由此，百山祖园区龙泉片区的前端感知机制既可实现对生态环境状况的动态监测与即时感知，也可兼顾利益相关者的参与、体验和诉求，从而在更高程度上保障数智化治理的科学性和有效性。

（二）智慧集成的决策辅助机制

以动态监测的前端感知机制为支撑，百山祖园区龙泉片区基于数字孪生底座融合遥感影像、基础地形、实景三维模型、局部精细化模型、空地VR实景影像和管理/保护对象模型，实现从数据挖掘到智能分析再到科学预测的数据处理与分析过程。基于上述智慧集成环节，"江浙之巅"数字孪生系统实时获取包括水文、水质、生物多样性等各种数据信息，并进行可视化管理，实现对百山祖园区信息的持续采集、立体获取、透视感知、模拟展示，依据生态环境的现状、异常和趋势，发现环境变化过程中的关系与规律，从而为分析生物多样性、自然资源分布和变化动态、监测预警和指挥调度、保护现状和保护成效、分析生态治理成效、科普宣教和智慧游览等提供决策依据和服务。由此，百山祖园区的数智化治理系统有能力将传统治理模式下的"重事后应对，轻事前、事中控制"转变为"重事前预测、事中监测和事后追踪"。

（三）生态实践的科普宣教机制

应用于百山祖园区的数智系统不仅能够对国家公园的生态环境状况进行监测、分析和决策辅助，同时能够借助"江浙之巅""浙里办"应用小程序持续关注人与生态环境的互动体验，完备国家公园自然教育模式，为社会公众提供一个更加生动、更具系统性的科普宣教平台。"江浙之巅"的"走进国家公园"模块可将国家公园的整体情况、重要标识、生态分区、生物多样性、保护价值、生态环境、历史沿革等内容进行综合展示，为公众了解百山祖园区提供基础信息。而"国宝家园"模块可围绕公园内珍稀物种进行具体科普，为生态文明现代化实践而强化公众的知识基础。此外，"智慧导览""VR全景""自然风光""文化故事"等模块能够帮助公众身临其境地理解自然生态与人文景观的互动，进而传达生态文明建设的能动意义，而"保护动态"及其配套的"科普讲堂""特色经济"等模块同样为此提供了知识补充。"在线巡护""守护与记录"与"留言墙"则借助数智技术帮助公众参与国家公园的生态文明实践过程，以助推"知行合一"，推动国家公园环境保护事业的发展，彰显"生态文明建设没有局外人"理念。

三、"国家公园+数智化治理"赋能生态人文资源价值保护的现实成效

（一）完善"技防+人防"防控体系，促进生态监测与安全防控的互促互进

龙泉保护中心将以物联设备为主的"技防"体系，与以国家公园护林员为主的"人防"体系相联动，建立"天空地防护监管体系"，对百山祖园区龙泉片区内生物多样性、人员信息予以全面监控和管护，提升生态监测和生态安全防控的数字化、智能化水平。在"技防"层面，截至2024年6月底，"江浙之巅"数字孪生系统已获取生物多样性数据40238条，监测百山祖园区内动物180种，其中重点保护动物35种；卡口记录车辆信息87062车次，人员信息20219人次。在"人防"层面，明确巡护人员的职责内容、年度与季度巡护计划、巡护打卡任务，实现网格化、精准化生态管理。截至2024年6月底，巡护系统在线巡护人员67人，巡护里程累计104601千米，巡护时长累计56998小时，完成巡护任务9889件；监测空气质量、气象、水质、湿地监测数据1000余万条。

（二）深化智能算法应用，实现动态预测与智慧决策的相辅相成

龙泉保护中心基于数字孪生底座实现遥感影像、基础地形、实景三维模型、局部精细化模型、空地VR实景影像和管理/保护对象模型进行一体化融

合，并能汇聚和整合监测数据、资源数据、基础数据、业务数据以及部门数据，进而利用智能算法将海量数据予以归集、过滤、分析，一方面可实时监测国家公园内部生物活动、环境变化的趋势，生成区域内动植物年度变化监测报告，为生物多样性保护提供数据支撑与决策支持；另一方面可改善国家公园的决策机制与治理流程，根据"挖掘数据—量化分析—寻找相互关系—进行灾害事件预测决策"的流程，将"事后应对"转变为"动态预测"与"智慧决策"相结合的决策模式。基于"动态预测"与"智慧决策"相结合的数据分析结果，管理人员可对百山祖园区龙泉片区可视管理、科学规划、应急指挥、辅助决策等全要素的可查、可管、可追踪，有效增强保护地管理人员的管理效率和对保护地资源的掌控。

第四节　"国家公园+绿色金融"赋权生态资产"促就业增收"

百山祖园区龙泉片区在充分利用国家公园品牌，促进"绿水青山"转化为"金山银山"过程中，通过"国家公园+绿色金融"创新实践，更好地推进各类金融手段的高效使用。以"绿色金融"实践方式来进一步释放百山祖园区龙泉片区的生态改革最大红利，满足国家公园生态保护和生态产品价值实现需求的同时，有效地促进了百山祖园区龙泉片区范围内的村民就业增收，推动龙泉市以及丽水全域地区共同富裕美好社会山区样板的建设。

一、林地地役权改革助力林农增收

百山祖园区与龙泉市林业局、金融发展中心共同推出地役权补偿收益质押贷款贴息办法，对百山祖园区林地地役权补偿收益质押贷款实行鼓励贴息，按年利率2%给予贴息。通过林地地役权补偿收益权质押、林地地役权补偿收益反担保质押等方式，首推以集体林地地役权补偿收益作为质押的林业普惠金融产品"益林贷"。2020年8月14日，在兰巨乡官埔垟村举行首批林地地役权补偿收益质押贷款发放仪式，首批符合条件的10名村民代表分别获得了20—30万元的贷款授信金额，至2021年底，共贷出223笔1975万元。

2022年发放贷款金额1369万元，惠及223户。依此政策可盘活近3亿资金，可有效破解周边村落村集体经济组织和林农融资难问题。

为拓宽农村集体经济组织和农户融资渠道，释放地役权溢价效应，制定出台《丽水市林地地役权补偿收益质押贷款管理办法（试行）》《百山祖国家公园林地地役权补偿收益质押贷款贴息办法（试行）》等金融政策，释放政策红利，惠农助农。按每亩生态补偿50元放大20倍计算，实现国家公园62万亩林地可获贷款6亿元，户均达到6万元，实现国家公园生态价值由"绿"转"金"。兰巨乡官埔垟村和大赛村，借助金融"活水"，把存在较大火灾隐患的荒田荒地改变成"金观音"茶叶基地，推动了产业发展，维护了生态安全。通过集体林地地役权改革，百山祖园区3.23万村民共享改革红利，年补偿收入总额达2805万元，农户人均约868元、户均约3868元，村集体年经济收入新增20万元以上，如屏南镇周埔垟村村集体统管山有1.37万亩，村集体经济组织可获补偿收入66.03万元/年。

二、碳汇交易机制构建提高林农收入

龙泉市加快体制机制创新，挖掘林业资源潜力。龙泉市林农人口占全市总人口67.5%，林业收入占农民人均可支配收入51.1%。龙泉市林业局与国家林草局竹林碳汇工程技术研究中心签订《共同推进龙泉市竹林碳汇研究和产业发展》战略合作协议，设立国家林草局竹林碳汇工程技术研究中心龙泉工作站，积极探索竹林生态经营、竹林碳汇项目开发、竹林碳汇机制创新、竹产业振兴路径。与浙江省森林资源监测中心、浙江大学、浙江农林大学等高校院所开展合作，绘制碳汇产量分布图，依据《丽水市生态产品价值核算技术办法》《丽水森林经营碳汇普惠方法学》进行碳汇计算，以挂牌公示、协议签订等方式进行林业碳汇为主的生态产品交易，形成林业碳汇生态补偿机制，让山区农民转变为新时代的"卖炭翁"。

龙泉市在全省首创碳汇权登记制度。发放碳汇权证21本2951亩，率先在全省开展竹林碳汇价格指数保险项目，推出"林业碳汇权证质押+保险贷款"模式，以预期碳汇价值的保单为质押，根据林地碳汇未来收益权价值及保险保额确定授信额度，构建以绿色金融为支撑的"低碳"发展机制，累计发放林权碳汇抵押贷款 59 亿元，户均贷款 9.1 万元，成功入选国家级集体林业综合改革试验示范区，是全国试行最早、发证面积最大、抵押贷款最多的县市。2021 年，兰巨乡官埔垟村 2101 亩集体林地入围全省森林经营普惠项目试点，并签订了委托碳汇交易协议。根据测算，碳减排量预计每年 836 吨，预计年均收益 8 万余元，每户林农每年可增收 1400 元左右。

首创"山海协作"碳汇生态横向补偿机制。龙泉市政府与秀洲区政府在 2023 年 1 月签订了《龙泉市—秀洲区"山海协作"碳汇生态横向补偿合作框架协议书》，首创"山海协作"碳汇生态横向补偿机制，11 月 30 日，嘉兴协鑫环保热电有限公司签约购买了龙泉市国有林场开发的碳普惠项目减排量 1000 吨，计 10 万元。此次碳汇交易，在两地政府签署合作框架协议书的基础上，实现了秀洲企业自愿购买龙泉市碳汇项目减排量用于企业清洁生产和绿色工厂创建的突破，是龙泉市林业碳汇工作的又一次实质性进展。

三、林业金融投资创新实现产品价值

通过政策扶持促"资本入林"，缓解林业融资难题。龙泉市出台了《推进竹木产业高质量发展》等政策，建立林权抵押贷款、收益权质押贷款、林业贷款贴息补助等制度 20 余项，明确融资帮扶措施，降低扶持门槛，促进资本进山入林。截至 2023 年底，累计发放林权贷款 63.54 亿元，惠及林农 6.6 万户，户均贷款达 9.6 万元。例如，投资商李某依托龙泉市惠林政策，投入 1500 余万元在龙泉流转 1 万多亩林地进行规模化经营，在经营过程中雇佣当地林农进行生产，每年林农可以获得租金和工资收入 110 余万元。

通过授信提额促"资金畅流"，助推产业转型升级。一是针对竹木产业链经营周期长、短期无收益等特点，推出"龙信宝"等无还本续贷转贷产品，增加授信额度 20 亿元。贷款业务审查审批和信贷资金配置实行绿色先行、环保优先，办贷效率提升 200% 以上，保障生产资金快速流转，促进产供销一体的竹产业体系建设。二是针对食用菌产业链交叉、涉及面广的特点，围绕食用菌产业链上下游的农户种植、香菇收购、仓储保鲜、生产加工、成品销售"五个链条"，以"扩中、提低"行动为抓手，向广大菌农推出省农担贷款、农户普惠贷款等一系列金融产品，有力支持食用菌产业链发展。

通过保险兜底促"资管无忧",降低营林生产风险。探索建立森林生态环境损害赔偿和野生动物肇事赔偿等自然资源损害赔偿工作机制,建立龙泉市野生动植物保护工作联席会议制度。持续构建政策性保险体系,推出林木综合政策性保险、野生动物肇事公众责任险、林业性竹林碳汇价格指数保险等,以"农户投保+财政补贴"的方式提高林农抗风险能力,累计理赔114起310余万元。例如,2022年12月,安仁镇谷源家庭农场的蔬菜基地被野生猕猴侵袭,72亩紫甘蓝遭到严重破坏,经济损失达10余万元,经保险公司核定后获赔野生动物肇事公众责任险理赔资金4.6万元。

第五节　"国家公园+森林碳汇"
创造生态产品价值转化"增长点"

龙泉市通过数字赋能百山祖园区创建和管护工作,开发全国首个公益林数字化落界系统,有效促进林权的高效流转和集约化经营。龙泉市积极推进森林碳汇项目开发交易,建立碳汇权登记制度,发放全省首批碳汇权证,开辟林业碳汇项目融资的绿色发展新道路,构建了国家公园森林"碳汇+"融资体系,推出了"碳汇+地役权"贷款和"林业碳汇权证质押+保险贷款"等新模式。此外,龙泉市在环境司法实践中探索建立碳汇补偿机制和"山海协作"碳汇生态横向补偿机制。这些举措有力地促进百山祖园区生态产品价值实现,实现了生态保护、绿色低碳发展与林农致富的多赢。

一、坚持数字赋能,推动国家公园森林资产释放生态红利

(一)全国首个公益林数字化落界系统唤醒森林沉睡资产

2019年,中共中央办公厅、国务院办公厅印发的《关于建立以国家公园为主体的自然保护地体系的指导意见》指出,依托生态环境监管平台和大数据,运用云计算、物联网等信息化手段,加强自然保护地监测数据集成分析和综合应用。2023年,中共中央、国务院印发的《数字中国建设整体布局规

划》提出"建设绿色智慧的数字生态文明",为数字技术赋能国家公园绿色发展提出了新的要求。2023年,丽水成为全国唯一获得全国林业改革发展推进林区共同富裕市试点的城市。龙泉市抓住数字技术发展的新机遇,推动数字技术同国家公园的生态保护、绿色发展和民生改善深度融合,将数字技术贯穿于国家公园生态保护的调查、监测、评估、预警和修复全过程,推动国家公园高质量发展。在2021年推进数字化改革的过程中,龙泉市充分发挥生态林业资源优势,先行探索并建成全国首个公益林数字化落界系统,建成"图、表、册一致,人、地、证相符"的林权数字化管理系统。该系统采用"无人机+平板电脑+卫星影像图"的联动模式,有效归集多源数据,实现了山林自动化、矢量化划界,精准完成了199万亩公益林权属落界,并将精准度提升至99%以上。数字化落界精准度高,让当事人一目了然,有利于心平气和地协商解决山林纠纷,实现定界没纠纷、签字即化解。应用自上线以来,成功化解公益林矛盾纠纷600余起,山林纠纷从2019年的584件断崖式下降至2022年的2件,下降99.7%。

龙泉市开发运行"经营流转"子场景,搭建"线上发布+系统评估+供需互荐"的高效流转平台,已成功流转林地449起4.1万亩,方便社会资本上山入林,促进规模化集约化经营,带动林农家门口就业,实现股份、租金、劳务等多途径增收。为拓宽"两山"转化通道,龙泉市还筹建"森林银行",以林权制度改革为突破点,搭建起分散零碎的优质生态资源与绿色生态产业桥梁纽带,形成有家庭林场型、托管林保姆型、股份企业型、专业合作型、租赁经营型等多种新型林业经营主体。此外,龙泉市推进了"卫星遥感+物联网感知监测+人工巡防"多元化立体保护体系建设。数字赋能森林资源精准动态监管,有效提升了森林覆盖率,使生态环境状况指数连续多年蝉联全省第一。

(二)"益林共富"数字化改革创新涉林金融产品

近年来,龙泉市在林区智慧管理、资源动态监测、绿水青山有机转化三方面持续探索,利用数字化走出一条"生态保护、林农致富"的双赢新路。2024年,浙江龙泉"益林共富3.0"应用项目顺利通过验收并投入使用,新版本串联林业产业链、供应链,通过数字化与实体经济的深度融合,创新建设了"一画像、二平台",即林业建设与发展整体画像、产业中心平台和绿色金融平台,通过资源、加工、市场串联林业产业链、供应链,推动林业一二三产深度融合发展。自该应用上线以来,益林共富多跨场景应用重点打造"权属落界、经营流转、产业链动、资源管理、林区安全"五大核心业务场景,贯通7个层级,打通17个部门,归集196项业务数据,构建36个子应用;统筹龙泉全市220家竹木企业、11家林业合作社与大户、15个相关单位部门的数据;公益林授信额度已达10.8亿元,新增贷款3.38亿元①,形成龙泉特色的走在全国前列的"数字林业共富平台"。该应用荣获了浙江省改革突破奖、省数字化改革"最佳应用"、省数字乡村"金翼奖"等多项荣誉,并入选国家林草局的林业改革发展典型案例,成为浙江省唯一入选的项目。②

森林生态产品价值实现关键在于打通转化通道,构建"监测评价—资源开发—市场经营—支持保障"森林生态产品价值实现全链条机制,进而运用数字技术赋能来解决"森林生态资源变森林生态产品""森林生态产品变森林生态商品"等核心问题。③2023年,龙泉市在"益林共富"应用数字化精准落界的基础上,进一步探索以"单位面积碳储量、碳汇量"为核心的普惠金融价值评估机制,并开发上线"碳汇金融简易评估小程序"和"林业碳汇权电子权证小程序",实现了碳储量的自动测算、生成与评估,为林农提供更加便捷、快速的普惠性贷款授信服务。同时,龙泉市还上线了"绿色金融"模块,推出了多款涉林金融产品,并建立了涉林信贷名单制度,有效解决了林农融资难的问题。

---

① 周宏芸,刘克勤,邱振昌.龙泉:林业生态何以供氧共富?[EB/OL].https://mp.weixin.qq.com/s/tjq3RkAUcDGnDSgKahSjKg.

② 龙泉"益林共富"入选国家林草局典型案例[EB/OL].http://www.lishui.gov.cn/art/2023/12/3/art_1229218391_57352685.html.

③ 王晓丽,彭杨贺,杨丽霞,等.数字技术赋能森林生态产品价值实现:理论阐释与实现路径[J].生态学报,2024(6):2531-2543.

二、探索认证赋权，推进森林碳汇项目开发交易

（一）依托百山祖园区丰富碳汇"原料库"

龙泉市依托丰富的生态环境与自然资源，特别是百山祖园区龙泉片区的资源禀赋，将其作为碳汇交易的坚实"原料库"。作为华东地区的生态屏障、全国林改创新县和浙江省林业强县，龙泉市森林蓄积量名列前茅，竹林面积居全省第二，被誉为"浙南林海"。林业不仅是龙泉生态环境的基石，也是农民增收的重要支柱。龙泉市86.7%的土地被林地覆盖，67.5%的人口从事林农活动，林业收入占农民人均纯收入的60%以上。为了进一步增强碳汇能力，龙泉市实施了一系列生态保护与修复工程，包括国土绿化、森林质量提升和特色产业原材料林培育等，超额完成了多项绿化和植被恢复任务。如今全市森林面积达到386.9万亩，森林覆盖率高达84.74%，竹林面积61万亩，立竹量9600万株，年产竹材1800万株。龙泉市借助林权改革的优势，积极开展生态产品价值实现机制（碳汇项目基地建设）试点工作，通过碳汇交易有效激活了沉睡的绿色资产，提升了碳库容量。连续十年龙泉市的温室气体净核算总量持续处于"负碳"水平，为打造"中国碳中和先行区"奠定了坚实基础，获评浙江省首批林业增汇试点县、全省首批低碳试点县。

（二）建章立制和颁发浙江首批碳汇权证

丽水市率先在全国成立首家森林碳汇管理局，开发上线全省唯一的浙江（丽水）生态产品交易平台。2022年，龙泉市在浙江省范围内率先迈出关键步伐，试行碳汇权登记制度，并颁布了《龙泉市碳汇权登记管理办法（试行）》《龙泉市"林业碳汇权"贷款管理办法（试行）》，详细规定了碳汇权的申请、受理、审核直至发证的全过程。该办法明确指出，碳汇权证是权利人持有、交易、担保碳汇权的重要法律凭证。在此基础上，龙泉市成功发放了全省首批碳汇权证，并完成了首批碳汇项目的减排量交易。2022年底，通过碳汇确权，龙泉市共发放首批21本碳汇权证书，覆盖森林面积2951亩。经科学测算，这些森林的碳储量高达6398吨。该碳汇权证的首发意味着林农的

碳汇金融价值得到衡量，碳汇在龙泉市可以作为有效抵押物。

近年来，龙泉市以成功入选首批林业增汇试点县为契机，探索"国家公园+绿色金融"等机制。在综合评价资金绩效基础上，再投入财政资金195万元，支持在"益林共富""浙里办"端上线"林业碳汇电子权证"和"碳汇金融评估"应用子场景，构建林业碳汇计量模型，实现碳储量自动测算、自动生成、自动评估，辅助林农自主申领碳汇权证、在线申请林业碳汇贷款。截至2024年9月，发放碳汇权证23985本，覆盖面积144.29万亩，碳储量604.82万吨，碳汇贷款达1.71亿元，涉及林农1188户。通过碳汇确权，龙泉市不仅准确衡量了林农的碳汇金融价值，还创新性地开辟了林业碳汇项目融资的绿色发展新道路，这一举措探索出了林业碳汇金融质押的新模式，有助于盘活全市森林碳汇资产，为林区乃至国家公园实现共同富裕注入了强劲动力。2023年3月2日，浙江省林业局办公室公布浙江省第一批林业固碳增汇试点2022年度建设情况年度评估结果，龙泉市评定结果为"好"。

（三）以"国家公园+森林碳汇"拓展共同富裕新路径

1.借林业增汇试点县之东风，积极投身林业碳汇交易实践

龙泉市倾力打造碳中和林业碳汇示范点，携手浙江省森林资源监测中心及浙江大学、浙江农林大学等高校研究机构，利用挂牌、签约等多元化手段，促进以林业碳汇为主体的生态产品交易，建立起林业碳汇生态补偿新机制，让山区农民在新时代浪潮中成为"碳交易先锋"。2021年9—10月，嘉兴市南湖区人民政府先后向百山祖园区龙泉片区兰巨乡官埔垟村购买林业碳汇减排量550.4吨，创收55040.2元。2021年11月，浙江省全域"无废城市"建设工作现场推进会向庆元县贤良镇购买22.72吨核证碳汇减排，从而实现"零碳"会议、绿色会议。2022年，龙泉市国有林场作为领航者，与兴业银行杭州分行达成合作，成功交易1000吨二氧化碳当量（单价100元/吨），收获碳汇收益10万元，刷新丽水市单笔碳汇交易金额纪录。[①]2023年，龙泉市进一步推进"浙林碳汇"项目，覆盖林地1.37万亩，产生碳汇2.76万吨，新增碳汇交易4笔，总金额达21.28万元。

---

① 周宏芸,刘克勤,邱振昌.龙泉:林业生态何以供氧共富?［EB/OL］.https://mp.weixin.qq.com/s/tjq3RkAUcDGnDSgKahSjKg.

2.以项目为核心，致力打造碳汇富民的"山区品牌"

国家公园生态碳汇项目"按照'产品类型—核心机制—实现方式—目标导向'的逻辑思路，提炼出国家公园生态产品价值实现机制与模式"[①]，具有重大生态、社会效益及经济价值，碳汇交易遵循"谁受益，谁补偿"的生态补偿原则，开发组织形式参与主体之间按照"谁保护，谁受益"进行分配。[②]"建立横向差异化生态补偿机制，有效调节生态保护区和生态受益区之间的利益联系。"[③]龙泉市积极申报国际自愿碳减排核证（VCS）碳汇项目，并严格筛选出2015年后由商品林转为生态公益林的乡镇项目，涉及3365个小班，林地总面积达89550.2亩。龙泉市精心编制了《龙泉市兰巨乡森林经营碳汇普惠项目设计文本》，完成了碳减排量项目的登记工作，并建立了首批大型会议碳中和林业碳汇试点基地。

3.以发展为导向，全面规划国储林项目

2023年龙泉市整体谋划了三期国储林项目，总投资额达100亿元。其中，一期项目规模达到17万亩，建设周期为30年，预计总投资19.75亿元，计划申请贷款15.8亿元，用于实施营造林、特色产业及支撑体系等三大建设工程。《浙江省龙泉市国家储备林项目建设方案》于2023年通过省林业局评审，进一步积极推进贷款申请、林地流转等相关工作。

4.以机制与方法创新为引领，碳汇协作探索新模式

在碳普惠市场交易探索实践中，丽水市生态环境局牵头出台了浙江省首个地方碳汇方法学——《浙江省森林经营碳汇普惠方法学（试行）》，全国首个规范以竹代塑等竹材料替代项目碳减排量核算方法的地方标准——《基于项目的碳减排量核算指南竹材料替代》，还依托"碳汇+金融"，创新推出碳汇贷、碳汇保险等绿色金融产品。这些举措将为龙泉市的竹林生态经营、竹林碳汇项目开发、竹林碳汇机制创新、竹产业振兴以及相关领域的人才培养、技术培训、成果推广等提供全面、深入的技术和智力支持。

① 谢花林，刘琼，陈彬，等.国家公园生态产品价值实现——基本逻辑、核心机制与典型模式[J].经济地理，2024(8):158-159.

② 高燕，凌威，盛春玲，等.基于碳交易的国家公园生态碳汇补偿机制设计[J].自然资源学报，2024(10):2294-2309.

③ 张海英，窦亚权，刘志博，等.新时代国家公园生态产品价值实现路径探索[J].环境保护，2023(15):41-45.

三、创新金融机制，构建国家公园森林"碳汇+"融资体系

（一）"碳汇贷"助力国家公园富民富农

1.创新性地推出了"碳汇+地役权"贷款模式，破解森林经营周期长、短期没有经济收益难题

碳汇"交易"的巨大潜力，加快提升龙泉的生态价值，打开"两山"新通道。龙泉在全国率先启动地役权改革，2021年龙泉市凭借碳汇银保联动业务，成功发放了首笔以碳汇为质押的贷款，金额高达20万元。2021年8月，龙泉市被浙江省碳达峰碳中和工作领导小组办公室列为全省第一批"碳汇能力提升类"试点县创建单位。同时，龙泉农村商业银行兰巨支行被评为丽水首批低（零）碳金融网点之一。

2.推出"林业碳汇权证质押+保险贷款"等新模式

2022年，龙泉市林业局、中国人民银行龙泉市支行与浙江龙泉农村商业股份有限公司联合，共同制定了《龙泉市"林业碳汇权"贷款管理办法（试行）》，并在全省率先启动了竹林碳汇价格指数保险项目，成功发行首单商业性竹林碳汇价格指数保险。其借助卫星遥感技术，以碳汇变化量为赔偿、补偿依据，助力灾后林业碳汇资源救助和碳源清除、森林资源培育，加强生态保护修复。借助碳汇保险，银行的信贷风险得到有效转嫁，通过结合益林共富贷款产品与竹林碳汇价格指数保险，提升了授信额度，降低了贷款利率，解决了农户在转贷、续贷过程中遇到的融资难题。

（二）"保险"赋能保障生态系统固碳

"保险"赋能为生态系统固碳筑起坚实防线。2022年，龙泉市先行先试，颁布了《龙泉市"林业碳汇权"贷款管理试行办法》，发放了首批碳汇权证，同时签订了首份商业性竹林碳汇价格指数保险合同。为探索护林固碳保险新路径，龙泉市与太平洋保险、农商行等保险及金融机构联合，在全省范围内率先启动了竹林碳汇价格指数保险项目。该项目旨在缓解碳汇价值价格波动

对林农造成的经济损失，赔偿与补偿标准直接关联竹林碳汇价格变动情况。若竹林碳汇价格下跌，导致农户碳汇资产减值，保险公司将依据全国或地区性碳汇交易平台发布的上月平均交易价格进行赔付。2023年11月，龙泉市国有林场完成全省首单林木碳汇价格指数保险，面积4251亩。以"保险+服务"的风险保障模式为固碳增汇撑起防护伞。中华财险辽宁分公司研发的森林碳汇量遥感指数保险，为受损林木提供了风险保障，有效提升了灾后救助和生态修复能力。2024年10月，龙泉市八都镇枫锦村的村民周连武为其拥有的60亩竹林碳汇投保了全省首例商业性竹林碳汇价格指数保险，每亩保险金额22.62元，而每亩仅需承担1.45元的保费。

四、推进碳汇补偿，构建纵横相结合的国家公园森林生态补偿体系

（一）积极探索环境司法中的碳汇补偿

碳汇是指通过植树造林、森林管理、植被恢复等措施，利用植物光合作用吸收大气中的二氧化碳，并将其固定在植被和土壤中，从而减少温室气体在大气中浓度的过程、活动或机制。森林碳汇是指森林植物吸收大气中的二氧化碳并将其固定在植被或土壤中，从而减少该气体在大气中的浓度。龙泉市积极探索生态司法修复中的森林碳汇实践，2023年位于龙泉市兰巨乡的丽水首个生态司法林业碳汇教育实践基地正式成立，借助"生态司法融合碳汇补偿"模式，开创森林碳汇补偿的司法修复新途径。该基地由龙泉市人民检察院联合龙泉市人民法院、龙泉保护中心、龙泉市林业局等部门共同打造，标志着龙泉市在生态司法、碳汇教育实践领域迈出了重要一步。经过探索碳汇应用实践，龙泉市人民检察院与龙泉市人民法院联合发布《关于在环境资源案件中探索适用生态产品价值核算评价的工作指引》，明确了除传统的生态损害赔偿金缴纳和补植复绿措施外，责任方还可以通过购买碳汇的方式来完成修复赔偿。这个综合性的碳汇基地，兼具生态法治宣传教育与森林资源犯罪被告人异地补植复绿两大功能，成为推动"生态司法与碳汇补偿"相结合工作模式的重要工具。

（二）"山海协作"碳汇生态横向补偿机制

龙泉市首创"山海协作"碳汇生态横向补偿机制。2023年8月7日，龙泉市人民政府办公室印发《龙泉市森林生态效益补偿资金管理实施细则》，旨在规范补偿性支出和管护性支出等森林生态效益补偿资金管理，提高资金使用效益。龙泉市现有省级以上重点公益林178.11万亩，其中国家级公益林97.88万亩，省级重点公益林80.23万亩。从2023年起，政府给予农户的补偿标准，一类公益林由48.2元/亩提高到55元/亩，二类公益林由35元/亩提高到38元/亩。2024年，龙泉市计划发放公益林补偿资金、天然林停伐管护补助资金共8092.57万元，其中公益林补偿资金8009.86万元，天然林停伐管护补助资金82.71万元。

2023年1月，龙泉市政府与嘉兴市秀洲区政府携手创新，共同签署《龙泉市—秀洲区"山海协作"碳汇生态横向补偿合作框架协议书》，标志着国内首个"山海协作"模式的碳汇生态横向补偿机制正式诞生。该协议明确了双方在推动低碳乡镇街道建设、研发碳汇金融产品、深化碳汇人才技术交流合作以及争取碳汇项目资金等方面的合作意向与具体举措。

二十多年来，龙泉市深入践行"八八战略"和"绿水青山就是金山银山"理念，将生态优势不断转化为发展胜势。龙泉市自2000年开始实施公益林建设工程，2004年启动森林生态效益补偿制度，迄今累计发放森林生态效益补偿资金达7.98亿元，经济效益、生态效益、社会效益显著。通过碳汇赋权，龙泉市创新性地推出了林业碳汇交易、金融"贷"动产业绿色发展的新模式，充分发挥了市场在推动绿色低碳转型发展中的重要作用。这一模式成功盘活了龙泉市丰富的森林碳汇资产，将碳汇资源转化为经济资源，实现了"绿水青山"向"金山银山"的转变，促进了农民的增收减贫，以市场手段、金融力量助力富农富民。同时，也激励了森林经营者对森林进行科学经营和保护，进一步提升了林业的生态效益和社会效益。

屏南镇，位于龙泉市南部，距城区49公里。屏南镇不仅是"浙最高"的代表，拥有海拔超1250米的行政村及著名的"江南第一虐"徒步线路千八线；也是"浙最绿"的典范，高山蔬菜种植示范区内蔬果飘香、茶树满园，是农业绿色发展的标杆；更是"浙最凉"与"浙最美"的所在，其以温和湿润的气候、丰富的负氧离子以及错落有致的村庄布局，成为避暑、休闲、度假的天然佳所，被誉为"神奇屏南"。

第一节 屏南镇概况及生态人文资源价值
保护传承实践

一、屏南镇基本概况

屏南镇，清代时属延庆乡一都，后历经库垟乡、屏南乡、屏南（大）公社屏南管理区、屏南公社、屏南林区、屏南乡等建制调整，1990年撤乡建镇，1992年将均溪乡和瑞垟乡并入，镇域面积285平方公里。屏南镇下辖屏南、瑞垟、均溪三个管理区，共包含9个行政村28个自然村，其中属于百山祖园区龙泉片区的有8个行政村23个自然村（表6-1）。

屏南镇行政村平均海拔超过800米，镇政府所在地更是高达1080米，是浙江省海拔最高的建制镇，且境内拥有全省海拔最高的村落——周岱村（海拔1250米），作为高山康养小镇，展现出独特的自然与人文特色。屏南镇耕地面积10259亩，山林面积368113亩，森林覆盖率91.5%，负氧离子密集，空气清新度高，为康养提供了得天独厚的环境。屏南镇户籍人口10088人，常住人口 1052 人，在龙泉市内居住人口 6116 人，在龙泉市域以外人口 2920 人，总体人口结构分布为 1：6：3。

表6-1　百山祖园区龙泉片区屏南镇规划范围内行政村与自然村

行政村	自然村	行政村	自然村
周铺垟村	南垟村	合兴村	塘山村
	硃铺村	均溪村	均益村
	周岱村		金林村
瑞垟村	杉树根村		均山村
	横坑头村		梧树垟村
	瑞竹垟村	坪田村	库粗坑村
瓯江源村	干上村		坪田李村
	南溪口村		坪田叶村
	南溪村	金何村	横溪村
	东山头村		金龙村
顺合村	垟顺村		均何村
	竹蓬后村	—	—

作为龙泉市两翼地区的高海拔偏远乡镇，屏南镇位于钱江源-百山祖国家公园的中心地带，其地理位置东邻龙南乡，南接庆元县，西与小梅镇、查田镇相接，北连兰巨乡。屏南镇不仅是龙泉市内面积第二大的乡镇，同时也是百山祖园区龙泉片区内面积最大的建制镇，生态资源优越，辖区内有153.1平方公里被划入百山祖园区范围，占龙泉市创建总面积的61.4%，占丽水创建总面积的30.3%。

二、屏南镇生态人文资源情况

（一）自然景观与生态资源

屏南镇雄踞于江浙之巅，作为八百里瓯江的滥觞之地与百山祖园区的核心区域，其独特的地理位置赋予了其丰富的生态资源与绝佳的自然景观。屏南镇自然景观壮丽多姿，峰峦起伏、云海翻腾、沟壑纵横、绝壁高耸、怪石嶙峋，四季变换间，春日花开满山，夏日绿潭飞瀑，秋日黄叶映辉，冬日雾凇挂枝，形成了一幅幅动人心魄的生态画卷。其原始而丰富的森林资源，为众多飞禽走兽提供了理想的栖息地，使得屏南镇被誉为江南的云上秘境、长三角的避暑胜地以及华东地区的物种多样性宝库。屏南镇区域内山、林、湖、河、田等生态要素集聚，森林覆盖率高达91.5%，生态环境质量位居全国前列，空气负氧离子浓度普遍高度达到100000个/立方米，气候宜人，这些自然条件共同构成了屏南镇独特的生态优势。

（二）农耕文化与民俗风情

屏南镇不仅自然景观优美，而且农耕文化底蕴悠久厚重。屏南镇农业生态环境优良，农耕历史悠久，作为长三角高山蔬菜的重要产区，高山蔬菜以其独特的品质和口感深受市场青睐。屏南镇保持着多样化的传统农业耕作方式，农耕文化积淀深厚，结合"耕读""耕食""耕作"等方式，具有很强的体验感和开发价值。同时，屏南镇还拥有丰富多彩的民俗文化，如烧火堆习俗、屏南地戏、龙王宫庙会以及迎神节等，这些民俗文化不仅展示了屏南人民独特的文化魅力，也传承了中华民族悠久的农耕历史文化传统。

（三）传统村落与建筑文化

在屏南镇，传统建筑琳琅满目，各具特色。库粗坑村的叶氏众堂、坪田李村的李氏宗祠、李氏香火堂以及垟顺村的顺德廊桥等，不仅展示了屏南镇独特的建筑艺术，也反映了其深厚的宗族文化和乡土情怀。同时，遍布各村的名木古树，如南垟柳杉王森林公园的千年柳杉王、横坑头村后山的原始次生林以及南溪口村的红豆杉古树等，不仅是自然遗产的瑰宝，也是当地文化和信仰的重要载体。这些古树见证了屏南镇的历史变迁，承载着人们的集体记忆与情感。

（四）地质遗迹与古道文化

屏南镇还拥有丰富的地质遗迹资源与古道。例如，银坑洞、水帘洞、烧香岩、雨滴岩以及将军岩等地质景观，以其独特的地貌形态和地质构造，为屏南镇增添了更多的神秘色彩。这些地质遗迹不仅具有科学研究价值，也为屏南镇的旅游业发展提供了丰富的资源。南垟村、�铺村等古道，不仅见证了屏南镇与周边地区的交流与互动，也展示了其独特的地质特征和自然景观。

（五）红旗渠精神与人文传承

在屏南镇的发展历程中，红旗渠精神是一个不可磨灭的红色文化印记。20世纪50年代，在没有专业人员、没有科技设备的艰苦条件下，屏南人本着战天斗地的英雄气概，用简单、原始的工具，在悬崖峭壁上建成了全长10余公里的"人工天河"——红旗渠。这个伟大的水利工程不仅解决了当地的灌溉问题，更成为了屏南人民自力更生、艰苦奋斗、顽强拼搏、百折不挠的精神象征。近年来，屏南镇传承弘扬红旗渠精神，不畏艰险、迎难而上，凝心聚力谋发展。立足高山实际和生态优势，大力发展高山生态产业，共同书写着屏南镇新的辉煌篇章。

综上所述，屏南镇以其独特的地理位置、丰富的自然景观与生态资源、深厚的农耕文化与民俗风情、保存完好的传统村落、丰富的地质遗迹与古道文化以及红旗渠精神与人文传承，共同构成了其独特的生态人文资源价值体系，为屏南镇的可持续发展提供了坚实的基础。

三、屏南镇开展生态人文资源价值保护传承的主要工作

（一）开展生态人文资源价值保护传承的主要工作

近年来，屏南镇积极响应绿色发展的号召，以高山农业省级先行和越野小镇世界扬名为契机，充分利用自身的生态与人文资源优势，积极推进绿色产业发展。2020年，百山祖园区的创建为屏南镇带来了发展新机遇。屏南镇顺势而为，根据《百山祖园区总体规划（2020—2025年）》目标和任务等相关内容要求，以国家公园建设为基础，充分考虑生态保护和产业发展需求，制定了"一轴一线一核八区"的共富发展五年规划，与百山祖园区建设规划有效衔接，形成全域联动发展格局。主要着眼于高山农业、越野运动、避暑旅游三大产业的迭代升级，将整个镇域作为一个大景区来打造，为全域整合提供了战略指导。在国家公园保护建设基础上，以基础设施建设为依托，打造屏南镇以运动越野、避暑康养、农耕体验为核心主题的农文体旅融合发展共富示范镇。通过加强生态环境保护、促进农业产业升级、发展乡村旅游等措施，屏南镇正逐步成为一个集自然风光、历史文化、民俗风情于一体的综合性生态人文资源宝库。

（二）依托丰富多样的生态人文资源，大力发展特色产业

1.特色种养产业

近年来，屏南镇充分利用独特的高山地理气候、优良的生态环境和悠久丰富的农耕文化资源等，大力发展特色种养产业、文旅体融合产业等。屏南镇加快推进乡村振兴，深入推进省级农业绿色发展示范区建设，高山蔬菜作为区域特色产业基础不断夯实，新发展及培育提升蔬果园250亩，高山蔬菜种植面积稳定在4000亩左右，平均亩产值达1.2万元，建成高山蔬菜精品示范基地6个，实现年产值6120万元，带动农民增收4000多万元。

屏南镇地处瓯江源头，水质优良，具有养殖石斑鱼的区位优势。2022年，在周铺垟、顺合两个移民村建成了高山淡水石斑鱼养殖基地。目前，顺合村将养殖基地与河道经营管理权改革试点工作相融合，整合水域资源，培

育生态经济新动能，现已发包给市场主体运营，并已完成"顺德垂钓直播区"建设。

屏南镇合兴、均溪、金何等村分布有生态石蛙养殖基地，基地利用山涧溪水进行仿生态活水养殖。养殖场地依溪而建，引溪流水进入养殖场地循环而出，石蛙饲养过程中只投喂面包虫、开口虫等高蛋白活虫，既保留了野生石蛙的鲜美肉质，也保障了石蛙的营养品质。现在，石蛙的市场售价一般在150—200元/斤，2023年屏南镇石蛙年产量40000斤，产值500余万元。目前，在金何村横溪自然村500亩的稻田里，开展"稻蛙共生"养殖，探索高山清凉"稻蛙共生"养殖模式，有效解决了永久基本农田管理限制与特色养殖场地需求之间的矛盾。

屏南镇中蜂产业主要是大户带动低收入散户的养殖模式，在屏南镇9个行政村都有分布，其中南清家庭农场和千八家庭农场的蜂蜜已初步形成品牌效应，2023年，全镇近300人从事中蜂养殖，养殖2500桶，产值280万元，"甜蜜产业"成为高山群众的"富民产业"。

2.文旅体融合产业

屏南镇地处江浙之巅，瓯江之源，乡村古韵犹存，美丽的村庄与彩色梯田、千年古树融为一体，其中8个村落列入中国传统古村落，车盘坑、上畲村是省级历史文化重点村。周岱、上畲、横溪等9个自然村已成功创建A级景区村，拥有一处国宝级文物保护单位——顺德廊桥，三处市级文物保护单位——硳铺龙王宫、地畲地兴桥、均益福兴桥。屏南镇2022年成功创建成为浙江省AAA级景区镇。

2016年以来，屏南镇培育自主赛事"江南之巅·天空越野赛"，赛道积分、山地系数、耐力系数三个指标成为目前世界最难的百公里钻石赛道，吸引了众多国内外专业顶级选手，先后被列入浙江省体育品牌赛事名录库、浙江省体育产业发展资金项目库，获"最具挑战百公里越野赛""最佳进阶越野赛""浙江省十佳商业赛事"等荣誉，现已争取到"江南之巅·天空越野"品牌赛事举办的永久性起终点及73%的补给点落地镇域；坪田村户外（越野）运动素质拓展基地入选丽水市中小学生研学实践教育基地。

屏南镇属亚热带季风气候，常年温和湿润，年平均气温17℃—18℃，最高月平均气温不超过26℃，负氧离子密集丰富，是避暑的天然佳所。现已成功招引到 5 家乡村文旅发展公司在上畲、横溪、坪田、周岱、瑞竹垟等五个村共建运营民宿产业集群，形成屏南半小时避暑休闲度假圈。

（三）创新强村公司运营模式，开展生态人文资源价值保护传承的典型实践

近年来，随着村庄空心化、人口老龄化现象的加剧，大量农村宅基地、住宅闲置荒废，传统产业因规模小、分布零散而面临资源利用率低、运维难度大的挑战。为了有效解决上述发展难题，屏南镇成立强村公司，通过全域整合与整镇经营的创新运营模式，为乡村振兴探索出一条新的发展路径。

1.资源整合，资产活化

屏南镇强村公司围绕农房、山林、农田三大关键资源要素，创新探索宅基地"三权分置"改革，对全镇闲置宅基地（农房）、集体土地等资源资产进行整合。通过整村或连片的资源预流转、流转、入股等方式，获取长期经营权流转收益，盘活乡村"沉睡"资源。这一举措不仅打开了村集体经济和村民增收的新局面，也为全域整合提供了坚实的资源基础。

2.抱团联营，专业运营

为推动全域共富，屏南镇强村公司与 9 个村股份经济合作社开展抱团联营，为村级项目提供资产委托管理服务，统一开展专业化管理运营。通过谋划共富联合体项目，成功争取省财政奖补资金，用于基础设施提升改造，为全域整合奠定了良好的发展环境。同时，公司实施了整村、连片的资源流转措施，打造了"云见屏南"民宿集群等新的竞争优势，实现了资产、资源的有效利用和增值。

3.市场运营，数字赋能

屏南镇强村公司注重提升运营能力，将"市场化"原则贯穿于选人、管理、运营的全过程。公司组建了职业经理人构成的运营团队，建立了权责清晰的组织架构和科学顺畅的运营管理机制。通过开发"乡村运营宝"小程序，实现了全域农家乐民宿、农特产品的统一调配和销售，形成了覆盖全域资源的销售网。此外，公司还搭建了多元合作模式，实现产品共销、客源共享、宣传共推、利益共赢的组团发展模式。

4.延链补链，产业提升

屏南镇强村公司致力于打通产业发展的"最后一公里"，补齐产业发展的薄弱环节。通过提供公共服务产品、创新搭建消费场景、打造区域公共品牌等措施，实现了行业规范、产品赋能和产业提升。这些举措不仅填补了民宿产业链的缺口、延伸了运动产业链，还发挥了百山祖园区乡镇山水资源优势，提升了地方产业的综合竞争力。

从经营成果来看，屏南镇强村公司的发展取得了显著成效。公司利润实现大幅增长，同时带动了全镇9个行政村集体经济总收入的增长。其中，经营性收入同比增长显著，多个行政村的村集体经营性收入超过50万元。通过全域整合与整镇经营的创新模式，成功破解了村庄空心化、人口老龄化等带来的发展难题。该模式不仅实现了资源的高效利用和资产的增值，还推动了地方产业的转型升级和经济的可持续发展。作为丽水市唯一案例，屏南镇强村公司的发展经验值得向全省乃至全国推广。

第二节 屏南镇龙泉片区内行政村及其生态人文资源概况

屏南镇下辖9个行政村，由于百山祖园区龙泉片区主要涵盖坪田村、周铺垟村、瑞垟村、合兴村、均溪村、金何村、瓯江源村、顺合村8个行政村，因此，本节主要介绍这8个行政村的概况及其下辖的位于龙泉片区内的23个自然村的生态人文资源情况。

一、周铺垟行政村概况及其生态人文资源情况

（一）周铺垟村概况

周铺垟行政村，由周岱村、南垟村和砬铺村合并而成，现有户籍人口1219人，常住人口119人，耕地面积1168亩，山林面积57003亩。该村以特色农业和旅游业为主导产业，特色农业以高山蔬菜种植为主，包括四季豆、茄子、生姜、辣椒、玉米和水稻等。旅游业则依托自然景观和文化资源，发

展乡村生态文化旅游,如"农家乐"和南瓜节等活动。民俗文化丰富多彩,包括龙王宫庙会、民间社节、迎神节、除夕篝火活动等。建筑文化遗产丰富,包括南垟村的王家大屋、王氏祠堂等;砬铺村的龙王宫、罗木桥等;周岱村的吴氏祠堂、马夫人殿等。名木古树资源丰富,特别是南垟柳杉王森林公园内的千年柳杉王。古道历史悠久,南垟村、砬铺村和周岱村均有500—600年历史的古道。地质遗迹主要有砬铺村的银坑洞和水帘洞等。

(二)周铺垟村龙泉片区内的自然村生态人文资源情况

1.周岱村生态人文资源情况

周岱村户籍人口为410人,常住人口为57人,耕地面积410亩,山林面积20000亩。周岱村海拔高度1250米,作为浙江省海拔最高的村落,坐落于云端之上,是浙江省十佳观星地之一,其夜空清澈,星辰璀璨,为天文爱好者提供了绝佳的观测条件。此外,周岱大峡谷垂直落差超过400米,峭壁悬崖,沟壑交错,两侧森林茂密,瀑布飞流直下,形成了一幅幅令人叹为观止的云海画卷,成为了摄影艺术中的瑰宝,吸引了众多游客与摄影爱好者。

周岱村的主要特色产业是高山蔬菜种植,品种繁多,包括四季豆、甜玉米、小辣椒、松花菜、冷水茭白、绿皮茄等,所有产品均达到绿色无公害标准。

周岱村拥有丰富的历史文化遗产。吴氏祠堂、众堂、社殿、众神殿和马夫人殿等传统建筑,以及迎神节等传统节庆活动,不仅体现了当地深厚的文化底蕴,也承载了村民们的精神寄托与信仰追求,是周岱村历史与文化的见证者。此外,周岱村还拥有多条历史悠久的古道,是连接周岱村与外界的重要纽带,也见证了当地交通与贸易的发展。同时,村中名木古树众多,既见证了周岱村的历史变迁,也为这片土地增添了无尽的生机与活力。

2.砬铺村生态人文资源情况

砬铺村作为凤阳山重点毗邻村和第四批国家级传统村落,以其独特的生态环境和丰富的文化遗产,成为研究与探索传统村落文化的宝贵样本。该村拥有户籍人口400人,常住人口30人,耕地面积398亩,山林面积20003亩。

在农业生产方面,砬铺村以四季豆、茄子、生姜、辣椒、玉米和水稻等农产品著称。这些农产品不仅丰富了当地村民的饮食结构,也成为了砬铺自然村的一大经济支柱。

砚铺村历史建筑和文化遗产尤为丰富。建于清乾隆九年（1744）的龙王宫，是屏南镇保存最为完好、最具乡土建筑特色的古建筑之一。该建筑占地面积达353.5平方米，整体布局严谨，雕刻工艺精湛，展现了中国传统建筑艺术的独特魅力。正殿采用五架梁抬梁结构，体现了中国传统建筑技艺的精髓。此外，罗木桥（石拱桥）、社殿、众堂、王显灵殿以及古民居等建筑，共同构成了砚铺村独特的建筑风貌，见证了村落的历史变迁和文化传承。

砚铺村还拥有丰富的自然景观资源。名木古树遍布村落，为砚铺增添了几分神秘与幽静。查田—瑞垟古道作为一条历史悠久的交通要道，距今已有500—600年的历史，全长15公里，连接着不同的地域与文化，见证了砚铺与外界的交流与融合，如今已经成为徒步旅行和探险爱好者的绝佳选择。此外，银坑洞和水帘洞等自然景观也为砚铺增添了几分神秘色彩，成为了游客们探寻自然奥秘的热门景点。

在传统节日和习俗方面，砚铺村同样具有独特的魅力。每年的农历六月初一至六月十五，龙王宫庙会吸引了周边乡镇的众多善男信女前来朝拜，宫内戏台上还会表演木偶戏和越剧等节目。迎神节是当地村民为祈求丰收、平安和幸福而举行的盛大节日。节日期间，村民们会举行盛大的祭祀活动，表达对神灵的敬畏与感激之情。同时，他们还会通过敲锣打鼓、舞龙舞狮等传统表演形式，展示着独特的民俗风情和深厚的文化底蕴。

3.南垟村生态人文资源情况

南垟村是龙泉市级和浙江省级传统村落。该村户籍人口为409人，常住人口32人，耕地面积360亩，山林面积达17000亩。南垟村的历史可以追溯到明朝永乐年间（1403—1424）。历经岁月变迁，南垟村于1961年更名为南五大队，后又于1982年复名为南垟。

南垟村的特色农业资源极为丰富，盛产木材、毛竹、香菇、黑木耳以及高山蔬菜等。村民在种植水稻时，遵循传统自然种植法，如牛耕、绿肥、桶打谷等，保留了众多农耕器具与农耕社会的生活习俗。此外，四季豆、茄子、生姜、辣椒、玉米等高山蔬菜种植也是该村的特色农业产业。近年来，南垟村充分利用其优美的自然风光与独特的文化习俗，开设农家乐，举办南瓜节等乡村生态文化旅游活动，吸引了大量游客前来观光游览。

南垟村的文化习俗同样丰富多彩。民间社节、迎神节、除夕篝火活动等传统节日也体现了南垟村民对祖先的敬仰、对丰收的庆祝以及对美好生活的向往。

在建筑风貌方面，南垟村以清末、民国建筑为主，其中王氏众堂、王氏祠堂、天仙社等建筑均为土木结构，具有重要的历史文化价值。此外，村庄的风水桥、添丁亭以及千年水槽等建筑也体现了南垟村民的智慧与创造力。风水桥连接着村庄与梯田，形制优美；添丁亭建于清代，木结构瓦屋面，历史文化价值高；千年水槽则以其最原始的形态呈现，为村民提供了储水与灌溉的便利。

此外，南垟村还拥有丰富的自然资源。南垟柳杉王森林公园位于村北，面积100余亩，内有古树名木90余种，其中最为突出的是一棵千年柳杉王，成为了村民心中的神树与保护神。村庄南侧的山体为侏罗系火山岩盖层，属武夷山系洞宫山脉，古道插其间，为南垟村增添了神秘感与无尽的魅力。

二、瑞垟行政村概况及其生态人文资源情况

（一）瑞垟村概况

瑞垟村户籍人口1294人，常住人口121人，耕地面积678亩，山林面积广阔，达到62773亩。该村以百山祖园区的创建为契机，积极推进美丽社区项目建设，依托瑞垟水库资源，加快农旅融合发展，计划打造一个集休闲垂钓、避暑疗养、环湖骑行等多功能于一体的新型业态美丽社区。瑞垟村是屏南高山蔬菜的主产区之一，主要种植四季豆、辣椒、茄子等品种，同时依托水库资源，积极推进农旅体融合发展，打造"云顶沙滩"露营地。

瑞垟村的建筑文化遗产丰富，瑞垟水库大坝是我国第一座采用优化设计方法确定坝体体形的混凝土单心双轴拱坝，具有重要的工程价值和景观价值。此外，瑞垟村还较完整地保留着菇民区传统风貌与历史格局，村境内有毛氏祠堂、叶氏祠堂、全氏祠堂、古民居、古道、古井等诸多古建筑，以及明代矿洞遗址等人文景观，具有深厚的历史文化底蕴。

（二）瑞垟村龙泉片区内的自然村生态人文资源情况

1.瑞竹垟村生态人文资源情况

瑞竹垟村户籍人口454人，常住人口70人，耕地面积630亩，山林面积20918亩。该村在1986年成为水库移民村。

在农耕产业方面，瑞竹垟村以种植四季豆为主，保持着悠久的农耕文化和迎神节等传统节庆活动。村内拥有多棵古树，以及多条古道，这些古道见证了村庄的交通和历史变迁。在人文资源方面，1985年建成的瑞竹垟祠堂与1990年建成的瑞竹垟大会堂，是村民聚会、议事的重要场所，体现了村落的凝聚力与向心力。此外，瑞竹垟村还拥有红军墓等红色文化历史遗迹，不仅是对革命先烈的缅怀与敬仰，更是对村民进行爱国主义教育的重要载体。这些红色文化资源与传统乡村文化相互交融，共同构成了瑞竹垟村丰富多彩的人文景观。

2.横坑头村生态人文资源情况

横坑头村为第四批国家级传统村落，有户籍人口380人，常住人口30人，耕地面积为610亩，山林面积达20830亩。横坑头村以魔芋、辣椒等农产品著称，成为村民收入的主要来源。

横坑头村依山而建，错落有致，是浙西南典型的山地民居。在自然资源方面，横坑头村拥有得天独厚的生态优势。村庄后山覆盖着一片占地300亩的原始森林，这是一片珍贵的原始次生林，其中不乏树龄在150年至250年及以上的黄山松等古树木，总数超过1500棵。此外，横坑头村还以乌冈栎等特色树种闻名，进一步丰富了村落的生态多样性。同时，村落周边有多条古道蜿蜒曲折，这些古道不仅是村民日常出行的通道，也成为了徒步旅行和探险爱好者的热门选择。

横坑头村具有深厚的人文文化底蕴。毛氏宗祠作为村落的重要历史建筑，不仅是村民祭祖祈福的场所，更是村落历史与文化的见证。宗祠的建筑风格与装饰艺术，充分展现了浙西南传统民居的独特魅力与精湛技艺。此外，村落中还流传着迎神节等传统节日与习俗，这些节日与习俗不仅丰富了村民的精神文化生活，也成为了村落文化的重要组成部分。

3.杉树根村生态人文资源情况

杉树根村户籍人口460人，常住人口21人，耕地面积522亩，山林面积21025亩。杉树根村的主要特色产业为四季豆种植。迎神节是村里重要的传统节庆活动。在建筑文化方面，杉树根村拥有全氏宗祠这一文物遗址。村内名木古树资源丰富，拥有好几百年的柳杉。此外，杉树根村还拥有多条古道，是村庄历史和文化的重要组成部分。

三、均溪行政村概况及其生态人文资源情况

（一）均溪村概况

均溪村由均益、均山、梧树垟、金林四个自然村组成，户籍人口1243人，常住人口118人。拥有1773亩耕地，为农业生产提供了充足的土地资源。山林覆盖面积广阔，达43629亩，是林业经济的重要基础。该村自然资源丰富，风光秀丽，古道、廊桥等地方建筑为村庄增添了独特的人文特色。均溪村产业发展主要依托丰富的农业资源和独特的地理优势，特色农产品主要有板栗、野生山核桃等林果产品。同时，均溪村拥有丰富的旅游资源，如"华东第一虐龙泉千八线"徒步线路和"江南之巅·天空越野赛"等活动，吸引了国内外越野爱好者，为村庄带来了可观的旅游收入。同时，均溪村还获得了百山祖园区龙泉片区集体林地地役权补偿资金，为村庄可持续发展和生态保护提供了有力支持。

（二）均溪村龙泉片区内的自然村生态人文资源情况

1.均益村生态人文资源情况

均益村户籍人口290人，常住人口45人。均益村生态环境优美，古树环绕，溪流清澈，为村庄提供了丰富的生态资源，同时也为发展生态旅游提供了良好的自然条件。均益村古樟树群树龄约300年，村口古苦槠树龄约400余年。此外，村庄附近还有一处名为"仙岩背"的自然景观，也称作老鹰岩，四周陡峭的悬崖和山顶巨石为村庄增添了独特的自然美景，具有较高的旅游开发价值。

均益村农耕资源丰富，有450亩耕地和11000亩林地，这些土地资源为种植农作物和特色果树提供了良好的条件，同时，山上还有栗子树、野生山核桃树等，为当地农业经济的发展和多样化提供了坚实的基础。

均益村拥有丰富悠久的人文资源和乡村传统文化。福兴廊桥建于清朝同治十二年（1873），是均益村的标志性建筑，也是龙泉市级文物保护单位。福兴廊桥不仅是村民日常通行的交通设施，也是村民民间信仰的重要组成部分，其建造初衷是为了拦住村中的"水"，象征着财富的汇聚，寓意着村民对美好生活的祈愿和追求。均益村内有汤、柳、潘三个姓氏的宗族祠堂共六个，其中汤姓2个，柳姓1个，潘姓3个。这些祠堂不仅是村民祭祖和举行家族活动的重要场所，也承载着村庄的宗族历史文化。

2.均山村生态人文资源情况

均山村户籍人口400人、常住人口28人。该村以其壮丽的梯田、古老的树林、历史悠久的红军道和充满传统风情的古村落，为摄影爱好者提供了绝佳的拍摄场地，被当地摄影界誉为"影像之村"。

均山村有一口古井，在饮水工程通水以前是全村人的饮水来源，水源来自山上流下的山泉水，现已废弃。村庄下方后瑞公路边是均溪二级水电站水库，其拦河大坝为双曲拱坝，坝顶高达69米，水库正常蓄水位495米，总库容589万立方米。在均山村可清晰看到水库全貌，碧水青山，景色秀丽。

均山村的农耕资源丰富，包括约400亩的耕地和11000亩的林地，为种植板栗、猕猴桃、茶叶和梨等提供了充足的土地资源，周围的森林和水库等为农田灌溉和生态保护提供了有力支持。

村庄拥有千年古树林、千亩梯田、千米红军道、古道等自然与历史人文景观，是吸引游客和摄影爱好者的重要景点。均山村有一条名为均岱的古道，通往百步村可以直达到龙泉市区。当年均山村民蒋立平、蒋国标曾为红军带路，到梧树垟社庙过夜，再带到仰坑岭，留下了红色文化的集体记忆。此外，均山村具有丰富的特色民俗文化，例如平水王社供奉的神是大禹，每年村民都自发集资举行求雨仪式。村里有两个宗族祠堂，在过年时举行祭祖仪式等。

3.梧树垟村生态人文资源情况

梧树垟村户籍人口为255人，常住人口25人，该村坐落在凤阳山和琉华山的山脚下，位于这两座山的溪流汇集之处，形成了独特的自然风光和生态环境。梧树垟村拥有400亩的耕地和9629亩的林地，村庄以种植水稻、柑橘、栗子树、野生山核桃、桃树等为主。丰富的土地资源和植被覆盖为农业发展提供了坚实的基础，同时也为保持水土和生物多样性提供了重要保障。村内还有丰富的古树群和竹林资源，为传统手工艺和生态旅游提供了独特的资源。

梧树垟村至今还保留禹王祖殿和祭神社间、叶家祠堂和叶家大院等古建筑，拥有深厚丰富的民间信仰文化传统。村民供奉禹王、马氏夫人和观世音菩萨，有上、中、下三处祭神社间，轮流充当活动场所。每隔一年，村民会在正月里请道士在禹王祖殿进行求雨仪式。祠堂始建于清代，是村庄重要的祭祀场所，每年农历过年至初六进行祭祀活动，清明节、端午、七月半等重要节日村民也会返乡祭祖。

梧树垟村还拥有红军庙、红军桥、红军亭等红色文化遗址，1935年，中国工农红军挺进师政治部主任黄富武率部队200多人居住在村里，宣传打土豪、分田地，至今红军庙上留有黄富武的亲笔题写的标语，留下了当年的红色历史记忆。

村口风水林中古枫树群树龄约600余年，古苦槠树群和古楠木树龄约400余年，这些古树群为村庄增添了历史的厚重感。梧树垟村还有通往坪田村的古道，全长约5千米，为村民和游客提供了一条连接外界的通道。

4.金林村生态人文资源情况

金林村户籍人口298人，常住人口20人，拥有390亩耕地和11000亩林地。该村坐落在均溪二级电站水库上方的半山腰，被栗子树、野生山核桃树等林木环绕，形成了一个生态环境优美、森林覆盖率高的自然村落，具有独特的地理优势和丰富的自然资源。

金林村主要以种植水稻、栗子树、野生山核桃、桃树等为主。同时，栗子树、野生山核桃树和桃树，不仅为村庄提供了丰富的农业资源和生态资源，也形成了一道独特的自然风景线，吸引着游客前来体验采摘乐趣。同时，作为"华东第一虐龙泉千八线"徒步登山路线必经之地，游客众多，村中还有许多古树和通往凤阳山乌狮窟的古道吸引了游客观光旅游，促进了村庄经济的多元化发展。

四、金何行政村概况及其生态人文资源情况

（一）金何村概况

金何村户籍人口 712 人，常住人口 50 人，耕地面积 896 亩，山林面积 31678 亩。金何村是越野爱好者的天堂，作为"江南之巅·天空越野赛"的终点站，这里成为了越野运动的大本营。村内的烧香岩、将军岩等地形险峻，风景壮丽，是越野爱好者的绝佳攀登点。近年来，金何村农业发展也取得了新的突破，横溪村的 500 亩田地流转给外来客商用于农业种植，旨在发展乡村农旅产业，为村庄带来新的经济活力。

（二）金何村龙泉片区内的自然村生态人文资源情况

1.横溪村生态人文资源情况

横溪村坐落于瓯江源头傍山溪东边，因村后温糯溪横穿而得名。横溪村是一个以何氏、毛氏为主要姓氏的村落。户籍人口为 360 人，常住人口 25 人，拥有耕地面积 497 亩和林地面积 15700 亩。

该村以茶叶、笋干、蜂蜜、粽叶、家禽养殖和石蛙养殖等为主要经济来源。近年来，通过乡贤力量引进投资者发展农业观光项目和稻蛙共生特色种养基地，推动现代农业产业。村庄还计划通过整合资金，打造康养、休闲、体验的民宿集群，发展养生、农事活动、越野体验的农文旅融合产业业态。

横溪村傍山溪和温糯溪横穿村庄，支持农业灌溉、饮用水和生态保护。村域范围内生物多样性丰富，为生态旅游和科学研究提供资源。作为"江南之巅·天空越野赛"的终点站，吸引了大量越野爱好者，拥有烧香岩、雨滴岩等自然景观为徒步和越野运动提供了绝佳体验地点，推动了该村乡村旅游业发展。

2.金龙村生态人文资源情况

金龙村户籍人口为 252 人，常住人口 23 人，拥有 12204 亩林地和 307 亩耕地。该村坐落于凤阳山将军岩下，三面环山，拥有丰富的森林资源。将军岩因其形状酷似将军而得名，对该村村民具有特殊的民间信仰意义。

金龙村的主要特色农产品为石蛙、茶叶、笋干、蜂蜜、粽叶和猕猴桃，是农民增收的重要来源。从2012年开始发展石蛙养殖，形成一定规模并取得可观收益。

金龙村特色民俗文化活动主要为迎神节，每年六月，村民会选择一个吉日进行杀猪仪式，以此来祭拜神灵，祈求村庄的平安和丰收。

金龙村有着深厚的红色历史，金龙瞭望哨位于该村，见证了民兵连为保卫祖国领空安全所作出的贡献，留下丰富的红色文化遗产。在1961年至1962年期间，台湾当局企图对大陆采取军事行动。为了保卫祖国领空安全，上级军事机关在凤阳山设立了防空降重点地区，并决定建立"金龙瞭望哨"。1963年，原均溪公社金龙大队民兵连承担了这一重任。在极其艰苦的条件下，金龙大队民兵连坚守岗位20年，行走了数十万公里的路程，为上级军事机关提供了百余次有价值的情报，为保卫祖国领空安全作出了巨大贡献。他们的事迹多次受到南京军区和浙江省、丽水地区、龙泉县各级的表扬奖励，被誉为"高山红哨兵""硬骨头六连式的民兵连"，并受到了《人民前线》《浙江日报》等媒体的广泛报道。

3.均何村生态人文资源情况

均何村坐落于雨滴岩山脚，四周梯田围绕，梯田外围是茂密竹林。村子左边有千年柳杉，右边有古松。该村户籍人口100人，常住人口2人，拥有耕地面积92亩和林地面积3774亩。

均何村民间信仰文化资源主要为季氏香火堂。香火堂，俗称"上间"，是族人供奉先人的场所。季氏香火堂位于均何村后山，根据建筑风格判断约建于民国时期，是族人祭拜先祖的重要场所，目前损毁严重。此外，该村还有古矿洞址，开采年代大约为明代，当地人称"银坑洞"。

五、合兴行政村概况及其生态人文资源情况

（一）合兴村概况

合兴村占地面积5.5平方公里，下辖4个自然村，海拔高度为650米。全村共有366户，总人口1224人。合兴村属于山地型村庄，拥有独特的梯田景

观，以其丰富的山林资源和独特的山地型村庄地貌为显著特征，为发展乡村旅游和特色农业提供了得天独厚的自然条件。

该村山林面积28877亩，森林覆盖率高，拥有8片古树林，上百棵古树，具有重要生态价值。耕地面积1250亩，高山蔬菜、桃园、水稻等，是村民的主要经济收入来源。

合兴村作为第五批中国传统村落，村内有多处传统建筑，如毛氏宗祠、八仙殿、平水王社等，具有较高的民俗文化和民间信仰文化价值。同时，结合浙江省级非物质文化遗产——香菇文化，定期开展丰富多彩的民俗文化活动，例如庙会、唱地戏、山歌、世代相传的传统医药知识以及具有地方特色的婚嫁习俗等，共同构成了合兴村丰富多彩的民俗文化，增强了村民凝聚力，吸引了外来游客体验乡村传统文化。

（二）合兴村龙泉片区内的自然村生态人文资源情况

因为合兴村下辖的4个自然村，只有塘山村隶属于百山祖园区龙泉片区，因此，下面只介绍塘山自然村概况及生态人文资源情况。

塘山村户籍人口为180人，常住人口仅有10人，耕地面积为260亩，林地面积达到7000亩。塘山村以其70亩的梯田而闻名，这些梯田不仅展现了村庄精妙的农耕文化，还体现了村民对土地的尊重和对自然节律的深刻理解。梯田耕作技术展现了与山地环境和谐共生的农耕智慧，是塘山村文化的重要组成部分。

在塘山村民间信仰文化中，迎神节是一个重要的节日，村民们通过举办迎神节来祈求神灵的保佑和好运。村中还保存有古庙和祠堂，这些古建筑不仅是历史的见证，也是村民精神生活的寄托。村内共有8棵古树，它们见证了塘山村的沧桑变迁。

塘山村还拥有一条已有300年历史的古道，这条古道不仅是村民出行的通道，也是连接外界的重要纽带，为塘山村增添了一份历史的厚重感，也让人们对这片土地的历史有了更深的认识和尊重。

六、坪田行政村概况及其生态人文资源情况

（一）坪田村概况

坪田村是屏南镇政府所在地，也是浙江省海拔最高乡镇所在地。该村由坪田李、坪田叶、库粗坑三个自然村构成，总人口数为1398人，常住人口150人。有山林27000亩，森林覆盖率高，植被丰富，主要为各类木材、毛竹和中药材等。村域范围内有丰富的溪流和人工水渠——屏南红旗渠，为村庄提供重要灌溉水源。耕地面积约1370亩。近年来，该村大力发展高山蔬菜产业，种植面积达600多亩，建有多个农业基地，是屏南镇高山蔬菜的主产区和交易中心。

坪田村拥有独特的高山景观，如罗木桥古森林和梯田景观等，旅游观赏价值高。拥有独特的红色文化遗产红旗渠，曾因开山引水保丰收的愚公移山精神受到上级政府表彰，红旗渠事迹被载入语文课本和纪录片，成为屏南人民的精神象征。此外，坪田村还具有丰富多彩的物质文化资源和非物质文化资源，主要包括：红旗渠、龙王殿、李氏祠堂、叶氏宗祠、烧火堆和砍银树等。

近年来，坪田村筹资500万元推进"越野小镇"美丽社区建设，投资50万元创建AAA级景区镇（村），显著提升了公共基础设施、村庄环境及游客接待能力。依托高山独特生态优势，坪田村发展避暑旅游和越野运动等新业态，建有越野主题民宿——1080避暑山庄，并计划利用闲置资产改造高端民宿。随着现代农业产业和乡村旅游业的发展，村容村貌焕然一新，村民生产生活条件显著改善。

（二）坪田村龙泉片区内的自然村生态人文资源情况

1.坪田李村生态人文资源情况

坪田李村户籍人口为678人，常住人口75人。该村林地面积广阔，达9700亩，森林覆盖率高，具有丰富的木材与毛竹资源，同时也是重要的生态屏障。拥有耕地面积566亩，土壤肥沃，良好的生态环境和水资源为发展生

态农业和特色农产品提供了有利条件，适宜种植高山蔬菜，如茄子、四季豆等。

坪田李村的历史人文资源丰富，体现了村庄的历史底蕴与地域特色。李氏祠堂展示了当地独特的建筑风格，是村民进行宗族活动与文化传承的重要场所。以李姓为主的宗族祭祀和节日庆典等丰富的宗族文化活动体现了对家族传统文化的尊重与传承，烧火堆等传统民俗活动增强了村民之间的情感联系，龙王殿等民间信仰场所体现了村民对自然力量的崇拜与敬畏。20世纪50年代修建的红旗渠体现了自力更生、艰苦奋斗的精神，成为村庄精神文化的重要组成部分。

坪田李村还拥有约300年的古柳杉和古柳杉群，以及三望岭、布袋岭等多条古道。红旗渠作为浙江省最高的人工天河，是村庄的一大人文特色资源，见证了村庄的变迁发展。

凭借独特优越的高山自然生态环境与丰富厚重的乡村文化资源，坪田李村成功发展了乡村旅游，吸引了大量游客，民宿业的兴起促进了村集体经济发展和村民收入增长，村民生活水平明显提高。

2.坪田叶村生态人文资源情况

坪田叶村户籍人口273人，常住人口30人，村庄四面环山，与国家级自然保护区凤阳山相邻，享有丰富的自然资源和独特的地理优势。耕地面积270亩，林地面积8300亩。该村村民主要种植茄子、四季豆等作物，这些作物不仅展现了村民对山地农业的适应，也传承了农耕智慧。

坪田叶村以叶姓族人为主，拥有丰富的历史和文化底蕴，其中叶氏宗祠是该村的重要建筑遗产。该祠建于民国元年（1912），宗祠建筑占地面积170.6平方米，四周墙垣，前厅、正厅均为5开间，采用抬梁式五架梁结构。叶氏宗祠不仅体现了当地叶姓族人的宗族文化，还承载着屏南人民的精神寄托和记忆。该村特色民俗文化丰富多彩，包括烧火堆、长桌宴等。其中，烧火堆是当地人民在特定节日或庆典中举行的传统活动，象征着吉祥和欢乐。长桌宴则是当地人民在重要节日或庆典时，以长桌为宴，共聚一堂，分享美食和欢乐。

此外，坪田叶村还有多条古道，这些古道不仅是历史的见证，也是村民与外界联系的重要通道。红旗渠作为屏南人民的骄傲和精神象征，也成为了当地精神文化的重要组成部分。

3.库粗坑村生态人文资源情况

库粗坑村户籍人口447人，常住人口45人，耕地面积534亩，林地面积9000亩。该村2019年被列入第五批中国传统村落名录。库粗坑村的主要农业产业有水稻、高山蔬菜、木材、毛竹、食用菌等，产值较高。

库粗坑村民间信仰文化丰富，例如，每年十月的平水王社迎神节，村民无论身在何处都会回村参与。除夕至正月初四以及正月十五、正月二十，全村村民会聚集在叶姓众堂燃起篝火聚会过年，并在正月十五、正月二十进行祭祖。家家都会制作麻糍庆祝丰收，祈望团圆，以及过年时做黄粿，保存至清明等待外出的菇民回家品尝。

库粗坑村内传统建筑包括叶氏众堂、叶氏三个分众堂、平水王社、底塆大屋、下圩大屋、下圩溪大桥背等二处石拱桥、乌面尖古代龙骨求雨遗址。

村庄四周森林茂密，古树名木众多，有古风水林60亩，树种40种，大柳杉三处共7支，其中最大支柳杉胸围6米，高40米。稀有树种水青冈40棵，最大支胸围2米，高30米。村内有古道三条，分别通往查田、瑞垟、庆元、均溪、龙泉，古道用块石垒砌而成，因山就势逐级而上，两侧古树林立，宁静幽美。村庄还有水碓遗址、银坑洞遗址、龙骨遗址等历史遗迹。

七、瓯江源行政村概况及其生态人文资源情况

（一）瓯江源村概况

瓯江源村户籍人口1347人，常住人口80人，1052亩耕地和54039亩山林。该村环境清幽，夏季凉爽，是避暑胜地，也是摄影爱好者的选择。村内传统建筑保存完好，开展丰富的民俗活动，例如春节"砍银树"和迎神节。村内还有多棵古树和多条古道，体现了深厚的历史文化底蕴。面对村落"空心化"的挑战，瓯江源村正通过土地和房屋流转、发展高山野茶等措施引进产业，同时推进农副产品加工基地建设，以实现农户和村集体增收。

（二）瓯江源村龙泉片区内的自然村生态人文资源情况

1.南溪口村生态人文资源情况

南溪口村因地处南溪出口而得名，村民以沈氏为主，户籍人口530人，常住人口30人，耕地面积374亩，山林面积15000亩。南溪口村森林资源丰富，村民重视绿色生态保护，村民主要通过发展高山蔬菜等生态产业增加经济收入。

沈氏宗祠是南溪口村的历史文化象征。这座宗祠位于村尾，占地面积102平方米，整体为民国时期的建筑风格。宗祠结构严谨，包括门楼、天井以及两侧厢房和正厅，正厅三开间，进深3柱7檩。宗祠采用抬梁式五架梁结构，硬山屋顶，小青瓦阴阳合铺，泥地，门楼为二柱三楼式，条石门框，门枋上雕刻着双龙戏珠图案，门框楹联"木本水源思流远，春露霜秋感念深"表达了对祖先的敬仰和对自然的敬畏。门楣上石匾阳刻楷书"沈氏宗祠"，整体建筑构件简单而不失庄重。该宗祠不仅是沈氏家族的精神家园，也是南溪口村文化传承的重要场所，见证了村庄的历史文化变迁发展。

此外，村中还有一棵曾经是浙江全省树冠最大的、树龄达500年的红豆杉古树。有2条约7公里的古道遗迹，它们是连接村庄与外界的重要历史通道。

2.东山头村生态人文资源情况

东山头村户籍人口310人，常住人口20人，耕地面积326亩，山林面积达21000亩。

东山头村以高山蔬菜闻名，这些蔬菜生长在海拔1876米的高山湿地周围，也是浙江省海拔最高的湿地。由一大一小两个天堂高山湿地组成，大天堂面积14.6万平方米，小天堂面积5.3万平方米，两者相距500米。湿地常年云雾缭绕，是观赏云海的绝佳地点。春夏之交，湿地周围的杜鹃花海构成了一幅壮丽的自然画卷。此外，大小天堂还有一种奇特的"午时花"，只在夏季午时短暂绽放，吸引着众多游客前来观赏。

东山头村至今流传着香菇始祖吴三公的民间传说，为纪念吴三公的伟绩，后人将其长桌聚餐处的木屋称为"吴三公寨"，将豆腐变成的石头称为"高山流水石"，这些传说和遗迹至今仍然在民间广泛流传。

村庄还拥有丰富的传统建筑，包括古廊桥和梅氏宗祠，这些都是村庄历史和文化的见证。此外，村中还有 8 棵江南油杉，每棵树高达 20 余米，属于千年以上的保护古树，它们是村庄悠久历史的活见证。村里还拥有一条 300 米长的水口古道和一条 10 公里的深山古道，是连接村庄与外界的通道。

3. 干上村生态人文资源情况

干上村因最早建于茅干地上而得名，户籍人口 370 人，常住人口 10 人，耕地面积 224 亩，山林面积 8950 亩。干上村森林资源丰富，村庄被绿树环绕，与树林、梯田、溪流共同构成了一幅美丽的山居图景。近年来，村庄依托自身资源优势，大力发展生态林业和生态农业，特别是种植四季豆等高山蔬菜，因其优良品质而深受市场青睐，有效增加了村民的经济收入。

干上村地处龙庆景菇民区的中心地带，保留着多处文化古迹和独特的民间风俗。"砍银树"是该村特有的民间习俗，每户人家在春节期间选派一人沿吉利方向砍回一株枝叶茂盛的小杂树，并在树干中间段用红纸束上，然后"栽"在家门口显眼处，象征着家庭招财进宝、金银临门。此外，还有迎神节等传统节庆活动。干上村中有多棵古树，见证了村庄的历史变迁。油杉岭古道作为连接村庄与外界的重要历史通道。此外，梅峤红军驿站遗址也记录了村庄的红色历史。

4. 南溪村生态人文资源情况

南溪村位于瓯江源头，有"瓯江源头第一村"之称。户籍人口 137 人，常住人口 20 人，耕地面积 128 亩，山林面积 9089 亩。

南溪村一直是高山蔬菜的重要产地。随着生态旅游的发展，瓯江源头探险成为旅游热点，也成为"江南之巅 2017 天空越野赛"的终点站，进一步推动了当地旅游业的发展。

南溪村具有丰富的传统民俗文化，包括傀儡戏、迎神节、祭祖节以及春节烧火堆等，这些活动不仅展现了乡村传统文化，也增强了村民的凝聚力。

南溪村拥有龙庆古道和百凤古道等重要的历史交通要道。龙庆古道是向南通往庆元县的干道，全长约 45.9 公里，连接了多个村庄和县城。百凤古道则串联起浙江省 9 座 1800 米以上的山峰，全长约 50 公里，是徒步旅行和探险的理想路线。

八、顺合行政村概况及其生态人文资源情况

（一）顺合村概况

顺合村位于瑞垟管理区，下辖垟顺、竹蓬后两个自然村。拥有户籍人口502人，常住人口51人，耕地面积512亩，山林面积45400亩，其中29000亩位于百山祖园区。顺合村群山叠嶂，峡谷幽深，龙潭遍布，自然环境优美，钟灵毓秀。

顺合村不仅自然景观丰富，而且文化氛围浓厚，数百年来将传统农耕文化与崇学文化有机结合，推崇耕读两途，一直保持着"崇学向善"的优良传统，塑造了深厚的人文底蕴。该村拥有丰富的文化遗产，包括国家级文物保护单位顺德廊桥，以及单性木兰古树群、疑似存在第四纪冰川遗迹、古矿洞址等。

（二）顺合村龙泉片区内的自然村生态人文资源情况

1.垟顺村生态人文资源情况

垟顺村户籍人口400人，常住人口38人，耕地面积407亩，山林面积28000亩。村内以吴姓与叶姓为主，具有浓厚的家族文化。

垟顺村依托丰富的自然资源，种植有毛竹、板栗、菌菇等经济作物，村民主要经济来源以食用菌菇、茶叶、中药材种植以及生猪和家禽养殖为主。

垟顺村将农耕文化与崇学文化有机结合，形成了"崇学向善"的优良传统。传统节日习俗丰富，如过年时踩高跷、小暑过后第一个逢辛日迎神节等，展现了村民对传统文化的热爱与传承。同时，村落内还拥有丰富的传统美食，如黄粿、麻糍、粽子、豆腐娘等，以及香菇生产技艺、竹编工艺、木制工艺等传统技艺。

垟顺村拥有多处文化古迹，包括顺德廊桥、吴氏祠堂、灵应社、叶氏众堂、吴氏众堂和师旦遗址。顺德廊桥建于清道光二十年（1840），是一座木拱廊桥，具有独特的建筑结构和风格。此外，垟顺村还有多处古树群，以杉树、银杏、枫树为主。

2.竹蓬后村生态人文资源情况

竹蓬后村全村户籍人口102人，常住人口13人，耕地面积105亩，山林面积17400亩。

在这个幽静的小村庄中，古树众多，加上村庄的自然美景，为竹蓬后村增添了一份神秘感。村中的十八苗银坑洞是一个独特的地质景观，吸引了众多探险和地质爱好者，是一个充满魅力的古村落。

龙南乡位于龙泉市东南部，是龙泉市的生态屏障，空气清新，山清水秀，浙江十条最美自驾公路之一的安豫线穿乡而过。作为中华香菇文化的发源地，龙南乡被誉为"中华香菇历史与文化第一乡"。龙南乡具有独特的民间艺术形式——菇民戏，并一直致力于戏曲文化的传承和发展，入选2023年度第四批"浙江省戏曲之乡（乡镇级）"。此外，龙南乡也是浙江省卫生乡镇、浙江省体育强乡、丽水市生态精品农业示范乡。

第一节　龙南乡概况及生态人文价值保护传承实践

一、龙南乡基本概况

龙南乡，清属龙泉乡（建德乡）廿二都。民国为安仁区龙南乡。1951年分为龙南、建龙两乡，1956年两乡合并复名龙南乡。1958年建立龙南公社，辖建兴、义和、龙南三个管理区。1961年改公社为区，管理区为公社，所辖区域不变。1964年撤销龙南区，所辖三个公社均并入安仁区。1981年恢复龙南区，辖区依旧例。1984年5月，所辖的3个公社改称乡。1985年7月，所辖的龙南乡分出建龙乡。1992年4月撤区扩镇并乡时，原龙南区的义和乡、龙南乡、建兴乡、建龙乡合并，称龙南乡。

龙南乡是百山祖园区的北部门户小镇。东邻云和县，南毗景宁县、庆元县，西连龙泉屏南镇、兰巨乡，北接龙泉塔石街道、安仁镇，乡政府所在地蛟垟村距离市区55公里。乡域面积212平方公里，山林面积243725亩，耕地面积40591亩，辖建兴、建龙、义和、龙南四个管理区，15个行政村，91个自然村。2023年，全乡总户数7546户，户籍人口21176人，常住人口2636人。龙南乡产业以一产为主导产业，包括高山玉米、番茄、四季豆等优势高山蔬菜，特色产业为香菇种植和野生香榧。

龙南乡平均海拔900米，属于典型的高山气候区。境内高山绵延、梯田起伏，生态环境优越，保留了较为完整的山水林田湖生态系统，森林覆盖率达90%以上，全乡域负氧离子浓度常年维持在A级以上，地表水质量始终保持在Ⅰ类以上。作为世界香菇栽培发源地，龙南乡有最早的香菇栽培专辑《菇业备要》和全国最早的菇民工会，香菇砍花技艺、菇民防身术等已分别被列入丽水市、浙江省非物质文化遗产代表作名录。境内旅游资源丰富，有后垟柳杉群；有省级美丽宜居乡村示范村——大庄自然村；有深山菇寮、状元石、五显庙、龙井古道、麻连岱红军标语、龙溪村驴友基地、蛟蚌古民居等众多名胜古迹和5A级民宿凤羽山庄、丽水山居孝德堂、隐逸山庄等特色民宿集群。近年来，龙南乡以百山祖园区创建为契机，推进环境整治提升、土地治理利用、产业优化升级等，对传统民居进行保护性修缮，打造公路沿线景观点，发展高山种植业，打响龙南高山农产品品牌，使得龙南乡在经济发展、乡村旅游、乡村振兴等方面取得了显著成效。

二、龙南乡生态人文资源情况

龙南乡自然资源丰富、人文资源底蕴深厚，不仅有秀美的自然风光，还有深厚的历史文化积淀。

（一）自然生态资源品种繁多，高山蔬菜产业蓬勃发展

龙南乡位于瓯江流域，境内河流水系发达，山林覆盖率高，周边没有工业污染，生态环境优越。境内群山连绵，郁郁葱葱，有着丰富的森林资源和珍稀野生保护动物。五星村后垟自然村村口的五棵柳杉王被称为华东最大的柳杉王群，树龄已逾600年。域内地势南高北低，南部山脉主峰为黄茅尖，海拔1929米，为江浙第一高峰，是登山爱好者的热门目的地；西部有一条狭长谷带，为对外交通的主要出口。龙南乡生物资源丰富，地势较高，平均海拔900米，是典型的高山地区，气候湿润，雨量充沛，具有春季气温回升迟，

秋季降温早，夏季短而无酷暑的特点，非常适合高山蔬菜和覆土夏菇等作物的生长。近年来，龙南乡大力发展高山蔬菜产业，积极引导村民种植番茄、辣椒、玉米、四季豆、茭白、茄子等，因气候条件优越，蔬菜品质上乘，市场供不应求，有效带动了村民增收致富。

（二）香菇文化底蕴深厚，农耕文化遗产众多

龙南乡自古被誉为"香菇之乡""菇民之乡"，是世界上最早的人工香菇技术的发源地，至今已有2000多年历史，对世界的香菇栽培技术影响深远。龙南乡香菇文化内容丰富多彩，包括技术规范、劳动技能、行业规则、建筑范式、信仰习俗、语言文字、音乐戏曲等，从而形成了龙南乡较多的香菇文化遗产，物质文化遗产主要有菇民建筑群、菇神庙、菇民居、菇寮、廊桥等历史古迹，非物质文化遗产包括民俗文化、生活习俗、生产技能等。在龙南乡境内，有5座菇神庙，其中下田五显庙建于明朝万历十五年（1587），龙井五显庙建于清光绪二十二年（1896）。龙南乡还有出版于民国十三年（1924）的香菇栽培专辑《菇业备要》和成立于民国三十七年（1948）的菇民工会，是龙泉菇民最为密集的地区。在世代的香菇生产过程中，龙南菇民为防止盗贼和野兽的侵扰，在自卫中还练就了"凳花""扁担功"等独特的菇民防身术，被列入丽水市、浙江省非物质文化遗产代表作名录。

（三）耕读文化源远流长，民俗活动如火如荼

作为世界香菇栽培的发源地之一，龙南乡有很长的香菇种植历史，形成了以菇业为核心的地方特色生活习俗和文化信仰。香菇种植不仅丰富了当地的经济，还传承了独特的农耕文化。自古以来，龙南乡秉承"耕读传家"的传统，以家风育乡风，弘扬慈孝齐家、耕读立身的质朴品德，培养了一批批杰出人才，使耕读文化成为乡里的骄傲。此外，龙南乡还依托生态资源优势和自然禀赋，发展旅游养生产业，修缮古民居和古建筑，保留浓郁的地方特色。龙南乡通过举办"千年菇乡·清凉龙南"避暑季暨非遗文化展示月、乡村春晚、民俗文化节等特色活动，发展乡村观光、乡村民俗等旅游新业态，以点带面助力乡村旅游发展。每年的农历六月二十四龙南乡会结合传统菇神庙会举办"香菇文化节"、迎神祭祀活动、农耕体验活动，以及传统木偶戏、

菇神祭拜仪式、状元石学子祭拜仪式等独具香菇文化特色的文化活动。

（四）传统村落独具特色，原生态古民居众多

龙南乡传统村落较多，包含10个国家级传统村落[①]、3个浙江省级传统村落[②]、3个丽水市级传统村落[③]。这些村落平均海拔900米，拥有丰富的原生态民居和独特的高山村落风貌。村落民居主要为徽派和浙闽赣建筑技艺传统风貌，具有很高的文化价值和旅游价值。例如，五星村村内有原生态古民居172栋，柳家大屋和余家大屋是浙江省文物保护单位，具有独特的菇民建筑特色，展现了浙南山区最大的菇民单体建筑。近年来，龙南乡推进传统民居的保护性修缮工作，包括古建筑顶瓦修复、墙体加固、古民居构件原比例修复、古道石阶修复以及祠堂监控和消防设备提升等，吸引了部分村民回村发展民宿和农家乐。此外，龙南乡还拥有各类保存完好的廊桥、庙宇、钟楼、围墙等，是当地历史文化的重要标志，例如大庄自然村以孝德文化著称，村尾的古廊桥以孝德命名，体现了深厚的孝德文化传承。

三、龙南乡开展生态人文资源价值保护传承的主要工作

近年来，龙南乡依托百山祖园区建设，紧紧围绕"农耕文化小镇"的建设目标，在发展高山优势产业、推进农文旅融合、建设美丽乡村等方面取得了显著成效。同时，龙南乡以农耕文化为主题，以康养度假为核心，依托百山祖园区发展，致力于打造一个集康体养生、高山农业、民俗体验、观光游憩等多功能于一体的"国家公园门户小镇"。

（一）发展高山优势产业，打造生态农业品牌

1.培育生态优势产业

龙南乡紧紧围绕"农耕文化小镇"建设，抓住百山祖园区创建、衢宁铁

---

① 10个国家级传统村落：蛟垟村、下田村、垟尾村、大庄村、底村村、杨山头村、上南坑村、金川村、兴源村、龙井村。

②3个浙江省级传统村落：兴源村、龙井村、安和村。

③3个丽水市级传统村落：叶村村、兴和村、岭后村。

路通车机遇，不断探索"生态经济化、经济生态化"的发展新路径。2020年开始，利用高山生态优势，培育高山果蔬种植、高山稻田养鱼等优势产业，形成了高山玉米、番茄、四季豆、冷水茭白等优势品种齐发展的局面。2018年，龙南乡获评丽水市生态精品农业示范乡。此外，龙南乡以促农民增收、产业增效、生态增值为目标，突出品牌驱动，扩大原种优质农产品种植规模，形成一批具有区域品牌影响力的特色产业，推进生态产业化和产业生态化。

2.填补高山育苗空白

为填补省内高山育苗空白，龙南乡引进龙泉市云田农业有限责任公司，在蛟垟行政村上田自然村建立全省海拔最高的高山蔬菜智能化集约化育苗中心，实现当年引进、当年落地、当年投产，不仅为丽水市各县市区提供秋延后嫁接苗，同时也为全省其他地区的广大蔬菜种植户提供优质种苗。此外，龙南乡大力培育发展战略性新兴产业和数字产业，加快特色高辣度辣椒、高山小葱等种养基地扩面提质，不断提升高山智能化集约化育苗产能。

3.打造生态农业品牌

第一，龙南乡持续推广"云耕龙南"生态农业品牌，扩大特色主导产业规模，建成了以蛟垟、大垟、建兴、下田等为中心的高山蔬菜产业带，进一步丰富农民增收的"菜篮子"，并构建以"高山900"农业品牌为引领的现代农业体系，促进农业产业结构调整，带动农民增收。第二，龙南乡通过吸引龙头企业进山筑巢，改变以往分散作坊式生产，逐渐与产业化标准接轨，打造"浙最香"品牌，提高产品附加值，促进农民增收，推动共同富裕。第三，龙南乡还加强与盒马鲜生、丽水山耕等线上线下采购企业的交流合作，发展认养农业、订单式农业，增加农产品订单。

（二）挖掘乡村特色文化，助推乡村旅游发展

1.借力"国家公园IP"

龙南乡充分把握、运用百山祖园区这一"金名片""金钥匙""金饭碗"，发挥百山祖园区顶级IP效应，进一步做优做强以百山祖园区为龙头的生态游、避暑经济产业，探索"生态+""旅游+""产业+""文化+"多方位发展模式。系统推进百山祖园区项目和五星村、兴川村省级历史文化重点村项

目，继续举办农文旅推介活动，做大国家公园生态游、高山避暑游、房车露营游等旅游经济。利用"山海协作"工程，以农文旅产品跨市推介活动成功举办为起点，将更多优质农文旅产品打入长三角市场，努力打造令人向往的长三角生态旅游目的地，发挥优势、放大特色，做深做特"国家公园IP"。

2.深入挖掘特色文化

龙南乡通过深入持续挖掘本地耕读文化、香菇文化、非遗文化、古道文化等特色文化，以香菇文化节、乡村漫游节为载体，推出了充满乡愁回忆的"龙南往事"系列故事。将蛟龙廊桥、下田菇神庙、古村落建筑群等特色景观串点成线，创新开启"研学游""避暑游""度假游"，助推龙南农文旅融合发展，形成"山海并利、山海共赢"的良好发展局面，并打造以凤阳村凤羽山庄为核心的避暑主题民宿片区，以建兴村大庄自然村孝德堂为核心的文化主题民宿片区，以建龙村隐逸山庄为核心的康养主题民宿等多家高山精品民宿。

3.坚持农文旅融合发展

龙南乡按照"以点带面，典型示范，梯度推进"的思路，整合项目资源，整合景区村、古村落、廊桥等特色资源，充分发挥"百山祖园区+"带动辐射作用，探索绿色果蔬采摘—观光、避暑—休闲—研学等农文旅深度融合模式。以浓郁的香菇文化、耕读文化、德孝文化为主旨，以香菇砍花技艺、菇民防身术等非遗传统项目为依托，挖掘整合高山独有的气候、地理、美食资源，形成美食、游学、住宿等为一体的高山旅游生态体系，打造独具特色的百山祖园区古村落景观带和山区观光线路，推出最美旅游线路，丰富乡村农文旅业态。此外，通过举办香菇文化节、天空不夜城云探活动、龙南山货走西街等系列文化活动，秉承"以文塑旅，以旅彰文"的理念向外推介龙南文化和旅游产品；通过创新开展"跳出龙南、由山到海"跨市文旅推介活动，举办文化旅游艺术节和集市活动，例如新塍镇第二届"凤池雅集"文化旅游艺术节、龙南—新塍山海共富"塍味食光"集市活动，大力推进农文旅融合和"耕旅龙南"提档升级。

（三）实施强村富民战略，推进美丽乡村建设

1.优化招商环境

龙南乡将招商引资工作作为重点工作来抓，秉持"保姆+"全链条服务理念，通过以商招商、以情招商等多种方式，在全乡范围内形成全员招商、全面招商、全力招商的良好氛围，并始终秉持"一切为项目开路，一切为企业服务"的服务宗旨，全力优化营商环境，积极争取项目、资金。2023年，龙南乡谋划乡镇长工程项目2个，争取国家公园项目2个，交通项目3个，水利项目2个，高标农田项目1个，"一事一议"项目3个，扶贫项目4个，水库移民项目3个，资金1229万元。完成固定资产投资1305万元，完成率达130.5%，位列同类乡镇前列。

2.壮大村集体经济

2020年，龙南乡实现村集体经济总收入768.18万元、经营性总收入220.14万元，获龙泉市综合考核三等奖及26项发展实绩先进集体、"两站两赢"先进集体、文化旅游大融合先进集体、经济社会发展（美丽环境）先进集体等称号。2022年，龙南乡积极响应上级"共富123行动"号召，以独特的生态环境为基础，以闲置的土地资源为要素，以"互联网+"为载体，迅速贯彻落实好行动要求，谋划了总投资600万元的龙南乡高山农场建设项目，同时加快推进其他共富项目，做优特色产业，努力打通"两山"转化通道，不断壮大村集体经济发展。此外，龙南乡还依托"山海协作"工程，由龙南乡村集体和强村公司共同出资1000万元入股嘉兴市新塍镇"秀湖新塍西文桥新能源产业园"项目，助力村集体增收。通过深化"聚力共富·走亲连心"村企结对联农共富活动，助力农户增收，带动村民共富。

3.推进美丽乡村建设

龙南乡以美丽龙泉建设"十美"行动为抓手，健全完善环境卫生整治和河道长效保洁机制，打造干净、整洁、有序的农村人居环境，弘扬乡村文明新风尚，赋能乡村振兴。近年来，龙南乡紧紧围绕高水平生态市暨美丽龙泉建设大会精神，对照美丽龙泉建设"十美"行动及美丽大花园品质提升专项行动部署要求，修订出台《龙南乡2024年"十美"行动实施方案》，高标准举办龙南乡级"互比互评，互看互学"的比武活动——"美丽龙泉十美行动

擂台赛"，创成五星村省级历史文化村，助力举办2024环浙骑游龙泉站暨第五届江南之巅天空骑行安豫线挑战赛，启动龙泉市级"千万工程"示范样板村——建兴村建设工作等，不断推进美丽乡村建设，提升乡村整体风貌。

第二节　龙南乡龙泉片区内的行政村概况及其生态人文资源情况

龙南乡下辖15个行政村：蛟垟村、大垟村、建龙村、黄万岱村、竹川村、建兴村、兴川村、凤阳村、龙溪村、五星村、下田村、粗溪村、坞坑村、东峰村、周庄村。由于百山祖园区龙泉片区主要涵盖凤阳村、建兴村、龙溪村、五星村4个行政村。因此，本节主要介绍这4个行政村概况及其下辖的位于龙泉片区内的8个自然村的生态人文资源情况。这些村庄很多是国家级传统村落和省级历史文化村，近年来，龙南乡立足保护性改造的原则，有效保护了历史建筑，同时通过挖掘非物质文化遗产，扶持非遗传承人，建立非遗传承点和展示点，举办各类民俗活动等，让非遗重新焕发了新活力。

一、凤阳行政村概况及其生态人文资源

（一）凤阳村概况

凤阳村有15个村民小组，380户，1239人，耕地面积2468亩，山林面积17081亩。2023年集体经济总收入63.3万元，其中经营性收入30.8万元。村主导产业以高山有机茶、高山水稻、高山蔬菜、椴木香菇为主。村内生态环境优美，有保护利用好的千亩田园和千亩竹林以及保存完好的古柳杉群、木偶非遗文化等，是远近闻名的长寿村、浙江第一个"无盲村"。村内有省五星级民宿凤羽山庄、民宿综合体云顶山居、研学民宿鉴之书院、集来吉居等一批特色农家乐，是一个适合养老、养生的美丽乡村。2017年凤阳行政村被列入省级历史文化保护利用重点村和中国传统村落。

（二）凤阳村龙泉片区内的自然村生态人文资源情况

凤阳村龙泉片区内有安和、兴源2个自然村，这两个村的海拔较高，拥有密集的古树群和保存完好的古建筑。拥有丰富的森林资源和良好的生态环境，空气清新，自然风光优美，夏季凉爽，是理想的避暑胜地。此外，这两个村香菇栽培历史悠久，村民世代相传香菇种植技艺和文化，村内传统活动，如迎神节、木偶戏等不仅丰富了村民的文化生活，也成为吸引游客的重要文化资源。

1.安和村生态人文资源情况

安和村户籍人口230人，常住人口26人，村域面积4.16平方公里，耕地面积300亩，林地面积4000亩。安和村森林覆盖率达到90%以上，每立方米负氧离子含量多达10万+，村东面是恭竹山，山上有一巨石，传说有仙人在此歇脚，在石头上留下一个脚印，至今依然清晰可见。村西面是通天饭甑山（炉岙），山上峭壁林立，富含金、银等金属矿藏。

安和村村民世代以水稻种植和香菇栽培为生，从传统的香菇砍花技术到现今的袋装菌种种植，种出的香菇品质可达到上乘水准。

安和村一直注重孝德文化的传承。村庄西面的协炉山上，有一座建于道光年间的协炉庙，庙内正堂上方高挂"孝德格天"的牌匾，村民始终铭记"百善孝为先"的至古名言，村内老人健康长寿，也与村民对老人的爱戴和尊重有着不可分割的关系。此外，该村还建有杨震四知堂、大禹庙（平水王庙）。大禹庙附近还有近百棵高龄柳杉，自然风貌保存较好。垟顺水库、底路水库水质清澈，溪流婉转，距离村口500米处还有一条瀑布，水流冲刷自然形成一个石潭，冬季水流结冰，形成壮观的冰瀑景观。

2.兴源村生态人文资源情况

兴源村因最早建屋在赤石八方源头，故原名八方源头，后改名兴源，主要以项氏和洪氏村民为主。户籍人口468人，常住人口50人，耕地面积600亩，林地面积10000亩。村域面积6.4平方公里，地理和气候条件适合有机茶、高山蔬菜等种植。

兴源村村民质朴勤劳，早年外出江西等地培植椴木香菇，有属于自己的菇民文化，但开发程度较低。村内历史文化氛围浓厚，原有越剧班、木偶戏班等传统非遗文化。

兴源村民居、廊桥、庙宇等都较好地保留了徽派和浙闽赣建筑技艺传统风貌和历史格局。其中，禹王圣殿始建于明永乐年间，协炉庙为周边几个村庄共用。居安桥又称观音桥，始建于清末，桥内供奉着"观音"佛像，桥内墙壁上还有镌写的地方古诗，极具地方特色。此外，该村名木古树众多，郁郁葱葱的大树遍布村落。与安和村一样，逢年过节，也会举办各种祭祀活动。

二、建兴行政村概况及其生态人文资源

（一）建兴村概况

建兴村有22个村民小组，824户，2008人，耕地面积3387.7亩，林地面积17078亩。村庄沿溪而建，青山相伴，不仅拥有独具特色的古民居、廊桥、瀑布、古树，更有传承弘扬慈孝文化的"孝德堂""孝德桥"，文化底蕴深厚。

2023年，建兴村集体经济总收入99.8万元，其中经营性收入64.2万元。近年来，建兴村借助百山祖园区毗邻村优势，大力发展乡村旅游业以及高山蔬菜、中草药种植等，并通过完善各项基础设施建设，借助乡贤、年轻人才返乡等优势推动村庄发展。此外，县乡公路海拔最高点也是建兴村的金字招牌，被称为"荒村尖——华东第一虐"。

（二）建兴村龙泉片区内的自然村生态人文资源情况

建兴行政村龙泉片区内有上兴、大庄、叶村3个自然村。这三个村拥有凉爽的气候和清新的空气，村庄被群山环抱，森林资源丰富，自然环境优美。

1. 上兴村生态人文资源情况

上兴村又名荒村，因清道光年间遭受特大灾害而得名，有400余年的历史。户籍人口665人，常住人口83人，耕地面积1000亩。该村生态环境优越，气候宜人，空气清新，层层梯田环绕村庄，拥有很多古树群和大面积的

毛竹林。该村民居建筑沿溪坑两边呈带状东西向延伸，小溪流水潺潺，溪水清澈。溪坑两侧，保留着众多独具风貌的古民居建筑，呈现出古朴的韵味。溪坑上建有多座桥，其中一座较大的石拱桥上建有佛庙。顺小溪而下，至村尾又建有孝德仙宫，村里每年开展迎神节等民俗活动。此外，村内还有禹王社、刘氏祠堂、项朝章烈士纪念碑等建筑。

2.大庄村生态人文资源情况

大庄村原名大赛村，瓯江重要支流沙溪江从这里发源。大庄溪穿村而过注入龙泉溪，村舍沿溪呈阶梯状分布。户籍人口480人，常住人口33人，耕地面积800亩。该村民风淳朴，人杰地灵，香菇文化、红色文化、孝德文化底蕴深厚。2015年大庄村被列入浙江省美丽宜居示范村，2016年成功入选国家级传统古村落名录。村内不仅有社殿、叶氏宗祠、德孝桥、郎木桥、辽基桥、民宿孝德堂等，还有许多建于清代的古民居。此外，村民叶耀廷所著《菇业备要》，最早以歌谣的形式叙述了香菇生产的全过程，为香菇文化作出了重要贡献。

3.叶村生态人文资源情况

叶村是龙泉南面通往庆元、景宁必经之地，村内拥有梯田、竹海、溪流、古树等自然景观，是一个四面环山、林木环抱、生态资源丰富的村庄，随处可见古树名木、古道、古桥。该村户籍人口665人，常住人口58人，以叶姓为主体聚居，夹杂毛姓、刘姓数户几十人。村域面积19.73平方公里，耕地面积1000亩，主要产业以木材、农业、种植业、食用菌、中草药种植为主。

叶村属于浙江省传统村落，村内有多处保存比较完整、历史价值较高的重要建筑，例如迎神殿、观音堂、禹王社、叶氏宗祠、过路凉亭等。这些建筑的布局、式样、内部构建等都是龙泉市传统建筑类型的代表，对研究浙西南山地建筑历史具有重要价值。其中，迎神殿始建于明代，是村民上香祈福的地点；观音堂始建于宋代，主要供奉观音娘娘，每逢过年过节，村民都会前来上香，祈求风调雨顺。

三、龙溪行政村概况及其生态人文资源

（一）龙溪村概况

龙溪村群山环绕，林海茫茫，民风淳朴。全村户籍人口1232人，生产小组10个，山林35211亩，水田1096亩。2023年集体经济总收入91.3万元，其中经营性收入54.2万元。近年来，该村依托森林资源和旅游优势，积极发展庭院经济，目前有5户农家乐，拥有50余张接待床位，200余个就餐位，趣味娱乐设施10余处，初步形成吃住娱服务设施完善、功能齐全的农家乐休闲场所。同时，该村加大生态农业建设，发展夏菇、冬菇、中蜂养殖、高山蔬菜等产业，促进生态特色产业可持续发展，不断提高村民收入。

（二）龙溪村龙泉片区内的自然村生态人文资源情况

龙溪行政村龙泉片区内有双溪、龙案2个自然村。这两个村相邻，拥有丰富的森林资源，村内古民居、古建筑、古树名木众多。村内一直传承着香菇种植技艺和香菇文化，每年村民们都会举办迎神节等活动。两村依托其丰富的生态和文化资源，发展生态旅游和特色产业，推动"美丽环境"向"美丽经济"转变。

1.双溪村生态人文资源情况

双溪村青山环抱，绿水环绕，得天独厚的地理位置，成就了"纯天然氧吧"和"避暑胜地"等美誉。双溪村共105户，耕地面积521亩，林地面积12544亩，水田863亩。该村是香菇砍花法制作技艺发源地之一。历史上，村民以耕地种粮、外出做香菇和饲养家禽为主要收入来源。村内有观音庙、交溪古石拱桥、项氏祠堂、水口廊桥、古民居等古建筑，还有古道、古树、龙井潭等生态人文资源。一年一度的凤阳山庙会、迎神节是该村传统节日的重头戏。

2.龙案村生态人文资源情况

龙案村一共177户，耕地面积846亩，林地面积21428亩，盛产木材、毛竹、食用菌等，水田230亩。近年来，该村依托森林资源和旅游优势，积极

发展庭院经济，大力发展农家乐。目前，农家乐经营户共5户，拥有50余张接待床位，200余个就餐位，趣味娱乐设施10余处，初步形成吃住娱服务设施完善、功能齐全的农家乐休闲场所，并成立了农家乐协会来规范农家乐的经营。

该村生态人文资源丰富多样，主要包括：马氏仙宫、观音桥、土地庙、香菇文化香火堂、红军标语墙、红军政委会议旧址、红军烈士墓、龙川水库、龙安社、对岩、古矿洞、古屋、古道、古树等。其中，香菇文化香火堂里供奉着五显灵官、吴三公、刘伯温等菇神，菇民出门做香菇都要来此祭拜。另外，土地庙的外墙上至今还保留着"纪念五一，打倒出卖中国的国民狗党"的红色标语，已成为当地重要的红色文化记忆。

四、五星行政村概况及其生态人文资源

（一）五星村概况

五星村由5个自然村组成，故名五星村。该村与景宁县英川镇毗邻，距龙泉市区60余公里。村域面积22平方公里，有10个村民小组，560户，1960人，村民由毛氏、余氏、柳氏、吴氏等组成。主耕地面积2171亩，山林面积26263亩。村民主要经济收入以外出务工经商为主，也生产木材、毛竹、食用菌等。2023年集体经济总收入92.0万元，其中经营性收入69.6万元。

五星村建村历史达800余年，为传统菇民区的中心区域，自然风光秀丽，历史文化遗存丰富，文化特色突出鲜明，古民居、古建筑、古树名木保存完好。村内有文物保护点多处，包括余家大屋、柳家大屋、五帝庙、南排谷仓、马仙宫、观音堂、道堂等。其中，余家大屋建于清乾隆五十九年（1794），是浙南山区最大的菇民单体建筑，大屋居民都姓余，余家大屋可以看作是菇民居住的集体住房，当地人称之为"菇民房"，该建筑是龙泉菇民长期以来形成的一种特有的乡村建筑形式，对研究菇民习俗具有较高的价值。柳家大屋始建于清代，由于发生火灾，于民国在原址重建，和余家大屋一样，柳家大屋也是省级文物保护单位。此外，该村还有古矿洞群、古树群等，其中位于后岙自然村村前竹林中的五棵柳杉王傲然屹立，成为远近闻名

的一道亮丽风景线。

（二）五星村龙泉片区内的自然村生态人文资源情况

由于五星村没有并村，所以五星村既是行政村，也是自然村，这里针对五星自然村的生态人文资源不再进行重复叙述。

兰巨乡位于龙泉市区南面，风景秀丽、气候宜人，先后获得中国长寿之乡乡情体验基地、省级森林康养小镇、省级现代农业综合区、省级美丽田园、省级美丽乡村示范乡镇、全省农家乐特色乡、省十佳生态美丽牧场等荣誉称号。近年来，依托得天独厚的生态环境和深厚的文化底蕴，兰巨乡做好"生态+文化+产业"文章，培育形成多元化的生态产品市场生产、供给主体，将绿色转化为生产力，以生态增值加速推动美丽城镇建设。

第一节　兰巨乡概况及生态人文价值保护传承实践

一、兰巨乡基本概况

兰巨乡位于百山祖园区龙泉片区主入口，区域总面积153.97平方公里，辖18个行政村，116个自然村，182个村民小组，6132户，人口18074人。兰巨乡交通便利，龙庆高速在兰巨设"龙泉南"互通，衢宁铁路、528国道贯穿东西，安豫线互通南北，龙泉溪绿道与城区相连。

兰巨乡境内丛山险峻，拥有江浙第一高峰黄茅尖，海拔1929米。溪流纵横交错，包括龙泉溪、八都溪、小梅溪等在内的多条溪流，流水潺潺，风景如画。兰巨乡也是一个人文底蕴深厚的山区乡镇，是北宋宰相何执中的故里，同时也是著名的长寿之乡。近年来，兰巨乡逐步打响"健康长寿"牌，将传统的养生长寿文化与乡村旅游相结合，为乡村旅游注入新的文化内涵。

兰巨乡还是现代农业大乡和茶叶之乡、省级现代农业综合园区首批创建点以及美丽乡村创建主阵地。近年来，兰巨乡按照"主动融入城区，积极承接景区，加快建设园区"的发展思路，坚定不移走"绿水青山就是金山银山"绿色生态发展道路，全面推进宜居宜游宜业美丽兰巨建设。依托国家公园"绿核"优势，充分利用丰富的低丘缓坡资源和国家公园联动发展区优势条件，谋划建设总面积约33平方公里的生态产品价值实现机制创新平台，高标建设以精密制造区为核心，有机串联生物医药制造区、大健康研发制造区、龙庆经典文创示范区、乡村新社区、坡地康养试验区、一二三产融合示范区等"一核七区"工程，致力打造山区高质量发展建设共同富裕示范点、山区跨越式高质量发展增长极、生态产品价值实现机制新平台。

二、兰巨乡生态人文资源情况

良好的生态环境和得天独厚的资源优势是兰巨乡最主要的产业发展核心竞争力，主要体现在以下几个层面。

（一）林木资源丰富，空气质量优良

兰巨乡生态环境优良，被誉为天然"氧吧"，是浙江省级生态乡。境内东南部丛山险峻，古木参天，海拔落差悬殊，气候多样。黄茅尖为江浙第一高峰，是八百里瓯江之源，空气负氧离子含量达到最高级别的"特别清新"标准。例如，官田村就是一个自然环境优美、空气质量极佳的村庄，距离龙泉山风景区仅7公里，四面环山，树林茂盛，氧气充足。该村水源来自于瓯江源头泉水，水源头无人居住，没有污染，水质清澈、四季不涸。因此，该村茶叶品质优良，不仅是土壤适合种植，更是因为泉水泡出来的茶香甜醇厚，回味无穷。村中还有天然生成的山塘——菖蒲塘水库，面积十亩，深数丈，四周青松环抱，景色清新宜人，旱季塘水可灌溉农田，成为旅游观光休闲、度假养生的难得好去处。2022年，官田村被评为浙江省美丽宜居示范村。

（二）水网纵横，水系发达

瓯江干流龙泉溪从兰巨乡境内穿流而过，且境内三级以上支流共有10条，龙泉溪、八都溪、小梅溪、豫章溪、大赛溪宛如五条玉龙齐聚首，流域

面积广泛，水资源丰富。例如，大赛村即是一个地理区位优势、水资源丰富的典型代表村庄，依山傍水，位于凤阳山山脚，是大赛溪和梅地溪的汇集地，四面群山连绵，地表水和地下水资源丰富，先后建有大赛1级2级3级电站。同时，官田村古道沿路隐藏着原生态的大小瀑布10多个，山泉顺着悬崖飞流直下，自然成溪，溪水潺潺，抱村流淌，形成独特美丽的自然景观。得益于森林覆盖率高、昼夜温差大、土壤有机质含量高等自然条件，梅地村的大山里能够孕育出优质灵芝，"龙泉灵芝""龙泉灵芝孢子粉"入选国家地理标志产品，兰巨乡因此也获得了"中华灵芝第一乡""中国道地灵芝核心产区"等多张国家级名片。无独有偶，官埔垟村亦是一个水资源丰富的村庄，大赛溪将该村分为南北两面，村舍沿溪呈团聚状，整体空间形态呈现出背山依水、山环水抱之势，村内溪水长流、古木参天，拥有浙江省极为稀少的古枫树林，与周边古村落、茶园交相辉映，相得益彰。官埔垟村优越的自然环境和地理区位为金观音茶叶产业的发展提供了坚实的基础，成为龙泉市金观音茶叶种植示范村。

（三）历史文化悠久，人文色彩浓郁

兰巨乡历史悠久、名人众多，拥有历史文化村落1个（官埔垟村）、传统村落2个（大赛村梅地自然村、官田自然村）。兰巨乡是知名的官宦之乡、宰相故里。其中，最具代表性的村庄即为豫章村，该村官宦世泽、历代绵延，仅何氏宗族在两宋期间，已有25位高登进士，就任官员达145人，官至宰相、副相、尚书，是宋代著名的官宦之家，最负盛名的何执中官至宰相、何澹官至副相，可谓是世代耕读，文风鼎盛。何氏崇廉爱民的家风山高水长，泽润至今，留下不少千古佳话。例如，何执中发明"架阁库"，被誉为"世界档案之父"；何澹主持修建通济堰，修撰龙泉第一部县志，有"世界香菇文化之父"美誉。豫章村还是传说中八仙之一何仙姑的故里，流传着许多民间传说故事，蕴含着丰富的文化内涵和深刻的人文寓意。

兰巨乡还是著名的长寿之乡，现有百岁老人4名（最多时达8名），90岁以上老人106名，80岁以上630名，其中仙仁村更是远近闻名的长寿村，全村795人中，80岁以上老人有28人，最长寿者年龄达111岁，村内曾有一对百岁夫妻。

（四）文物古迹众多，文化底蕴深厚

兰巨乡拥有丰富的历史文物古迹，世代村民利用自己的聪明才智，秉持自强不息的精神，在这片土地上耕耘创造，留下了数量众多、绚丽辉煌的文物古迹以及雄伟壮观的风景名胜，吸引了大量游客前来观光旅游。

梅地村就是其中一个典型的拥有众多历史古建筑的传统村落，该村建村有1000多年，2021年被评为浙江省级传统村落。全村占地面积200余亩，村内随处可见参天古樟树傍水而生，村内建筑基本保存着清至民国初的格局，古建筑住宅占95%，石块、卵石路面遍布全村，青砖灰瓦马头墙连绵成片，整体风格古朴雅致。其中，梅川祖殿是村内代表性建筑，建造于元朝年间，总面积300多平方米，经过多次修缮保存至今，具有独特的文化内涵，被第三次全国文物普查定为不可移动文物。殿内还有一座戏台，是兰巨乡唯一一座有戏台的殿宇，戏台顶部雕刻古画，雕栏画栋、屋檐翘角，无不展现精湛的雕刻技艺。

此外，官埔垟村也是极负盛名的历史文化古村落，该村始建于明代，至今已有600多年历史，2012年被列入第一批中国传统村落名录。该村无论从村庄格局、建筑类型，还是从整体风貌、文化积淀上看，都是比较典型的中国传统村落。村内至今保留着古老的石拱桥和块石、卵石路面，以及街区、巷弄和古民居。村落南北两面保留着张家大屋、杨家大屋等几幢较完整的古民居，民居布局采用"凹"字型，展现着清末民初独特的建筑风格。与古道同龄的黄陂桥历经数百年仍横卧在大赛溪上，与摩崖石刻、大禹王庙、金钗山庙等古迹一同诠释着官埔垟的历史文化内涵。与此同时，官埔垟还保留着丰富的民俗文化，例如迎神会、元宵佳节、端午节庆、大年初一的上殿祈福、清明祭祖等节庆活动。

三、兰巨乡开展生态人文资源价值保护传承的主要工作

近年来，兰巨乡凭借百山祖园区龙泉片区的建设发展契机，着力开展山区生态人文资源的保护传承和活化利用，促进国家公园建设与地方经济社会的共融共生协调发展。

（一）依托生态人文资源优势，走出一条富有特色的农文旅融合发展道路

1.全力构建现代农业体系，提高农业综合效益

兰巨乡共有以粮食、茶叶、特色食用菌、设施蔬菜、水果采摘、生态养殖为主的农业基地（场）115余个，培育农业龙头企业14家、特色家庭农场和专业合作社120家，还建有香菇传统砍花法栽培基地、近野生灵芝和铁皮石斛基地。

近年来，兰巨乡充分利用相关综合政策采取了以下措施提高农业综合效益。一是建成粮食功能区5676亩，发展生态茶园1.2万亩、精品水果园5000多亩、花卉苗木园3800亩、油茶基地3000亩、精品蔬菜园500亩。二是建立以粮经结合、水旱轮作、设施栽培为特征的新型农作制度，形成"黑木耳+水稻""大棚蔬菜+水稻""稻田养鱼"等"千斤粮万元钱"的轮作和增收的生产模式，努力实现米袋子、菜篮子和钱袋子"三子"俱丰实。三是全面落实农业"三项补贴"等惠民政策，截至2024年底，兰巨乡种粮大户预报63户，总面积约9000亩。四是全乡农药废弃包装物回收量1.33吨，超额完成指标任务。五是全力推进龙泉市黑木耳提质扩容工作，截至2024年已完成52.05%。六是积极谋划第十七批省级科技特派员项目，确定科技特派员人员名单，协助开展农民技术人员职称申报评定（晋升）工作。

2.促进农文旅融合发展，推进乡村全面振兴

兰巨乡是农业转型升级的主阵地，也是乡村旅游发展的主区块，依托地区资源禀赋，衍生了诸多新发展业态。例如，以发展现代农业与乡村旅游业为重点，以基地规模化、园区景区化、质量标准化、销售电商化为导向，推进农家乐（民宿）+采摘园、采摘园+景点、产业基地+景点等深度融合发展，引导适度规模发展，突出打造"小而美"精品基地。截至2024年，全乡共有农家乐（民宿）52家，床位735张，餐位3200个，其中31家民宿农家乐入会龙泉市民宿农家乐协会，兰巨乡也因此而先后获得中国长寿之乡乡情体验基地、省级森林康养小镇、省级现代农业综合区、省级美丽田园、省十佳生态美丽牧场、省农家乐特色乡、省休闲农业和乡村旅游精品线、省级精品线等荣誉。

2024 年 3 月，兰巨乡成功承办 2024 环浙骑游龙泉站暨第五届江南之巅天空骑行安豫线挑战赛，来自全国各地近 400 名骑友参加，四好农村路将美丽景区与和美乡村串点成线、串珠成链，有效推动"交通+文化+旅游+体育+农业"等多维产业融合发展。与此同时，依托"长寿文化""巨好兰巨"等文化品牌，举办仙仁长寿康养活动，推出长寿米、长寿酒等特色产品，开发"老有意思了"银龄康养研学活动和"长寿福禄集"农创同享市集等网红打卡拍照集聚地，焕发文旅"出圈"新活力。2024 年 7 月，仙仁村长寿康养活动吸引上海、温州、杭州等地游客 600 多名，预订仙仁长寿宴 100 余桌，为村集体增收 2 万元以上。

梅地灵芝谷是兰巨乡开展生态人文资源保护传承和农文旅融合活化利用的一个典型案例。年年丰家庭农场位于兰巨乡大赛村梅地自然村，于 2015 年开始建设，是一家集准野生灵芝、椴木灵芝、灵芝孢子粉、灵芝片、灵芝茶、灵芝盆景等食药用菌生产和经营的家庭农场。该准野生灵芝种植示范基地承包了大量的原始阔叶林山林，并依托优越的自然生态环境，培育准野生灵芝基地，同时建设农林旅结合项目，建立了游客接待中心、灵芝文化馆、灵芝展示展销厅，大力宣传销售灵芝系列产品，带动周边村民发展壮大灵芝产业，助力乡村振兴。目前，该基地规模已经达到了 2590 亩，生产加工厂房及办公用房近 500 平方米，培育准野生灵芝 500 多亩，出粉率明显提高，生态产品转化效益明显，为专家科学研究、研究生人才培养打下坚实基础，是浙江省林业局首批"一亩山万元钱"科技推广高质量示范基地名单，是浙江省唯一在森林里培育生态准野生椴木灵芝孢子粉基地，获得灵芝栽培相关的国家发明专利 5 个。该基地内竹翠林茂，各种赤芝、紫芝等原生态灵芝与山、水巧妙融为一体，相得益彰，集种植、研发、加工、销售、观光、研学为一体，年游客量突破 2 万人次。近年来，年年丰家庭农场先后获得文化创意奖、全国新农村建设最美农场、省级示范性家庭农场、省创新大奖企业、丽水市林业体验园、丽水市生态精品现代农业示范家庭农场、丽水市"二十佳"示范性家庭农场、中国农村专业技术协会科技小院等称号。

（二）评估人工林生态功能，通过集体林地地役权改革，走出一条人地和谐的发展道路

兰巨乡官埔垟村通过地役权改革，破解在经济发达、集体林占比高、人口密度大地区设立国家公园实现人地和谐发展的难题。2020年，龙泉片区率先出台《林地地役权补偿收益质押贷款管理办法（试行）》，完成了首批林地地役权补偿收益质押贷款发放，户均可贷8万元，可盘活资产近6亿元，真正实现了"资源"变"资产"，有效破解了集体林地经营利用与维持生态系统原真性和完整性保护的矛盾。2020年8月14日，龙泉市首批林地地役权补偿收益质押贷款发放仪式在龙泉市兰巨乡官埔垟村隆重举行，首批符合条件的10名村民代表分别获得了20—30万元不等的"益林贷"贷款授信金额，地役权改革突破了"人地"矛盾的制约瓶颈，实现了"人地"和谐，突出了国家公园社区共建，缓减了资金投入压力。

森林碳汇让"林票"变"碳票"，最终变现为村集体或村民的有效收入，由此做好"碳汇富民"大文章，探索共同富裕的新路径。龙泉市相关部门在兰巨乡官埔垟村建立第一批大型会议碳中和林业碳汇试点基地，以中国农民丰收节活动和第十届"智汇丽水"人才科技峰会活动等各类大型碳中和活动为契机，力促跨域碳汇交易。官埔垟村森林经营碳汇普惠项目也于2021年落地，先后达成3笔"碳汇交易"，涉及林业碳汇减排量582.32吨，为官埔垟村创造了5.8万元的碳汇收入，创下彼时丽水市碳汇交易金额新高。

（三）加快绿色产业发展，走出一条山区生态保护与乡村全面振兴有机融合发展道路

兰巨乡立足区位优势、农业产业基础、旅游资源禀赋和生态产业平台等资源，加快绿色产业发展，坚持项目为王，提升引资实效，为经济社会高质量发展蓄势赋能。重点项目建设有序推进，进入发展新阶段。积极推进"两个乡镇长工程"项目，其中利民渔业农艺农机融合示范试验基地已开工并纳入统计库，农事服务中心项目已基本完成用地审批；积极推进"村主任工程"建设，谋划村主任工程18个，总投资约6660万元，截至2024年，已开工17个，完工9个，完成投资4425万元。兰巨乡85MW农光互补光伏发电项

目同浙江省国网电力公司对接完成电力接口方案，下步将落实具体选址方案，项目总投资约2.7亿元；大巨渔光互补光伏发电项目已完成招投标工作且已开工；大赛特色渔业养殖项目已完成设计；千亩方永久基本农田集中连片整治项目已完成40%；兰巨乡衔接推进乡村振兴第一批2个项目，目前已竣工验收1个；争取市农业农村局对项目的资金支持，菜单式帮扶完成支付43.01万元，完成进度67.63%；已验收18个村269户的种养殖业，补助资金43.01万元。

与此同时，兰巨乡注重结构优化，全力推进工业转型发展，持续推进竹木产业转型升级工作。截至2024年，村集体经济总收入359.6万元，经营性收入281万元，其中自主经营性收入36.59万元，强村公司实现盈利收入224.416万元。

第二节　兰巨乡龙泉片区内的行政村概况及其生态人文资源情况

兰巨乡下辖18个行政村：炉田村、蜜蜂岭村、梅垟村、豫章村、大汪村、五梅垟村、大巨村、桐山村、独田村、仙仁村、仓（砀）村、（砀）湖村、下沙桥村、净信村、安吉村、大赛村、南山村、官埔垟村。由于百山祖园区龙泉片区主要涵盖大赛、官埔垟2个行政村。因此，本节主要介绍这2个行政村概况及其下辖的位于龙泉片区内6个自然村的生态人文资源情况。这些村庄大多依山傍水，自然资源独特，人文资源丰富，是生态环境良好、生态产业兴旺、乡村文化厚重、典型示范作用突出的村庄。

一、大赛行政村概况及其生态人文资源

（一）大赛村概况

大赛村原为大赛、官田、梅地3个自然村，2019年行政村规模调整合并而成，现有14个村民小组421户1379人。全村总面积33673亩，其中耕地面

积 2511 亩，山林面积 29235 亩，海拔 390 米。村民主要外出务工经商和农业生产，主要经济收入来源是毛竹、笋、林木、食用菌生产、劳务输出等，特色产业是毛竹林和食用菌等，人均收入 31000 元。2023 年村集体经济收入 44.50 万元，经营性收入 15.28 万元，经营性收入主要来源：一是市级统筹项目（萧山飞地）及市级联建项目（五虎垟）；二是百山祖园区封山补偿费；三是农产品出售。村内已经建成便民服务中心，有老年活动室、爱心理发点、便民健身房等。

大赛村是去凤阳山景区的必经之地，属于百山祖园区龙泉片区的毗邻村，依山傍水、绿树成荫、空气清新、交通便捷。该村自然生态资源丰富，拥有梅地溪、大赛溪和菖蒲塘水库等水系资源，以及赤芝、紫芝等原生态灵芝特产资源。同时，人文资源丰富，村内古桥、古道、古民居等古建筑风貌保存完好，较好地保存着清至民国初的传统格局，是旅游度假、康养休闲的优选之地。

（二）大赛村龙泉片区内的自然村生态人文资源情况

大赛行政村龙泉片区内有梅地、官田、大赛 3 个自然村，这三个村人文历史悠久，文化资源特色鲜明，形成了诸多特色文化产业集群，在保护传承中华优秀传统文化、推动乡村文化资源转化利用、促进村民致富增收等方面发挥了重要作用。

1.梅地村生态人文资源情况

梅地村，古代称为梅川，因为梅树较多，加上流水穿村而过，因而得名梅川，后因梅山减少，只剩下种梅的土地，故而改名叫梅地。村庄常年光照充足、气候温和、雨量丰沛，具有林下人工种植灵芝极佳的自然环境。村内 95% 的建筑均为古建筑，有效保留了徽派和浙闽赣建筑的传统风貌与历史格局，梅川祖殿便是其中比较典型性的代表建筑。梅地村每年七月初一到初七的庙会上，既有豫剧、京剧等各种传统戏剧曲艺节目的呈现，也有木偶戏、二胡等传统技艺表演，村民欢聚一堂，杀猪宰羊，焚香祭祀，祈求来年风调雨顺、家国平安。

2.官田村生态人文资源情况

官田村是由原来的官田、山头、东阳、大岗 4 个自然村合并组成，总面积14934亩，其中耕地面积838亩，山林面积13377亩。村内共有6个村民小组，142户农户，510人。官田村依山而建，四季温度调和、树林茂密旺盛，是个适合养生休闲的好地方。村中有天然形成的山塘——菖蒲塘水库，传说北宋宰相何执中少年时就是在此温习读书，而后考取功名，官至宰相。据1994年版《龙泉县志》记载：菖蒲塘平衍幽胜。宋太宰何执中建馆榭，凿池引泉，种花菱芡，为登眺之所。今废。惟菖蒲满池，俗称为"菖蒲塘"。菖蒲塘面积十亩，深数丈，四周青松环抱，景色清新宜人，旱季塘水可灌溉农田，成为旅游观光休闲、度假养生的难得去处。官田村水来源于瓯江源头泉水，一年四季保持水源清洁，盛产优质茶叶。该村建筑多为80年前建造的古建筑，整体风格古朴，2022年被评为浙江省美丽宜居示范村。

3.大赛村生态人文资源情况

大赛村地处凤阳山山脚，海拔390米，该村由原来的大赛、羊兰头、外洋3个自然村合并组成。村庄地势比较平坦，依山傍水、空气清新、民风淳朴、文化底蕴深厚，距离市区23公里，交通便利，是凤阳山景区必经之路。全村耕地面积462亩，林地面积13036亩，其中毛竹林1659亩。村民收入主要来自食用菌生产、外出务工、竹木销售等。大赛村也是大赛溪和梅地溪的汇集地，水资源丰富，先后建有大赛1级2级3级电站。

二、官埔垟行政村概况及其生态人文资源

（一）官埔垟村概况

官埔垟村是2019年6月由原来的官埔垟、炉岙、空坑头三个行政村合并而成，共有11个村民小组，户籍人口1219人，常住人口259人。村域总面积36601亩，其中耕地面积862亩，山林面积35739亩。2023年，农民人均收入29500元，村集体经济收入101.18万元，其中经营性收入76.54万元。该村所获得的荣誉主要包括："丽水市美丽乡村示范村""丽水市生态文明村""浙江省林业观光园区""浙江省特色旅游村""最佳自然生态村""中国乡村旅游模范村""浙江省农家乐特色村""中国传统村落"等。

近年来，在上级相关部门和单位的支持下，官埔垟村以浙江省级历史文

化保护利用重点村项目为契机，全力发展农家乐（民宿）产业。同时，基于特殊的地理环境条件，村里将茶叶作为农业主导产业培育，村庄海拔600—800米，山地土层深厚、土质肥沃，土壤PH值在5—5.5之间，非常适宜栽植茶叶，因此大面积种植"龙泉金观音"，并成立合作社和茶叶加工厂9家。截至2024年，官埔垟村茶叶种植面积达1050余亩，80%以上的农户有自己的茶园，茶叶年产值逾300万元，人均增收5000元以上，已跃然成为浙江乌龙茶（金观音、铁观音）第一村。

古时龙泉至庆元经过官埔垟，设有邮驿，驿站俗称官铺，故名官铺垟。村庄始建于明代，距今已有600多年历史，其古建筑特色浓郁，保留了明显的浙西南古建筑传统风貌和历史格局。村中民居依山而建、傍水而居，村庄错落有致、古朴自然。该村有30多亩的古树林，距今已有500多年的历史，共有树种50多个，古树100余株，以枫香、苦槠、甜槠、柳杉为主，大部分树龄在350年以上，20余株胸径超过1米，其中最大一株柳杉直径1.72米，高约30米。

（二）官埔垟村龙泉片区内的自然村生态人文资源情况

官埔垟行政村龙泉片区内主要涉及官埔垟、炉岙、空坑头3个自然村，村域内林木环绕、风光自然、民风淳朴，拥有诸多自然生态、乡土民俗等特色资源。近年来，这些村庄通过盘活生态人文资源，走上了文旅融合发展的创造性转化和创新性发展之路。

1.官埔垟村生态人文资源情况

官埔垟村四周群山环抱，大赛溪穿村而过，常年被云雾环绕，村庄错落有致，古朴自然，民居依山而建，傍水而居。近年来，该村依托保护完好的自然生态资源和百山祖园区建设的政策优势，与龙泉保护中心建立社区共管体系和联防共建大保护机制。

官埔垟自然村拥有丰富的自然景观和人文景观，霜降时节，漫山枫树红透整个山冈，与周边古村落、茶园交相辉映，是游客必访之地。官埔垟村于2012年被列入第一批中国传统村落名录，村内保留着古老的石拱桥和块石、卵石路面，街区、巷弄、古民居等建筑保持着清末民初的格局风貌。村内还有张家大屋、杨家大屋等几幢较完整的古民居，以及黄陂桥等古迹，承载着深厚的历史文化和乡风民俗文化。

2.炉岙自然村生态人文资源情况

炉岙村因地形宛如香炉而得名，是一座具有美丽生态的山村。全村耕地面积162亩，其中水田150亩，林地面积6372亩，其中竹林843亩。炉岙村还是瓯江之源，盛产原生态山坑节斑鱼、瓯江彩鲤等。这里的农副土特产丰富，主要有冬笋、春笋、笋干、高山茶叶、香菇、山珍果等。

炉岙村紧邻龙泉山旅游度假区，是进入景区的必经之地。整个村落掩藏在竹林间，风景秀丽、景色宜人。村头有一座300多年的禹王宫，供奉禹王、土地公和吴三公。禹王宫外有一片古杉树群，大约有十几棵，树龄都超过了300年，枝叶苍翠，高大笔直。炉岙村海拔1248.3米，俗称"通天饭甑"，与海拔1929米的江浙第一高峰黄茅尖遥遥相对，被称为姐妹峰。该村年平均气温只有12℃，气候凉爽，形成了高山云海、高山草甸、云岭雾凇等独特自然景观，是我国南方少有的既有原始森林又有高山气候环境的旅游休闲度假村和天然的避暑胜地。全村96%的森林覆盖率，为龙泉增添了一道优越的生态屏障。

此外，炉岙村特有的梯田风光，坡坡相连，沟沟相嵌，层层叠叠，与远处的山峰、云雾、古树、村庄以及劳作的农夫和耕牛，交相辉映，形成一幅天然的山村美丽画卷。

3.空坑头村生态人文资源情况

空坑头村由原来的空坑头、彭兰、黄麻突3个村民小组合并而成，总面积10402亩，其中耕地面积150亩，山林面积9367亩。村内拥有历史悠久的龙庆古道，为过去从龙泉到庆元、景宁的人行古道，设官铺为官吏提供方便。从空坑头至官埔洋村的古道总长约5公里，全是石阶路，路边有参天古树、彭兰瀑布、摩岩石刻等景点，尤以秋季枫叶扬名。村庄有远近著名的摩崖石刻"石拔碌"，被列为市级文物保护单位。

党的二十大报告中指出，中国式现代化是人与自然和谐共生的现代化。必须完善生态文明制度体系，完善落实"绿水青山就是金山银山"理念的体制机制。要健全生态环境治理体系，主要包括生态环境治理责任体系、监管体系、市场体系、法律法规政策体系建设；要全面推进以国家公园为主体的自然保护地体系建设。近年来，浙江省高度重视百山祖园区创建工作，有效地促进了国家公园建设和发展。2024年8月16日，《中共浙江省委 浙江省人民政府关于全面深化美丽浙江建设的实施意见》指出要建立以国家公园为主体的自然保护地体系，积极争创钱江源-百山祖国家公园和南北麂列岛国家公园。本章通过分析国内外相关国家公园绿色发展实践经验启示，结合百山祖园区龙泉片区生态人文资源现状及其价值保护传承所开展的主要工作与成效，探索促进龙泉片区生态人文价值保护传承的政策建议及实施路径。

第一节　国内外相关国家公园绿色发展实践及经验启示

绿色低碳高质量发展是"两山理论"在国家治理层面的重要升华，对建设美丽中国具有非常重要的实践意义，国家公园绿色发展是经济发展与生态保护的统筹兼顾，是"生态兴则文明兴，生态衰则文明衰"的治理实践，是生态优势向经济优势转换的重要途径。①建立国家公园体制是党的十八届三

---

① 郭华巍."两山"重要理念的科学内涵和浙江实践[J].人民论坛,2019(12):40-41.

中全会提出的重点改革任务，是我国生态文明制度建设的重要内容。2021年10月12日，三江源国家公园、大熊猫国家公园、东北虎豹国家公园、海南热带雨林国家公园、武夷山国家公园被确定成为我国首批国家公园。习近平总书记提出，良好生态环境既是自然财富，也是经济财富，关系经济社会发展潜力和后劲。而建设国家公园要求以生态文明建设为引领，对山水林田湖草沙进行一体化保护和系统治理，协调人与自然关系。

一、我国相关国家公园绿色发展实践

我国国家公园在发展过程中，始终坚持"两山理论"，并结合当地特色，在"国家公园绿色发展"中具有许多成熟的特色经验。

（一）海南热带雨林国家公园

设立海南热带雨林国家公园，是海南全面践行习近平总书记"绿水青山就是金山银山"理论和深入推进国家生态文明试验区建设的一项标志性措施，是"加快形成绿色发展方式，促进经济发展和环境保护双赢"的重要途径。其建设意义不仅在于打造海南自贸港新的世界级旅游品牌和实现海南中西部生态旅游崛起，还突出表现在探索建立和完善生态保护补偿机制，让海南中西部山区人民不断获得可预期的生态补偿回报，以此保证生态保护优先原则能够切实贯彻和落实。在《海南热带雨林国家公园条例》的指导下，其生态保护补偿机制做到了制度集成创新与整体协同推进，在维护生态安全、推进国家生态文明试验区建设方面取得较好成效。

（二）武夷山国家公园

武夷山国家公园以建设国家公园为主体的自然保护地管理体系为契机，全面落实大金湖"河湖长制"，强化保护管理的责任担当，强化绿色发展和协同创新，通过高起点管理、高水平保护、高品质供给，促进泰宁保护地高质量发展。

2018年3月《武夷山国家公园条例（试行）》正式实施，其着力围绕武夷山国家公园建设面临的"保护与发展""有效保护与合理运用""加强生态保护与保障原住民合法权益"三大矛盾进行针对性的制度设计，引领武夷山国家公园建设，增强了国家公园范围内各类保护地的连通性、协调性、完整性，并通过界定省政府职责、明确武夷山国家公园管理局职责以及划定武夷山国家公园所在地省级以下地方政府职责等途径理顺国家公园管理体制，兼顾保护与发展需要，并切实保障原住居民的合法权益，对推进武夷山国家公园体制试点改革、促进生态环境治理体系和治理能力现代化具有重要意义。[①]

（三）东北虎豹国家公园

东北虎豹国家公园跨吉林、黑龙江两省，与俄罗斯、朝鲜毗邻，保护面积1.41万平方公里，分布着我国境内规模最大、唯一具有繁殖家族的野生东北虎、东北豹种群。园内植被类型多样，生态结构相对完整，是温带森林生态系统的典型代表，成为跨境合作保护的典范。东北虎豹国家公园的设立及《东北虎豹国家公园总体规划》（以下简称《规划》）的制度安排，对确保东北虎、东北豹野生种群在中国境内栖息繁衍，恢复并维持稳定种群，保护生态系统原真性、完整性、连通性，对推动东北虎、东北豹跨境系统保护，具有重要意义。根据《规划》规定，东北虎豹国家公园统一行使全民所有自然资源资产所有权，积极履行所有者职责，搭建中央垂直管理体制机制。东北虎豹试点区实行中央直管，在国家林草局派出机构长春专员办加挂东北虎豹国家公园管理局牌子，依托地方政府和森工企业加挂管理分局牌子。东北虎豹国家公园由国家林草局牵头统筹园区内的自然资源资产管理，健全了国家林草局与吉林、黑龙江两省人民政府及市州县乡、国有林区深度融合、有机协同的管理机制，将逐步建立起法制有遵循、资金投入有保障、人才科技有支撑、社区发展相协调的规范化高效能运行机制，初步构建中央垂直管理框架。

此外，东北虎豹国家公园还着力构建网格化包保体系，开展覆盖全区域的反盗猎巡护。因地制宜，依托现有管护巡护力量，建立了管理局—分局—林场三级网格化包保体制，细化责任分工，将资源管护责任分解到每个林场职工，建立了落责到人的全方位管护体制。为强化反盗猎责任，天桥岭分局

---

① 郑清贤.法治引领国家公园建设[J].人民政坛,2018(2):40-41.

在虎豹公园筹建阶段就率先制定了覆盖全局的网格化反盗猎巡护体系，形成"一网多层、一体多维、一格多元"的全要素网格管理系统。东北虎豹国家公园还通过制定《天桥岭林业局野生动物保护网格化三级管理工作制度》《天桥岭林业局野生动物保护网格化管理考核奖惩制度》等，以规范日常巡护工作。

（四）大熊猫国家公园

首先，为了改善当地居民的生产生活状况，大熊猫国家公园把社区建设作为重要的任务来抓。一是创新提出了NPL园地共建模式，就是由国家公园+政府+当地居民，对社区进行共建、共管、共享。二是做好社区的发展规划，立足熊猫公园建设带来的品牌价值效益，以及生物价值和生态价值等多方面的机遇，来发展绿色新材料产业、森林康养度假产业和有机绿色农业。

其次，大熊猫国家公园着力构建四川、陕西、甘肃三省跨省域保护的高效协同机制，着力修复受损、破碎化的栖息地，有效打通野生大熊猫栖息地间的连接通道，实现隔离种群的基因交流，加强小种群复壮，有效改善野生大熊猫栖息环境，进一步增强生物多样性，保护好珍贵的自然人文景观。另外，还以促进生态赋能下的生态产品价值实现为目标，以期带动园区及周边经济转型绿色发展。

最后，《大熊猫国家公园总体规划》还规定，园区的核心保护区原则上禁止人为活动，经批准才可以开展管护巡护、科学研究等，在生态保护方面取得较好成效。

（五）三江源国家公园

青海省在建设三江源国家公园时，大力发展绿色金融，为支持环境改善、应对气候变化和资源节约高效利用等方面作出了诸多努力。对青海省金融发展来说，绿色是内核，也是发展的未来所在。伴随着绿色金融对绿色发展的作用日趋凸显，未来青海绿色产业发展的投资需求会呈现快速增长，青海省积极践行绿色发展理念，把握重点方向，创新绿色金融产品和服务。积极践行绿色发展理念，探索生态环境治理项目与资源、产业开发项目有效融合，拓宽生态环境治理资金来源渠道。紧跟青海国家公园示范省建设三年行动方案，认真对标"三步走"战略，在推动传统产业生态化、特色产业规模化方面有新突破，在助力国家公园示范省建设的金融体系、金融产品和金融服务支撑方面有新创举。

此外，在《三江源国家公园条例》的指导下，三江源国家公园还建立了统一的资源环境综合执法队伍、行政执法和刑事司法高效联动机制以及与毗邻省份横向联合综合执法机制，为三江源国家公园生态保护与绿色发展护航，其相关治理模式范本可参照借鉴。[①]

（六）云南普达措国家公园

云南省先后出台了《云南省国家公园管理条例》《自然保护区管理规范》《云南省创建生态文明建设排头兵促进条例》，形成了较为完善的国家公园绿色发展的制度体系，实现了以立法的形式统筹、规范、约束生态文明建设活动和管理行为。云南普达措国家公园持续推动产业转型升级，完善产业体系。绿色食品品种、品质、品牌培育不断加强，迈向价值链高端；健康生活目的地逐步向国际化、高端化、特色化、智慧化方向发展，影响力不断提升。

在逐"绿"前行的新征程中，与中国建设银行云南省分行合作开展的绿色生态示范省建设试点分行，主动聚焦云南打造世界一流"三张牌"，围绕清洁能源、生态保护、高原特色农业、城市基础设施绿色升级等加大金融支持，赋能云南绿色发展。在夯实绿色生态家底、建设美丽家园的同时，以绿色产业架起"绿水青山"和"金山银山"的转换通道，激发起群众走生态优先、绿色低碳的致富之路，为打造云南"绿色食品牌"提供金融科技力量，加速开启金融支持乡村振兴战略的新步伐。

二、国外相关国家公园绿色发展实践

放眼世界，美国、德国、澳大利亚、日本等发达国家的国家公园历史悠久，可借鉴的相关治理经验更丰富，通过梳理这些国家的国家公园绿色发展

[①] 苏红巧,王楠,苏杨,等.三江源国家公园执法体制改革经验及其可复制性[J].生物多样性，2021（3）：304-306.

情况，以期从中获得启发。

（一）美国国家公园发展情况

美国黄石国家公园是世界上第一个国家公园，美国也是最早以立法的形式对国家公园进行管护的国家，1916年美国颁布《国家公园基本法》，并分别在1970年和1978年得到了逐步的完善，这是一套国家公园体系中最基本的、也是最重要的法律规定，其标志着美国国家公园法律体系日趋成熟。美国将国家公园保护上升到法律法规的层面，以针对性的大框架法规体系明确规定国家公园规划、保护、监管、管理、罚则等内容。

美国国家公园目前共有62个，大部分位于西部地区，由美国国家公园管理局监管。美国国家公园管理局由一位局长统筹策划，将管理事务分为内部运营类和对外关系两类，运营主要由"伙伴关系和公民参与""自然资源保护和科学""文化资源、伙伴关系和资源"等8类事务组成，由负责人进行协同管理。美国国家公园以联邦财政资金为主，及其他门票、特许经营和社会慈善等为辅的捐款等构成。[①]

美国以品牌集聚旅游流量。2016年，美国旅游推广局打造了一部包含30多个国家公园的电影《国家公园探险》，用以宣传国家公园品牌，对赴美旅游产生了积极和深远的影响，62%的观众观影后表示会优先选择前往美国游览。根据《2016年美国国家公园游客消费影响报告》，全美国家公园游客总数约有3.3亿人次，其中一日游游客量0.39亿人次，露营、宾馆住宿游客2.81亿人次，体现了国家公园以强大的品牌集聚效应吸引着巨大的旅游流量，对促进经济发展和实现绿色生态有良好效应。

（二）德国国家公园发展情况

德国是一个联邦制国家，空间规划体系的角度，德国建立了"联邦—州—地区—地方"四个层级的空间规划体系[②]，属于政府主导管控的空间规

① 胡毛，吕徐，刘兆丰，等.国家公园自然教育途径的实践研究及启示——以美国、德国、日本为例[J].现代园艺，2021（5）：185-189.

② 周艺霖.基于国际经验的国土空间规划体系重构研究[J].广东土地科学，2018（2）：4-11.

划，具有自上而下分工明确、层级关系联系紧密且职能清晰的特点[①]，其自然保护工作由联邦政府与州政府共同开展。

1970年建立的巴戈利亚森林国家公园是德国第一个国家公园。与国家公园相关的保护法案主要是《自然和景观保护法》，其作用是指导各个州根据具体的国家公园保护目标制定相关法案，例如《石勒苏益格-荷尔施泰因国家公园浅滩国家公园法》就是在《自然和景观保护法》框架下建立了明确的区域、保护目的和公园的发展、规划、恢复、保护等措施以及管理结构、破坏环境的相关处罚等。

德国在国家公园的管理上由联邦提出框架性的指导，由各州通过法律法规的形式进行保护。德国国家公园的管理机构由第一梯度——州立环境部、第二梯度——地区国家公园管理办事处、第三梯度——县/市的国家公园办公室构成。在这些管理机构中设立了行政管理部、法律及规划部、发展计划部、公共关系部等。德国国家公园的资金保障主要来源于州立政府财政拨款、社会慈善捐款以及公园运营的收入等。

（三）澳大利亚国家公园发展情况

澳大利亚是世界上建立国家公园较早的国家之一。1879年，澳大利亚政府将悉尼以南的一片王室土地开辟为保护区，建立世界上继美国黄石国家公园之后的第二个国家公园。其建立国家公园的首要目的是保护自然以及维护生物物种的完整性。

澳大利亚是一个地广人稀的联邦制国家，由州政府对国家公园履行保护职责，行使独立的立法权，并分别设置各自的自然保护机构，联邦政府对各州土地并无直接的管理权。依据澳大利亚《环境保护和生物多样性保护法案》和《公共管理、绩效和责任法案》，澳大利亚环境和能源部下属的澳大利亚国家公园局是独立企业法人，局长由澳大利亚总督任命，每年应向环境和能源部提交年度法定职责履行情况报告。在此情境下，自澳大利亚创建国家公园以来，其工作除了立足于加强生态系统和物种保护外，更多关注实际在于减轻国家公园局的管理和财政负担，积极探索国家公园与社区的协同共

[①] 蔡玉梅,高平.发达国家空间规划体系类型及启示[J].中国土地,2013(2):60-61.

管模式。[①]

国家公园除了满足其本身的游憩服务功能外，更多是为了给原住民创造就业机会，为原住民和传统业主签订特许经营协议，如澳大利亚面积最大的卡卡杜国家公园62%的雇员为原住民，伯特利国家公园66%的雇员为原住民。此外，国家公园事业还被纳入社会范畴，不以盈利为目的。国家公园内的一切设施，包括游步道、野营地、游客中心等都由政府投资建设。[②]澳大利亚通过立法的形式保护国家公园的生态环境，积极吸引各利益相关者参与生态补偿，并在生态补偿的具体形式上呈现多样化的特点。

（四）日本国家公园发展情况

国家公园是日本自然公园体系中级别最高的一类，是对代表性自然风景资源进行严格保护和合理利用的地区，由环境省指定和管理。日本国家公园主要特征有地域制管理、风景资源的整体性保护、丰富的自然体验活动三方面。日本国家公园实行分区规划和事业规划，通过实施一系列针对自然的保护措施和针对利用的限制措施，完成国家公园保护和游憩的双重任务。

日本国家公园发展较早，有着较为完善的国家公园法律体系，制定有《国家公园法》和《自然公园法》。2002年《自然公园法》进行了第五次修订，其中包括增加国家公园管理团体制度，鼓励民间团体和当地居民成立国家公园管理团体，促进了日本形成如今多方主体协同合作的国家公园治理模式。

日本《自然公园法》将公园分为国立公园、国定公园和都道府县立自然公园3种类型，国立公园非常接近国家公园，主管部门由环境省、区域事务所、国立公园属地事务所三层管理机构管理协同基金会、社团、委员会及个人志愿者等多种形式构成。在资金保障方面，主要来源于财政拨款、社团的募捐、园内商业经营的管理费和税收以及地方财团的投资。[③]

① 王晓倩,邓毅,黄茜,等.中国情境下国家公园特色小镇建设的国外经验借鉴[J].湖北经济学院学报,2020(4):80.

② 曾以禹,王丽,郭晔,等.澳大利亚国家公园管理现状及启示[J].世界林业研究,2019(4):92-96.

③ 胡毛,吕徐,刘兆丰,等.国家公园自然教育途径的实践研究及启示———以美国、德国、日本为例[J].现代园艺,2021(5):185-189.

三、国内外相关国家公园绿色发展的经验启示

坚持保护第一，加强自然生态系统和生物多样性保护，推动绿色发展是国家公园建设的首要目标。通过将整合国内外国家公园建设的概况，结合我国国情，总结国家公园绿色发展可资借鉴的经验如下。

（一）制定以宪法法律为核心的利益共享规则

我国宪法明确规定，国家保护和改善生活环境和生态环境，防治污染和其他公害。国家公园以实现保护生态系统原真性、完整性为目标，不仅充分考虑原住民的利益配置关系，还需要做到保护与利用并重，构建好人与自然和谐共生的复合生态系统，发挥好复合生态效益，实现一举多赢，建立利益共享机制。因此，无论是自然保护法（草案）或是国家公园法（草案）均是建立在宪法的基础上，始终坚持国家公园建设促进绿色生态保护与经济发展，在条文中通过体制机制的设立来实现与原住民、与社会全体公众的利益共享。

（二）倡导以产品品牌增值体系为核心的绿色发展模式

一是确立国家公园的品牌价值。国家公园品牌价值是正确处理保护和发展关系的现实需要，有利于助力区域高质量发展，实现生态优势转化为生态产品。通过积极探索推广绿水青山转化为金山银山的路径，选择具备条件的地区开展生态产品价值实现机制试点，故需要探索政府主导、企业和社会各界参与、市场化运作、可持续的生态产品价值实现路径。

二是生态旅游的倡导。国家公园旅游的概念包括两方面：一方面，包括事业和产业，事业的主体是指休闲、游憩、生态体验、教育等方面，是典型的体现全民公益性的活动；产业的主体是指可以对区域发展具有全面的带动作用，但又不会增加环境负担的活动，例如以生态旅游的方式进行。另一方面，以事业形态为主，让生态保护成果易于给公众带来获得感。国家公园内的生态旅游有利于生态环境保护与旅游资源开发的协调推进。近年来，一些国家和地方以保护环境多样性和文化丰富性为前提，通过开展生态体验、生

态教育等，形成可持续发展的旅游模式，为全球推动绿色发展带来一定启示和借鉴。作为生态文明体制建设的先行先试区，国家公园应该也最有条件体现新的发展方式，国家公园旅游就是能将"绿水青山"可持续、增值转化为"金山银山"的新发展方式。《建立国家公园体制总体方案》也明确，国家公园可以在保护生态的前提下开展自然观光、旅游。也就是说，国家公园旅游应该是一种体现"大综合、大学科、大投入"的大旅游。近距离游览国家公园会使人们切身理解保护原始自然景观的意义，让子孙后代和我们一样欣赏到未遭破坏的自然美景。

具体而言，可以制定详细的旅游开发政策，提供适合不同兴趣、年龄、体质和技巧的游览活动，并定期监控公园游览人数的变化，评价国家公园的服务设施和环境容量，通过抽样或其他方法调查旅游者的感受，将相关调查信息作为增加或改善现有旅游活动种类的依据。同时也要增设旅游服务设施，国家公园服务设施的设置主要是在保护自然景观的前提下，为旅游者欣赏和享受自然景色提供便利。[①]

（三）参考以绿色发展为核心的国家公园制度体系

1.突出生态红线制度

国家公园需要把生态系统的关键地区、生态敏感区和生物多样性最富集的区域，划到核心保护区，实行严格的保护。参照国外做法结合我国实际情况分析，结合生态保护地的原始状态及环境承载能力制定生态红线差异化管理机制。[②]国家公园要加大环境监管力度，可以实行"分级分控"，即国家和地方实行两种不同等级的生态红线的划定标准，在红线区域内采用分区管理模式。

2.建立以绿色发展为核心的特许经营机制

美国等国家公园通过特许经营制度，在国家公园管理中引入了市场资金和竞争机制。我国在2017年9月颁布的《建立国家公园体制总体方案》强调了特许经营在国家公园管理中的重要地位，提出"鼓励当地居民或其举办的企业参与国家公园内特许经营项目"，以期通过建立特许经营制度来探索市

---

① 申世广,姚亦锋.探析加拿大国家公园确认与管理政策[J].中国园林杂志,2001(4):91-94.
② 莫张勤.生态红线法律制度的障碍及对策研究[J].生态经济,2016(12):19-22.

场化多元化的生态保护融资机制。

首先是在财政投入为主的资金结构下建立国家公园特许经营制度。积极探索市场化多元化的国家公园融资机制，通过合同契约明确管理者与经营者的权利和义务，保证企业经营行为不会影响和破坏国家公园所坚持的保护宗旨和发展目标。其次是完善国家公园特许经营制度相关法律法规。在国家层面出台具有指导意义的国家公园管理办法，对国家公园特许经营制度等关键内容予以明确。构建法律保障的合同关系是特许经营制度的核心，应建立相关法律法规，引导和规范特许经营合同的订立，并由法律对特许经营合同的执行和监督给予保障。最后是建立特许经营项目和合同审查制度。严格界定国家公园内经营类与非经营类项目的界限，通过项目审查，包括引入第三方社会主体，建立类似美国的特许经营管理顾问委员会，对特许经营的事项与合同进行审查，保证特许经营项目的适宜性和必要性。①

3.建立公众参与制度

美国、新西兰等国家的国家公园在议案的计划或相关法律法规实施过程中都会听取公众的意见，并经过投票等方式最终确定议案是否实施，关于公众参与立法的流程都十分的详细。结合国内现状，可以加大公众参与的程度，使其可以参与立法工作的讨论，提出自己的意见和建议，再由立法部门综合考虑相关建议是否可行。对于提出有突出贡献的高质量建议的个人或团体，给予适当补贴或奖励。加强公众参与立法讨论，使国家公园立法更加贴合国家公园发展现状，更能反映公众意见，也更好地保障公众权益。同时在立法决策过程中，公众除了可以提出自己的意见外还可以监督政府行为，使其最终做出合法的决策。

参与路径方面，可以借鉴美国的相关经验，积极宣传公众通过志愿者服务的途径参与国家公园的建设，提高公众的参与意识。在公众参与过程中，为了规范参与行为需要明确参与流程，防止滥用权利现象的发生，还可以借鉴英国的相关经验，进一步完善网络参与路径，规范网络公众参与的行为，借助互联网平台让更多的公众参与到国家公园的建设中，让公众更好地行使权利。

---

① 吴健,王菲菲,余丹,等.美国国家公园特许经营制度对我国的启示[J].环境保护,2018(24):69-73.

4.完善生态补偿制度

借鉴国内外较为成熟的经验，依据国内国家公园试点开展的实际情况，进一步发展完善国家公园生态补偿机制的建设。一是要加强财政资金补给，完善多元化资金保障机制。对于国家公园中某些规模较大、补偿主体分散、产权界定模糊的领域，政府是生态补偿的主要承担者，同时也可以适当引入市场机制从而缓解财政压力。政府应当完善生态补偿市场交易模式的相关政策及管理模式，积极引导促进国家公园生态补偿中的市场化交易，为生态补偿市场化交易提供一个健康的环境。二是对社区居民实行多渠道、多形式安置补偿。生态补偿是解决国家公园土地权属问题的关键。生态补偿机制的建立可以减少因土地权属发生变化带来的土地纠纷，同时缓解因土地问题造成的利益冲突。除了必要的资金补偿以外，也应提供就业优惠、无偿提供技能培训等，以及通过提高国家公园内土地等其他资源的补偿标准、在工作岗位安排上优先选择当地居民等方式解决社区居民的后续生计问题。[①]

5.促进绿色金融发展

结合国内外对绿色金融的发展经验来看，首先是推进生态产业发展，提升金融资源吸附能力，即探索完善生态产品价值核算等体制机制，深化产业发展空间管控，打造重点品牌。其次是筹建生态银行，打造绿色金融发展高地，积极参照德意志联邦共和国生态银行等典型案例，以地方法人银行机构为基础进行资产重组建立生态银行。最后是推进金融改革创新，开发以生态资源为标的的绿色金融产品，金融业要主动适应区域发展战略和国家公园建设要求，将绿色理念融入发展理念和业务流程，将绿色信贷考核纳入内部综合考核评价体系。[②]

---

① 苏婷婷，陈吉利.论我国国家公园生态补偿机制的构建[J].中南林业科技大学学报(社会科学版),2019(4):8-13.

② 黎智俊，旦周嘉措.金融支持三江源国家公园试点建设[J].青海金融,2020(10):13-17.

第二节　完善国家公园治理体制机制，
推动生态保护与山区共富融合发展

党的二十届三中全会指出："全面推进以国家公园为主体的自然保护地体系建设。"设立国家公园、建立国家公园体制，是以习近平同志为核心的党中央站在实现中华民族永续发展的战略高度做出的重大决策，是生态文明体制改革的一项重大制度创新，对于推进自然生态保护、建设美丽中国、促进人与自然和谐共生具有重要意义。围绕《建立国家公园体制总体方案》和《关于建立以国家公园为主体的自然保护地体系的指导意见》，进一步优化和完善百山祖园区管理体制机制，以此来更好推动百山祖园区的生态保护以及周边区域的共同富裕，实现生态、经济、社会多方面效益的统一。

一、完善国家公园管理体制，构建生态保护与山区共富融合发展格局

从国家公园管理体制定位看，自然保护地共同治理机制是政府治理、公益治理和社区治理等多种自然保护地治理机制组合形成的一种动态合作序列，以综合发挥多方治理主体的各自角色优势。[1]国家公园协同治理是指由政府、非政府组织、企业、个体等多元主体组成的，致力于生态文明领域公共事务的协同治理的，兼具整体性和开放性的系统。百山祖园区管理与保护工作具有多样性与复杂性等特征，其运行机制不会因为行政区域的划分而有所不同，因此要构建跨区域、跨部门的国家公园制度和机制协同。

（一）优化国家公园统一完整的管理体制和机构

根据国家公园管理的规定，国家公园应建立统一管理机构，分级行使自然保护地管理职责，有效整合相关自然保护地管理职能，结合生态环境保护管理体制、自然资源资产管理体制、自然资源监管体制改革，由一个部门统

---

① 刘超,吕稣.自然保护地共同治理机制的定位与构造[J].东南学术,2023(5):189-199.

一行使国家公园自然保护地管理职责。目前，按照"一园两区"的体制，已经设立钱江源-百山祖国家公园管理机构，在浙江省林业局挂牌，按照程序报批，根据授权代表中央政府用以行使国家公园内国有自然资源管理职能。同时，在衢州、丽水分别设立了园区管理机构，具体负责园区国有自然资源资产管理、国土空间用途管制具体工作，编制保护规划和年度计划，制定园区内自然资源资产调查、监测、评估管理办法并组织实施，开展自然资源统一确权登记；负责园区内生态环境保护修复，承担特许经营管理、社会参与管理、宣传推介等工作；负责与当地政府及周边联络协调；依法履行资源环境综合执法工作。在百山祖园区管理机构之下，结合当地的实际情况，又分别设立龙泉保护中心、庆元保护中心和景宁保护中心，分别管理所在行政区范围内的国家公园各项工作。

在现有百山祖园区管理体制构架之上，结合《百山祖园区总体规划（2021—2025年）》的要求，需要进一步提升国家公园管理人员的总体素质并加强运行机制建设。一方面，利用各种培训方式、参加学术会议和加强自身学习等方式提高干部职工的专业素质。通过聘请专家、学者等方式对干部职工进行森林生态、野生动植物保护以及可利用资源适度开发问题的知识培训，提高干部职工的科学认知能力。选派干部职工，分期分批前往一些高校、研究院所进行自然保护、病虫害防治、野生动植物、生态监测等专业知识的学习和交流。鼓励干部职工参加各部委、各省市举办的有关自然保护和研究的培训班和学术研讨会以及国家学术会议，提高专业知识水平。另一方面，坚持国家所有、全民共享原则，建立社会广泛参与国家公园建设管理的运行机制。挖掘市场的配置作用，积极引入社会资本，创新管理机制，引导社会资本从多个方面参与到生态保护、绿色产业、生态旅游及基础设施和公共服务设施建设中。建立志愿者招募、注册、培训、参与、服务记录、激励保障制度，吸引社会各界志愿者参与百山祖园区的志愿服务工作。鼓励和支持国内外研究机构、专家学者围绕百山祖园区体制机制创新、生态监测评估、生态保护修复、自然资源利用、生态补偿机制、文化保护传承等开展相关研究活动。

（二）建立健全多元主体参与的区域间协同治理机制

国家公园是"国之大者"，是习近平生态文明思想的实践化和生态安全的重要组成部分。党的二十届三中全会对国家公园建设作出安排部署，明确提出要"全面推进以国家公园为主体的自然保护地体系建设"。要积极践行习近平生态文明思想、习近平法治思想，坚持政府主导、社会参与、市场调节相结合，坚持激励与约束并重，坚持统筹协同推进，建立健全协同联动、高效顺畅的百山祖园区"园区"和"地方"融合发展与协调机制，调整优化基层社区协调委员会架构，着力推动绿色发展和民生改善，促进生态效益与经济效益、社会效益的有机统一。此外，要整合丽水全市的行政资源，由市本级统筹协调，实现协同作战、合力作战、整体作战；借力长三角区域发达地区高端法律服务资源，提供专业的法律意见和解决方案，解决在百山祖园区创建过程中的法律难点问题。

1.加强与地方政府之间的协同管理

从管理职能分工情况来看，百山祖园区管理机构主要负责贯彻落实国家公园体制试点的方针政策和决策部署，编制总体规划、专项规划和年度计划；依法开展生态保护修复、综合行政执法、自然资源资产管理和确权登记；承担资源调查统计、科研宣教、特许经营和社会参与管理；负责协调与当地政府及周边社区关系等。属地政府行使辖区内（包括国家公园）经济社会发展综合协调、公共服务、社会管理、防灾减灾和市场监管等职责；配合国家公园管理局做好生态保护、综合执法、基础设施建设以及其他建设任务，统筹好生态保护和经济社会发展，地方政府主导的涉及国家公园的各项工程项目应符合国家公园规划与保护要求。国家公园涉及的乡镇政府协助履行国家公园保护和管理职责加强生态管护，国家公园管理局与当地社区建立当地居民参与生态保护的利益协调机制。

2.强化跨区域之间的联合保护机制

区域性联合保护机制是典型生态系统和濒危物种就地保护的新途径[①]，2022年国家林业和草原局发布《国家公园管理暂行办法》，明确国家公园多

[①] 付励强,邹红菲,马建章,等.中国自然保护地的区域性联合保护机制和发展策略分析[J].林业资源管理,2019(5):1.

方参与的原则和措施。在治理主体上，要强化在党的领导下中央、省级与丽水市人民政府、百山祖园区管理局、社会组织、特许经营企业、公众等多元主体的共同参与；在制度措施上，要建立健全以百山祖管理局为主体的自然资源与生态环境综合执法制度、以各级党委政府为监督对象的生态环境保护督察制度、以社会组织为主体开展的国家公园环境公益诉讼制度、以集体土地制度改革为特色的国家公园土地管理制度，不断丰富和创新国家公园治理的新样态。

百山祖园区在管理体制建设方面面临着跨区域管理的问题，一方面，地市级之间存在着跨区域的情况，从整个钱江源-百山祖国家公园情况来看，丽水市与衢州市之间需要开展跨区域协同管理，尝试在管理体制方面理顺不同地市之间的协同保护与管理机制，建立联合保护区域，开展联合保护、巡护和监测工作。在跨区域管理和多层面合作的基础上，掌握各方利益诉求，"自上而下"推动跨区域合作，共同提高保护管理水平和管理能力。另一方面，由于国家公园范围较广，分属于不同的行政区域，尤其是在各县区管理过程中需要形成良好的协同管理架构。与地市级协同管理一致，需要各县区之间构建起跨行政区域的协同保护与管理机制，建立联合保护区域，开展联合保护、巡护和监测工作。从地市级层面建立"自上而下"的跨区域合作机制，进一步提高国家公园的整体管理水平和管理能力。

二、健全国家公园管理机制，创新生态保护与山区共富融合发展体系

百山祖园区内的国有自然资源遵循所有权、管理权和经营权分离模式，形成专门管理主体独立管理、多方协同联动参与的管理机制。国有自然资源资产管理权属于授权代表行使所有者权利，由百山祖园区管理机构管理。国家公园内集体自然资源的所有者代表为当地社区（村集体）居民委员会，由百山祖园区管理机构依法采用地役权、托管、租用、补偿等方式，实行集中统一管理，也可通过签订合作协议、地役权等方式实现有效管理。经营权属于百山祖园区管理机构以市场化方式确定的经营者，以经营合同形式规范经营行为。

（一）加强自然资源资产管理机制建设

1.实行国家公园内自然资源统一确权登记

按照《自然资源统一确权登记暂行办法》《浙江省自然资源统一确权登记工作方案》《第三次全国国土调查技术规程》《土地利用现状分类》等相关规定的要求，结合自然资源调查结果，以百山祖园区作为独立登记单元，分别在钱江源园区、百山祖园区进行自然资源统一确权登记。依托国土空间规划基础信息平台，搭建自然资源信息监管平台，形成国家公园范围内自然资源"一张图"。清晰界定国家公园范围内国土空间各类自然资源资产的产权主体，划清全民所有和集体所有之间的边界，划清不同层级政府行使所有权的边界，划清不同集体所有者的边界，划清不同类型自然资源的边界，为自然资源确权登记提供依据。构建自然资源管理系统，整合自然资源信息管理、确权登记等内容，通过统一的信息管理平台，实现登记、审批、交易信息互通共享、查询和社会化服务。加强自然资源登记信息的管理和应用，建立自然资源登记信息依法公开制度，向社会公开登记结果，切实保护利益相关方的核心权益。对于存在权属、边界等争议的问题，在尊重历史的原则下，通过调整规划、调处纠纷等措施积极解决。

2.强化国家公园内自然资源的有效管控

严格自然生态空间用途管制，全面深入排查国家公园范围内的现有开发项目，组织对项目实施全过程预算绩效管理，对影响生态保护的项目逐一复核评估，对违法违规项目坚决予以清理整治。对国家公园内不符合保护和规划要求的各类设施、工矿企业、水电项目等逐步关停、搬离。百山祖园区设立后不再批复商业采矿权和探矿权。深化集体林地和林木（包括统管山、责任山、自留山）地役权改革，在不改变土地权属的基础上，建立科学合理的地役权补偿机制和共管机制，推进国家公园范围内自然资源资产的统一高效管理。结合国家公园实际，编制《百山祖国家公园集体林地设立地役权改革的实施方案》。根据自然资源统一确权登记成果，与有关集体林地承包经营户、村民小组、村民委员会或村集体经济组织等供役地权利人签订地役权合同，明确补偿标准和监管办法。集体林地相关权利人将集体林地设立地役权合同签订工作委托所在行政村的村民委员会，由各相关乡镇（街道）负责组织相关行政村与百山祖园区管理机构签订设立地役权合同，并按照"落界一个村，登记一个村"的原则开展地役权登记发证工作。

3.落实国家公园内其他土地资源管理

对国家公园核心保护区内永久基本农田逐步有序退出，纳入国家生态退耕计划逐步实施。核心保护区内其他耕地，在充分征求意见的基础上，优先规划实施退耕还林。宅基地和村集体建设用地，目前多为空置状态，进一步结合乡村振兴和"大搬快聚"行动，充分尊重当地居民意愿，在建设用地总量不增加的前提下，探索通过置换的方式将核心保护区宅基地和村集体建设用地置换到园区外，逐步将核心保护区内原宅基地和村集体建设用地恢复为林地。一般控制区内，对于耕地和科教游憩区域，鼓励土地流转和特许经营，加强对特许经营者的严格管控和地役权管理，确保管理上的统一性。

4.开展国家公园内自然资源的综合评估

在较为全面的自然资源资产调查的基础上，研究编制自然资源资产负债表，以核算账户的形式对钱江源–百山祖国家公园范围内主要自然资源资产的存量及增减变化进行分类核算，客观评估国家公园在特定时间点上所拥有的自然资源资产总量，准确把握管理主体对自然资源资产的占有、使用、消耗、恢复活动情况，为国家公园保护管理综合决策、绩效评估考核、生态补偿、领导干部自然资源资产离任审计、责任追究等提供重要依据。

（二）加强生态保护与修复管理机制建设

1.重视生态保护管理体系的建设

（1）按照国家公园勘界规范与要求，结合《钱江源–百山祖国家公园设立方案》边界和管控分区界线的矢量数据，进行实地放线落地定位，复核确认园区界线，确定界碑、界桩、管控区界桩坐标。

（2）根据百山祖园区龙泉片区保护管理的现实需求，考虑资源、社区、交通等综合情况，充分利用原有浙江凤阳山–百山祖自然保护区保护站、点的基础，完善提升原有保护站、点基础设施及配套建设，新建空缺地保护站、保护点、检查站，形成保护站+保护点+检查站的管理体系。结合兰巨保护站、龙南保护站、屏南保护站、瑞垟保护站、均溪保护站以及各保护点的实际情况，对相应的办公、生活、野外调查和医疗急救设施设备进行修缮升级，以此来更好地保障百山祖园区龙泉片区的管理工作开展。

（3）加强国家公园范围内巡护体系的建设，对巡护道路、巡护步道进行新建或提升，例如，规划新建龙泉小梅镇大窑-金村、车盘坑村-库粗坑村等地段巡护次干道路。对原有的巡护步道进行规划拓宽，对路面进行平整，对于坡度较大的地方铺设石阶。在村庄、农田等周边的巡护步道空缺地，连接原有巡护步道，形成巡护步道网络。加强各类巡护车辆、巡护无人机、巡护终端以及巡护服装的配备，切实提高百山祖园区龙泉片区的巡护设施网络的构建。

（4）加强森林防火和防疫监测体系建设。通过加强生物防火林带建设，森林火情监控指挥中心、防火指挥部建设，以及各类森林防火和人为活动监控系统建设等来提升森林防火工作的管理。同时，在有害生物防治及疫源疫病监测站、一般测报点建设等方面形成良好的国家公园防疫体系。

（5）完善生态系统管理的法律规章体系。加快研究"一园一法"，在《钱江源-百山祖国家公园管理办法（试行）》的基础上，制定完善发布一系列保护规章制度，如《百山祖园区空间管控办法》《百山祖园区巡护管理办法》《百山祖园区访客管理办法》等，规范园区生态保护、管理，为相关工作的开展提供指导。在完善生态系统管理的法律规章体系的基础上能够进一步优化相应管理制度，以此来强化百山祖园区的管理水平。

2.加强动植物资源保护修复体系建设

（1）推进森林封禁保育工作。在核心保护区范围内进行退耕还林，首先对非永久基本农田的一般耕地进行退耕，永久基本农田待退出之后再实行退耕还林。对核心区部分种植园纳入公益林管护和生态补偿范围，采取不再经营的自然恢复办法。重视森林的管理和监测，以保护生态为前提，协调好保护与修复之间的关系，尽量减少生态修复措施对生物多样性、野生动植物生境、生态脆弱区、自然景观、林地土壤等生态环境形成不可逆的影响。坚持开展森林修复成效长期监测工作，形成百山祖园区森林修复成效监测的理论体系，为长三角地区后续森林修复工作提供参考。

（2）加强湿地生态系统保护修复。推进百山祖园区内中山草甸湿地的修复和恢复，采用各类工程措施来加强生态湿地的建设以及构建各类湿地保护设施。逐步恢复各类自然河道，清理河道淤泥以及水泥、条石筑成的河道，河床内铺设碎石，并零星放置大石块。设置深潭与浅滩，在河流弯曲处开挖深潭，在深潭后、河道弯曲段堆积浅滩。

（3）加强生物多样性的保护工作。围绕黑麂栖息地、野生动物资源、古树名木等展开调查保护，建设智能监测系统和野生动物救护站以及生态廊道等。

3.加强国家公园文化遗产保护体系建设

（1）开展地质遗迹调查与保护。查明园区内的地质遗迹类型、分布、范围及保护现状，建立地质遗迹数据库，制作地质遗迹"电子地图"，纳入智慧国家公园综合管理系统和数据平台。研究地质遗迹成因和演化过程，为有效保护地质遗迹提供科学依据。制定保护方案和地质遗迹标识工作，对保护管理人员开展地质遗迹保护相关内容培训，增强管理人员专业技能。

（2）实施文化资源清查与保护。全面完成园区内可移动文物和不可移动文物资源"地毯式"普查，登记文物的基本信息。查明园区内各民族非物质文化遗产基本状况，保存视频、音频、照片等数字资料。编制百山祖园区文化资源名录，建设"音、像、文"三位一体的文物资源和非物质文化遗产数据库，制作文化资源"电子地图"，纳入智慧国家公园综合管理系统和数据平台，实现文化信息互联互通与数据资源共享共建。构建文物资源的日常巡查、养护、修复机制，建立非物质文化遗产代表性传承人认定机制和专项资金资助扶持传承人或传承单位。

（3）加强古村落文化保护。根据各村落的优势条件，挖掘物质或非物质文化遗产亮点，实现"一村一景""一村一品"。坚持传统特色与文化创新相结合，利用村落的文化基础和条件，与生态旅游、教育体验产业相融合，不断增强传统文化的吸引力。调动村民的积极性，号召更多原住民和乡村振兴人才回村生活与工作，避免将原住民迁出更换为各类旅游从业人员的情况。

（三）加强绿色发展和特许经营管理机制建设

1.重视特许经营准入管控机制建设

从编制项目计划书、制定准入标准、完善招评标机制、规范授权管控等方面作为特许经营行为的准入约束，维护国家公园的主体利益。

（1）编制项目计划书。在百山祖园区总体规划的基础上，尊重并科学利用国家公园内的自然资源、景观、文化遗迹，结合功能分区和游客流量控制方案，由百山祖管理局负责编制《百山祖国家公园特许经营项目计划书》，经专家评估通过后，交由市政府审批，确定特许经营项目。

（2）制定准入标准。特许经营项目种类多，涉及关系复杂。由百山祖管理机构会同地方政府通过对投标人的合法资质、资金状况、技术水平、经营管理能力、从业经历业绩、信誉程度等方面制定准入评价标准，并综合评判特许经营者对自然生态资源的保护、社区反哺和经营服务的质量与价格贡献，确保评价指标客观、科学、公平。

（3）完善招评标程序。严格采用公开招标方式对特许经营项目实施有序管理，通过官网或特定渠道发布招标公告。组建评标委员会，成员由国家公园管理机构代表、相关领域专家组成，且相关专家人数占比不少于评标委员成员总数的2/3，根据准入标准对特许经营实施方案公平评估，择优确定最佳的投标人为中标人，及时在网站上公示评标依据和中标结果并向上级主管部门备案。

（4）管控准入授权。由百山祖管理局根据批准的项目计划书，在坚持生态保护优先的前提下对特许经营实施有限特许，控制项目数量。结合自然资源资产产权类型，实施差异化的授权管理路径。所有的特许经营项目需获得百山祖管理局的授权方可开展经营活动。依托土地、房屋等资产开展的经营性项目需在资产租赁基础上，租赁合同与特许经营合同并存，但租期不得超过特许权合同期限，受许人依法享有地役权。

2.加强特许经营权资金管理机制建设

特许经营的资金管理机制包括特许经营费的价值评估定价、收支管理、特许经营项目的价格管理的全过程需公开透明，接受公众、媒体和非政府组织的监督。

（1）加强费用管理。特许经营费的确定需基于国家公园的资源资产评估特许经营权价值，具体标准由百山祖管理局会同当地财政、价格主管部门制定。根据"总成本控制法"就低提取特许经营受许人经营收入的原则，特许经营受许人不得低于特许经营权价值进行报价投标。当地社区及居民等被许可为特许经营者的可认定可享受特许经营费用的折扣价，具体折扣由管理机构和特许经营者商讨确定。

（2）加强收支管理。为规范百山祖园区特许经营收入的收取和分配秩序，维护国家公园的公益性，实行部门预算管理，实现特许经营"收支两条线"管理。百山祖管理局为特许经营收入的执收部门，按照规定征收范围和征收标准进行征收，足额上缴财政并定期向社会公开相关收支内容。特许经营收入能用于国家公园生态保护、设施维护、社区发展及日常管理。其中特许经营费的20%用于百山祖园区的日常管理和设施维护；80%作为公园生态保护和社区居民补贴的专项开支，具体包括资源监测、研究与保护，实施生态保护补偿和生态修复工程，支持当地居民的发展和民生改善等。

（3）加强价格管理。实施政府指导价，由政府规定基准价和浮动范围，完善特许经营的定价管理。特许经营项目价格如需调整，由百山祖管理局会同当地价格、监管部门向财政主管部门提出定价或调价方案，并由价格部门组织听证。百山祖园区特许经营价格方案批准后，在政府网发布公告向社会公布，确保价格信息公开。

3.加强特许经营权合同契约机制建设

特许经营合同是调整授予主体和经营主体之间许可、管理等一系列关系的基本文件，核心是"授权"。在创造和维护双方关系的过程中，始终以法律法规、合同为指导原则，使得双方的关系最终归结为法律上的契约关系。因此，特许经营系统的所有政策都会直接或间接地反映在特许经营合同中，需建立程序化、规范化的特许经营合同条款。合同内容应对特许经营内容范围、经营主体、经营方式、经营期限，特许经营者的资格条件、权利和义务，以及费用收取和使用、经营行为的限制和奖惩、合同延展和退出等作出明确规定，更好地保障和指导特许经营，使其有规可依。

4.加强特许经营权社区反哺机制建设

当地社区是国家公园特许经营重要的相关利益体，尊重社区发展、解决当地社区赖以生存的生计问题是国家公园有效管理的关键。鼓励当地社区参与共建共管国家公园，使其共享国家公园特许经营红利，促进共同富裕。

（1）建立长效反哺机制推进共享共促。对于国家公园内当地社区居民基于保护目标的生产、经营等行为限制，以不降低当地社区居民生活质量为目标，建立补偿机制。根据实际特许经营的利润情况和地役权评估结果，按比例设置社区反哺资金。由固定资产租赁、转让产生的资产性政府非税收入，实行一般预算管理，通过浮动性的反哺机制推进当地社区居民和社会大众共享共促。

（2）坚持信息公开以此确保互信互通。在国家公园特许经营收支信息、注册信息公开透明的基础上，确保当地社区的知情权、参与权、发展权和监督权，增进当地社区与国家公园管理者、经营者的相互理解和信任。建立管理机构—企业—社区的沟通机制，对特许经营企业深入沟通和了解，协调企业和社区的关系以及企业经营需求；企业依规经营，主动承担社区居民和管理机构沟通的桥梁，在生态保护和带动社区发展的基础上良性发展；当地社区要以"主人公"的心态支持和拥护企业发展，监督和保障赖以生存的生态环境得到有效保护。

（3）开展长期扶持实现互惠互利。加强对当地社区生产经营能力的引导，建立有效的培训体系。由特许经营者会同国家公园管理机构协调相关资源组织企业和当地社区根据实际需求参加相关培训，以及特许经营者对当地社区进行日常特许经营建设的培训，建设一支负责任、懂业务、有热情的人才队伍。

（4）构建反哺平台凝聚乡土乡情。经营者需在招工的时候通过设定一定比例的管理或技术岗位，支持当地社区外出务工技术人员和大学生或因政策导致搬迁的当地社区居民返乡就业、创业，或者特定的岗位必须由当地社区居民担任。管理机构协调相关部门对于此类企业给予财税土地一定的优惠，构建"回得来、留得住"的社区反哺人才激励平台，构建"愿意回、愿意建"的共建共享局面，促进国家公园的良性发展。

三、加强市级全域联动建设，促进生态保护与山区共富的共建共治共享

为了更好地促进百山祖园区建设，需要把国家公园建设上升为丽水市级战略高度，加强国家公园的市级全域联动建设，以生态共保、设施共建、品牌共创、客源共享等方式，促进生态保护与山区共富的共建共治共享。

（一）加强市级全域联动发展的组织机制

建立百山祖园区建设领导小组，领导小组办公室设在百山祖管理局。建立联席工作制度，组织市级各相关部门和9县市区针对百山祖园区建设和联动发展重大事项开展讨论商定。围绕国家公园保护体系、"国家公园+"产品体系、全域联动综合交通体系、国家公园品牌营销体系、国家公园开放合作体系、国家公园体制改革体系等"六大体系"建设，组建专班对接市级部门，集中推进各项工作。

（二）强化市级全域联动发展的资金保障

1.加大政府资金支持

根据事权划分，由中央政府和省级政府分别出资保障。充分利用现有生态保护相关国家政策，按相应资金渠道申请国家运行经费、补助资金和建设资金等。建立以省财政投入为主，省市县三级联动的地方政府资金投入模式，省级财政设立专项资金，保障国家公园保护、建设和管理经费。市县两级充分整合文化、旅游、农业、水利、林业、环保、交通、科技等领域资金，加大对国家公园全域联动重点平台和项目的支持。

2.积极引入社会资本

搭建百山祖园区投融资平台，引进金融和社会资本出资设立百山祖园区保护和发展基金，对百山祖园区保护和建设项目提供融资支持，同时对以百山祖园区为主题的创业创新项目提供资金扶持。探索发行生态彩票等，建立健全社会捐赠制度，进一步提高资金保障能力。

3.积极发展绿色金融

探索构建以绿色信贷、绿色债券、两山基金、绿色保险、绿色金融机构、绿色产权交易平台等为主要内容的绿色金融服务体系，创新服务方式、融资模式和管理制度。建立完善生态信用制度体系，对百山祖园区特色村落进行生态信用评价，优先予以整村授信，支持村落保护开发。

（三）重视市级全域联动的人才保障

1.组建国家公园专家智库

建立百山祖园区研究院，组建由国内外知名学者及知名高校、科研院所、咨询机构等组成的国际智库，集聚国内外国家公园保护和发展的"高精尖"人才。积极对接IUCN（世界自然保护同盟），争取在丽水设立区域性分中心或国家公园主题论坛永久会址。积极与世界知名国家公园专家合作，通过柔性人才利用机制，增强百山祖园区保护和发展的国际智力支撑。

2.建立国家公园专业人才队伍

整合百山祖园区内现有管理机构的人员，综合考虑管理机构的管理范围、性质、强度等，配备与国家公园业务工作需要相适应的人员力量。除在编人员，国家公园管理局可根据实际管护巡查工作，以及保护、科研或游憩、管理等项目的需要，设置生态管护公益岗位，聘用专职或者兼职生态管护员。优先将国家公园内符合条件的原住居民应聘为生态管护员。

针对百山祖园区保护与发展涉及的动植物科学、生态环境保护、文化创意、生态农业、生态旅游、市场营销等，与相关高校合作，加大专业人才队伍培养规模。将百山祖园区保护与发展紧缺型人才纳入全市人才招引目录，加大政策支持，吸引优秀人才投身国家公园保护与发展事业。同时，加强管理人员、讲解人员等教育培训，提升管理服务水平。结合乡村振兴"两进两回"，积极吸引有能力、有想法、有情怀的年轻人到百山祖园区创业。

3.培育志愿者队伍

实施百山祖园区"园丁"计划，建立志愿者招募、注册、培训、参与、服务记录、激励保障制度，吸引社会各界志愿者参与百山祖园区的志愿服务工作。建立志愿者管理系统，统一管理志愿者各项活动，包括制定志愿者招募计划、开展教育培训、协助志愿者实践活动，为志愿者提供各项工作、生活、安全、服务、教育导向等基本保障。

4.加强全域联动的法律法规和政策支持

强化法律法规支撑。执行生态保护法律法规以及国家公园建设有关政策制度。研究地方立法，确立百山祖园区的法律地位，为百山祖园区建设提供法律依据。制定发布国家公园空间管控、巡护管护、特许经营、访客行为管理等一系列规章制度，规范百山祖园区保护、建设和管理，为相关工作的开展提供指导。

加大相关政策支持。把国家公园保护和发展作为重要内容，积极争取国家、省级层面"两山"、乡村振兴、大花园、诗路文化带、生态保护等资金支持。在市级层面，研究制定专项实施意见，整合各部门优势资源，重点在资金、土地、人才、科技等要素投入，平台项目建设等方面予以政策支持。加快国家公园特色村落"大搬快聚"工作，结合龙泉市新一轮国土空间规划编制，调整村落建设用地，增加产业用地，将国家公园保护和发展用地需求纳入重点考虑。对符合城市总体规划、土地利用总体规划和节约集约用地原则的国家公园全域联动发展项目优先安排用地指标。在国家公园核心区、一般控制区和辐射区优先推进点状供地、整村开发、农村集体经营性建设用地入市等试点。国家公园全域联动项目优先推荐列入重大产业项目，对重大项目制定特殊供地政策。加强国家公园村镇科技扶持，优先推广新技术、新产品，搭建科技资源共享平台，加大产业发展相关技术培训，提供及时、低成本的科技创新服务。

第三节　深入系统挖掘生态人文价值，
创新生态产品价值转化机制及路径

推动国家公园生态产品价值实现、实现绿水青山向金山银山的科学转化，既是国家公园建设的需要，也是保障原住居民生存与发展权益、促进区域经济社会协调发展的需要。龙泉片区采取多种有效措施保护区域内自然生态系统的原真性和完整性，探索建立一条以百山祖园区为轴心的生态保护发展带，以国家公园品牌引领全市域和全园区联动发展，推进国家公园品牌价值转化，打通生态保护、绿色发展和生态富民三大通道。根据国家公园建设需求及龙泉市发展策略，应进一步强调生态资源与人文资源的联动发展，系统挖掘龙泉片区生态人文多元价值，创新生态产品价值转化机制及路径，依托自身资源禀赋，主导绿色发展模式，将自身高质量生态资源及区域乡镇特色资源等串联起来，做足"国家公园IP"＋"农文体旅融合"大文章，扎实做好高质量发展推动共同富裕工作。

一、全面梳理龙泉片区生态人文资源，系统挖掘多元生态人文价值

（一）摸清龙泉片区生态人文资源家底，建立生态人文资源库清单

1.围绕龙泉片区生态人文资源主要类型进一步细化资源体系，形成生态人文资源库

本研究经过系统梳理，将龙泉片区生态人文资源分为五类：以广袤丰富的自然资源孕育的森林生态文化、以悠久多样的农耕资源积淀的乡村传统文化、以山高水长的水系资源汇聚的瓯江特色水文化、以久远复杂的地质资源铸就的青瓷宝剑文化、以鲜明厚重的红色历史资源凝练的红色教育文化。以此次开展龙泉片区生态人文调查与保护传承研究项目为契机，进一步摸清龙泉片区生态人文资源家底，建立生态人文资源库清单。

2.将龙泉片区人文资源纳入已有的四类资源框架内，综合梳理和盘活生态人文资源

生态价值资源资产清单包括生态资源类、旅游资源类、服务资源类、生产资源类4大类26项资源细分类目，其中人文资源仅在资源细分类目部分呈现，需要将人文资源纳入到原有生态资源资产目录清单。在乡镇（街道）报送的基础上，扩大资源梳理范围，梳理近期可开发利用的闲置生态人文资源资产，按照生态人文资源资产目录，每季度开展生态人文资源资产摸底工作，更新完善生态资源人文资产清单，开展资源确权等工作。筛选优质资源资产开展确权、包装、融资、运营、争取要素支持等工作，争取资源资产效益最大化。

（二）明晰龙泉片区生态人文资源价值，凝聚多元主体服务生态人文价值有效实现

1.科学全面认识龙泉片区生态人文资源蕴含的宝贵价值

龙泉片区及毗邻乡村所凝聚的综合多元性价值使其承载着当地乡民的历

史记忆、生产生活智慧、文化艺术结晶和民族地域特色，蕴含着生态环境保护价值、绿色发展与共同富裕价值、文化传承教育价值、红色教育与文旅融合发展价值，维系着当地文化乃至中华文明的根脉。国家公园生态人文价值传承利用及振兴发展工作是一项关系到中华民族传统优秀文化传承和加强文化软实力、建设文化强国的重大公共民生工程，需要构建以党政主导、村民主体、新乡贤及社会资本等多元主体共同参与国家公园生态人文价值传承利用及促进乡村振兴、共同富裕的共建机制。

2.建立健全政策保障、资金保障和管理机制保障体系

积极对接国家省市县层面针对国家公园发展建设的各项政策，引导国有资本积极参与项目建设，研究出台相关支持举措，加大对各项共同富裕项目的支持。积极申报专项资金，如生态保护资金，乡村振兴资金，共同富裕专项债，农业资金和道路交通、河道等专项资金，争取更多政策资金支持。积极开展招商引资，引进实力雄厚的文旅企业参与文旅项目投资建设运营。

3.建立与相关部门、乡镇、农民和社会资本的联动机制

加强与环保、建设、旅游等相关部门的组织协调；明确划分各职能部门的责任、任务及岗位职责，协调相互间的关系，搞好管理工作；建立良好的管理、运行机制，确保建设、保护、科研、游憩、教育、社区发展等工作的顺利进行；进一步推进与毗邻乡镇的积极合作，调动国家公园区域及周边乡镇、村级组织参与国家公园建设与管理的积极性和主动性。在具体推进工作中要重视乡镇党委在实施中的推动作用，健全完善村党组织领导的村级重大事项、重要问题、重要工作讨论决定机制；要充分尊重龙泉片区当地农民的发展意愿，通过提供特许经营项目调动百山祖园区龙泉片区村民参与创建国家公园的主动性和积极性，切实发挥农民在国家公园推进中的作用，不断提升农民的获得感、幸福感、安全感。在游憩服务等领域向国家公园内各乡镇适当倾斜，预先公布可参与的特许经营项目，通过公开报名及竞争方式予以特许经营权。鼓励、支持龙泉片区村民以投资入股、合作、劳务等多种形式开展家庭旅游、农家乐、文化演艺等经营项目，引导投资企业合理利用自然和人文资源，促进相关村社发展第三产业。要建立有效激励机制汇聚新乡贤、社会资本等多元主体协同。通过有效的激励机制和乡情乡愁的情感纽带，吸引支持社会各方面人才参与国家公园生态人文价值的综合利用，通过

多种方式服务国家公园生态人文产品价值有效实现。

二、健全生态人文产品价值实现制度体系，完善生态产品价值实现机制

（一）健全国家公园生态产品价值实现制度体系，全面推行生态生产总值核算机制

在已有相关生态产品价值实现制度的基础上，进一步明确国家公园生态产品的产权归属，规范生态产品的价值内涵与核算方法，搭建生态产品的交易平台，增加激励措施，为国家公园生态产品价值实现提供良好的市场环境和有利的政策基础。

全面推行生态系统生产总值核算。目前国内外主要的生态系统生产总值核算方法有产品或服务价值核算法、当量因子法和能值评估法与生态元法。龙泉片区应以生态系统生产总值核算为切入点，谋划在生态保护补偿、生态环境损害赔偿、经营开发融资、生态资源权益交易、生态资源分等定级和生态产品确权等，形成一系列生态产品价值核算以及交易制度体系。数智赋能，科学使用"江浙之巅"数字孪生系统等采集的数据体现国家公园的生态服务价值，建立健全生态产品价值实现机制。

（二）增强促进生态产品价值实现的多方参与和多元投入机制，建立风险共担机制

国家公园建设和管理涉及政府、企业、居民等多方，应在强化国家支持的基础上，进一步明确以生态资产产权、收益权和碳汇权益为抵押物的"生态贷"模式，探索"生态资产权益抵押+项目贷"模式，大力推广生态抵质押贷、生态信用贷等金融产品，支持生态环境提升及绿色产业发展。引导和鼓励社会力量参与，增强国家公园生态产品的融资能力和价值实现的资金自给能力。积极建立"政银担"等多方协同的风险共担机制，加快金融助推生态产品价值实现。完善农村保险服务体系，扩大政策性农业保险覆盖面。

（三）完善龙泉片区各类保护主体的生态补偿方式，提高生态补偿效益

推进生态环境损害成本内部化，加强生态环境修复与损害赔偿的执行和监督，完善生态环境损害行政执法与司法衔接机制，提高破坏生态环境违法成本。加强绿色金融产品创新，鼓励融资担保机构为符合条件的生态产品经营开发主体提供绿色金融服务。

三、加快生态人文产品市场化步伐，推进生态人文产品产业化进程

围绕百山祖园区龙泉片区物质供给、调节服务、文化服务三大类生态产品，应整合灵芝精深加工企业、健康医药企业、旅游推介团队等主体，提升生态产品市场认可度和品牌价值，全面推动生态人文产品市场化和生态人文产品产业化进程。

（一）需要加快生态人文产品市场化步伐

1.加快生态资产产权确权工作

虽然目前培育成立了"1+19+N"①的运营主体组织体系，作为生态产品的市场主体存在。但绝大部分生态产品所有权（90%以上）属于行政村或自然村，甚至是属于自然人，目前村级的生态产品发展有限公司基本没有成立。即便是已成立的生态产品发展有限公司（两山合作社），由于对自己所拥有的生态资产没有统一的产权政策，导致产权不明晰，生态产品不能有效进入市场。

2.探索研究生态资产评价数学模型和规范，并出台地方标准

要积极参与生态资产评价模型和规范地方标准的制定工作，在国家没有

---

① "1"是指市两山合作社(即市两山集团)，"19"为各乡镇(街道)乡村振兴公司，"N"为两山集团下属的其他子公司、强村发展有限公司和各村集体经济合作社等主体。市两山集团的主要功能为统筹推进全市域生态产品价值实现机制转化、乡村振兴和资源利用、大搬快聚项目、电商平台运营等新经济新业态开发;市两山集团各下属子公司、乡镇(街道)乡村振兴公司和强村发展有限公司统筹管理辖域范围内的各类资源资产保护、开发、监管。市两山集团通过股权出资等方式，参与、支持、监督其下属子公司、各乡镇(街道)乡村振兴公司和强村发展有限公司运营。

出台生态资产评估标准之前，率先出台龙泉片区生态资产评价模型，并制定出台地方标准。同时，促进"1+19+N"市场主体的资产中注入新的生态资产包，以做强做优市场主体。

3.积极探索建立生态信用制度

积极探索建立生态信用在生态产品市场化中的应用与推广，真正让保护生态环境者有利可图，得到实惠，让破坏生态环境者付出代价，赔付损失。在具体实践中，可以建立生态信用制度，设置企业和自然人生态信用档案、正负面清单和信用评价机制，将破坏生态环境、超过资源环境承载能力开发等行为纳入失信范围。同时，探索生态信用行为与行政审批、医疗保险、社会救助、金融授信等挂钩的奖惩机制。

（二）推进毗邻乡镇生态人文产品产业化进程

1.主打森林康养产业

锚定康养支柱产业，依托生态基底，衍生生态产品价值，挖掘和发展毗邻乡镇独特的历史文化、旅游等资源，实现生态产品文化服务功能的价值转化。注重生态保护，维持优良的生态环境，发挥生态资源的天然优势，协力周边民俗文化、旅游等资源的融合发展，形成独具特色、各领风骚的优势产业特征。擦亮生态底色，以亲近山水、体验民俗风情、农耕体验等为途径，紧扣"生态·乡村·文化·产业"主题，打造康养支柱产业，开发森林演艺、高山文创、旅游纪念等文创产品，将龙泉片区全力打造成"慢生活、慢享受、养生记、乡愁游"的一流康养胜地，形成"一线三区多核"①的康养产业布局结构。

2.助推高山农业产业

依托省级高山特色农产品优势区，打造"五个一工程"。创建一个"高山农业发展集群"，建成一个"高山茶叶优势发展区"，打造一个"万亩高山蔬菜基地"，培育一个"万亩林下产业试验基地"，谋划一个"千亩生态养殖基

---

① 一线:高山森林康养动线,通过生态自驾环线串联片区内各个乡镇与生态节点,形成产业联动集聚发展。三区:人流集散区、生态旅游区、康养核心区——以联动发展区打造成为产业人流集散区,以毗邻乡镇核心区外区域形成生态旅游区,以片区核心区内打造形成康养核心区。多核:打造发展多处森林康养度假基地。

地"千亩食用菌产业园"。规划形成"一轴三区多核"产业布局结构，即形成一条高山农业生态发展轴，打造一个高山茶叶采摘区、一个高山蔬菜种植区、一个灵芝培育主产区，建立多点位生态养殖、食用菌等产业种植集群。

3. 发展林下经济产业

依托丰富的林地资源和优质的生态环境，积极引导大力发展"林下经济"，通过采取"林—药、林—畜、林—禽、林—菌"等多种经济发展模式，探索实现生态资源价值的高效转化，平衡经济发展与生态保护的关系，努力推动生态经济实现跨越式发展。遵循宜种则种、宜养则养的原则，根据不同林地不同特点，分类指导，引导大户、经营主体，因地制宜发展林下经济，构建"一乡一特色""一乡一品牌"发展格局，初步形成"林药、林茶、林蜂、林笋、林旅"多元化发展模式。通过"做大产业建龙头、做大龙头带产业"的思路，采用"公司+合作社+基地+农户"等方式，积极培育一批投资规模大、技术含量高、市场竞争力强的龙头企业，延长产业链，推动林下经济产业扬优成势。通过林下经济产业打造"林长+灵芝小镇""林长+笋竹两用林示范基地""林长+森林旅游与康养"等高标准、高水平、有引领的林长制示范标杆。

4. 做精民宿集群产业

依托百山祖园区龙泉片区自然地理优势，充分挖掘利用其山清水秀、森林资源丰富、富硒含氧量高等优越的生态条件，融合传统民俗文化、耕读文化、香菇文化等元素，打造高山休闲度假精品民宿，凸显增添民宿特色魅力。规划"一环三核多点"产业结构布局，形成以环联核，以点带面，连片发展的产业格局。一环是指民宿集群发展环线，通过道路串联三个特色乡镇，形成运动休闲主题、农耕文化主题、康养长寿主题精品民宿产业环线。三核是指依托现有精品民宿，形成康养文化主题民宿驱动核、农耕文化主题民宿联动核、运动休闲主题民宿发展核。多点是指形成多层级体系民宿群发展，一级样板民宿集群是指依托发展态势较好的民营式民宿所在村落，即崖居周岱民宿所在周埔垟村、筱隐·溶月民宿所在琉盘村、凤羽山庄所在凤阳村、大庄孝德堂所在大庄村、隐逸山庄所在建龙村形成民宿样板村。二级精品民宿集群是指拥有特色文化资源并且有美丽乡村建设基础的村庄，包括屏南镇坪田村、合兴村、瑞垟村，龙南乡蛟垟村、建龙村、下田村、五星村、凤阳村。三级优质民宿集群是指有一定美丽乡村建设基础，由周边发展较好的民宿带动发展建设的乡村，后期逐步形成民宿环线联动发展。

第四节　拓展数字技术协同治理，促进国家公园保护建设与可持续发展

　　数字化建设是百山祖园区龙泉片区的灵魂工程，也是提升国家公园治理能力现代化的重要途径，更是"努力建设人与自然和谐共生的现代化"的典型实践。近年来，《建立国家公园体制总体方案》（2017）、《关于建立以国家公园为主体的自然保护地体系的指导意见》（2019）、《钱江源-百山祖国家公园总体规划（2020—2025年）》、《百山祖国家公园全域联动发展规划（2021—2025年）》、《国家公园监测规范》（GB/39738）、《浙江省数字化改革方案》（2021）、《浙江省林业发展"十四五"规划》（2021）、丽水市《国家公园设立试验区工作方案》（2018）、《丽水市深化"最多跑一次"改革，推进政府数字化转型实施方案》（2019）、《丽水市数字化改革总体方案》（2021）等一系列政策文件相继出台，为百山祖园区龙泉片区的数字化建设提供顶层设计、指导思想与新理念、新动力。龙泉保护中心积极探索"国家公园+数智化治理"的新型管理系统与服务模式，通过动态监测的前端感知机制、智慧集成的决策辅助机制和生态实践的科普宣教机制，有效健全了国家公园的防控体系，深化了智能算法的辅助决策，助推了山区共富的实现，在向"智慧国家公园"前进的道路上取得阶段性成效。但是，"国家公园+数智化治理"的具体实践中仍存在诸多问题，如管理碎片化、数据分散化、参与形式化、决策经验化等。对此，龙泉保护中心需要围绕多元主体协作、数据互联融通、智能平台集成三个方面，纵深拓展数字技术协同治理的多元化实践路径，实现"人、数、物、云"的协同共治，促进百山祖园区龙泉片区的保护建设与可持续发展。

一、深化多元主体协作，构建国家公园"数字生命共同体"

构建"数字生命共同体"是百山祖园区龙泉片区数字化建设的重要目标，旨在促动多元利益相关者共同参与国家公园现代化治理，综合考量不同主体的利益诉求，在协同治理的意义上保障国家公园数字化建设的合法性、科学性和有效性，努力实现全体人员的共建共享共用。

（一）建立数字化协同决策机制

建立数字化协同决策机制，聚合政府、企业、科研院所、非营利组织、公众、志愿者等多元主体，提升"数字生命共同体"的决策协同能力。设立由各方代表构成的百山祖园区龙泉片区"数字治理委员会"，通过定期会议、线上投票、智能问政、意见征集、项目申报、绩效评估等数字化决策功能模块的创建与应用，审议重大决策，监督日常管理，促进信息共享、利益共赢、决策共治。制定国家公园"数字守护者"计划，用于表彰和奖励在百山祖园区龙泉片区的数字化建设中作出贡献的个人或团队，进而激发社会各界参与国家公园治理的热情。鼓励公众参与国家公园的生态文明实践过程，积极参与"浙里办"的"科普宣讲""留言墙""文化故事""每周答题""测试冲关"等活动。由此，有效提升数字生命共同体的"生命力"，激发多元主体协同决策的积极性与主动性，促进国家公园的可持续发展。

（二）重塑多元主体协作机制，促进多种形式互联互动

打通多元主体协作互动平台，完善业务管理端、政务服务端、公众参与端等多类型终端的联动，建设园区管理系统、志愿者管理系统、访客管理系统、科研管理系统、生态产品交易与展示系统、教育科普系统在内的协作互动平台。据此，百山祖园区龙泉片区管理部门从由主导公共关系的"管控者"转换成价值共创的平台提供者，以媒介移动互联的方式重塑政府与社会的关系，提升数字生命共同体的价值共创能力，共同营造和谐绿色的网络生态氛围，共助智慧生态文明建设。

总之，构建国家公园"数字生命共同体"需要以《百山祖国家公园全域

联动规划》、《钱江源-百山祖国家公园龙泉片区五年共富发展规划》、《钱江源-百山祖国家公园百山祖园区数字化建设与发展规划（2022—2025年）》等文件的规划项目为基本导引，汇集多元平台的政策合力，统筹相关项目的政策资源，助推百山祖园区龙泉片区数字技术协同治理的多元主体协作格局。涉及（不限于）多类相关项目或规划如下：

一是百山祖园区龙泉片区绿色发展项目。主要是在屏南、龙南、兰巨三乡镇开展智慧管理工程。

二是建立专家科研工作站。主要是在保护站建立专家科研工作站，采购专家工作科研办公等设备。

三是生态教育媒介。主要是增设移动信号基站，实现国家公园移动信号全面覆盖，确保实时通信畅通。

四是管护公益岗位。公益岗位按照3000亩/人设置，龙泉片区共设置125人，主要负责龙泉片区野外巡护、森林抚育和资源监测等工作，并对在岗人员每年组织1—2次培训。

五是科研教学基地。依托百山祖园区龙泉片区保存完整的森林生态系统、丰富的野生动植物资源，规划建立多种类型的科研教学实习基地。

六是百山祖园区龙泉片区自然教育工程。主要是建立专家科研工作站，开展科研调查与动植物监测研究，打造户外研学基地。

七是建立百山祖园区联盟。谋划建立百山祖园区联盟，将辐射带动区、联动发展区等全域联动项目纳入联盟，促进联盟成员品牌共建、游客互送、联合营销，通过百山祖园区为联盟成员发展赋能。

二、强化数据互联融通，打造国家公园"资源共享大数据库"

百山祖园区龙泉片区"一张图"基于数智技术，汇集资源基础数据、空间图形图像数据、监测感知数据、业务数据、服务数据，一方面可通过数据建模综合展现公园内生态类型和地域分布，另一方面可将历史数据与当前数据进行对比分析，推动园区的信息集聚、预警监测、辅助决策。在此基础上，国家公园应进一步聚焦数据互联融通，建立"资源共享大数据库"。

（一）打破部门之间的数据壁垒，重塑数据协作流程，建立跨部门间的数据交换、共建、共享机制

强化百山祖园区龙泉片区的数据接口与跨部门、跨层级的数据平台互联融通，上承国家林草局国家公园感知系统、浙江省林业局钱江源-百山祖国家公园感知系统，对接丽水市大数据局共享数据池，整体融入丽水市政务云，丰富"花园云"大数据服务体系。

推进基础地理数据、元数据、用户管理数据、业务系统数据、公园"一张图"、数据仓数据等数据整合和共享开放，打造百山祖园区龙泉片区"资源共享大数据库"。创新数据分级共享使用机制，根据不同用户的层级、类别，允许企业用户、科研机构、研究人员、社区公众、非政府组织等通过申请或合作等方式，在百山祖园区龙泉片区管理部门的授权下，基于"资源共享大数据库"开展科学研究、生态评估、规划设计、绩效考核、科普教育等活动，使数据库切实为百山祖园区龙泉片区的管理、保护与可持续发展提供坚实准确的数据基础。

（二）开发数据多样化服务模式，深化公益性应用场景建设，向基于用户身份和服务关联的个性化、差异化、定制化的主动式服务模式转型

依托网站、微信公众号、小程序等媒介平台，通过联通政务数据、公众数据、生态数据，创新国家公园生态产品、文旅产品、"两山化"场景、虚拟公园、掌上公园、社区生活、科研公园、数字博物馆等公益性应用场景建设，满足不同用户需求，提供个性化、特色化的数据服务，推动国家公园数据库高效使用。

建立游客管理和智能服务模式，全面收集、整理和分析入园游客的相关数据，开发国家公园智慧旅游 App，提供入园预约、路线规划、景点介绍、生态教育等功能，同时利用 LBS（基于位置的服务）技术，实现游客流量监控与分流引导，避免热门景点过度拥挤。通过大数据分析游客行为偏好，捕捉游客的及时需求，预测游客的休憩路线，从而推荐国家公园游览项目和体验活动，提升游客满意度。

建立国家公园科研服务模式，依托清华大学、北京大学、浙江大学、中

国科学院、中国林科院等高校科研单位的力量，开展常规性、专题性的科学研究。通过对国家公园的生态资源、环境指标、人为活动等变迁的科考和科学分析，既能为生物多样性、森林资源保护及社区空间治理提供知识积累和研究基础，也能为中亚热带常绿阔叶林森林生态系统的保护、管理和发展提供技术支持。在此过程中，不断丰富完善科研资料库，对统计数据，文字、图像、图形、声音资料进行整合和分类，促进百山祖园区龙泉片区的科研成果和科研档案的信息化管理，积极推动科研成果转化，赋能国家公园保护建设与可持续发展。

总之，打造国家公园"资源共享大数据库"，需要汇集多元平台的政策合力，统筹相关项目的政策资源，助推百山祖园区龙泉片区数字技术协同治理的大数据互联融通。涉及（不限于）多类相关项目或规划如下：

一是天地空保护监测网络体系工程。主要包括：（1）建设自动气象观测站、自动水文水质监测点、空气负氧离子浓度监测点；（2）运用有线无线融合网络、视频监控、自动传感、红外相机等技术手段，结合遥感卫星影像，构建全方位全天候快速响应的天地空一体化监测系统；（3）开展低空监测。

二是智慧化监测系统搭建项目。主要是构建全方位全天候快速响应的天地空一体化监测系统，运用有线无线融合网络、视频监控、自动传感、红外相机、无人机等技术手段，结合遥感卫星影像数据，实现对森林、山岭、湿地、野生动植物、水生生物等自然资源，水、土、气等生态因子，以及森林火险、人为活动等方面的监测和数据传输。

三是百山祖园区客厅。建立国家公园大数据中心，集成国家公园空气质量、水环境、森林资源、野生动植物等监测数据，形成实时数字地图。

四是国家公园研究院。主要包括：（1）动植物研究中心。以冷杉、真菌为重点，开展科学研究，探寻国家公园动植物奥秘，为物种保护传承以及品质优化提供方案。（2）标准研究中心。与国内外知名标准研究机构合作建立百山祖园区标准研究中心，开展公共安全、资源保护、监测评估、科学研究、自然教育、生态修复、基础设施、产业发展、公共服务等领域标准研究、发布和推广。（3）专家智库工作站。组建百山祖园区专家智库，搭建专家智库工作站，为国家公园动植物科学研究、生态环境保护研究、文化价值研究等专家学者提供科研平台。

五是森林生态系统动态监测平台。主要包括：完善提升科研服务站基础设施和科研设备建设，对现有样地进行复查；新增观测样地，形成从群落到景观尺度的森林生态系统动态监测。

六是自然教育与生态体验服务设施建设（三期）。主要是增加灾害预警系统、监控改造、信号网络覆盖等基础配套设施建设。

七是百山祖园区生态体验环线建设项目（二期）。主要是打造体验环线休息中转服务、生态体验营地，建设天气预警显示屏、导航监测屏。

八是推进一体化智能化公共数据平台建设。紧紧围绕数字化改革总目标，按照"以用促建、共建共享"的原则，打造健壮稳定、集约高效、自主可控、安全可信、开放兼容的一体化智能化公共数据平台。

三、优化智能平台集成，构筑"国家公园大脑"

百山祖园区龙泉片区的智能平台为管理部门提供了跨时空、跨部门、跨层级的多维场景，而"国家公园大脑"是以"一图三网""一舱两端"为架构，以数字化改革为引领，综合利用大数据、云计算和人工智能技术搭建的总平台。因此，优化智能平台集成，构筑"国家公园大脑"，从而真正实现智慧化管理和服务，对推动实现国家公园保护建设与可持续发展具有重要意义。

（一）弥合以机构为中心的治理碎片化困境，推进智能信息平台的协同整合，实现"基于平台的整体主义"的"国家公园大脑"

为破解传统治理模式下以政府机构为中心的、单一的、片面的、分散化的治理难题，百山祖园区龙泉片区应坚持基于不同功能定位，继续整合多元化智能信息平台，涵盖园区管理与服务的多维度、多面向、多层次。依靠数智技术的"穿针引线"，持续推动部门协作与流程再造，有效调和国家公园治理的"平台整体性"与"治理碎片化"之间的张力，实现"基于平台的整体主义"的"国家公园大脑"。其中，"国家公园大脑"作为总平台，应始终遵循"1+3+N+M"的基本架构，即"一张图"（"1"），包括二维、三维建模及数据分析展示、数据档案与经典场景应用，在此基础上建立三个中台为"三张网"（"3"），包含"全方位"感知中台（数据感知网）、"一体化"监管中台（监管治理网）和"多样化"服务中台（服务宣传网）。基于大数据和应用场景集成建立公园"一张图"，置于"公园大脑平台"中，以"数据感知网""监管治理网"和"服务宣传网"构建"N"种系统应用，如遥感监测、科研管理、智能巡护、志愿者管理、虚拟公园等系统应用模块。最后，基于百山祖园区的特定属性，构建"M"个重点和特色应用场景，如"云值守"、"两山化"、旗舰物种生长图、精密地图等，最终实现应用系统融入中平台和场景、中平台与场景融大平台、大平台融"大花园、大政府"。

（二）依托多元化智能信息平台，充分发挥"智手""智眼""智脑"功能，实现国家公园生态保护与可持续发展的"一脑统治"

"智手"功能是指基于"天空地一体化"监测体系，利用卫星遥感、无人机监测、地面调查等技术手段，采集基础资源数据、感知监控数据、业务应用数据，实时"抓取"国家公园治理所需的各类数据，并进行数据挖掘和建模；"智眼"功能是指利用VR（虚拟现实）、AR（增强现实）、MR（混合现实）、精密地图等技术直观呈现百山祖园区龙泉片区的各类生态资源与生物多样性的空间分布和变化特征，以及通过全域、立体、多层次的监测，实现对植物多带谱、特殊物种变化的持续性、模型化、可视化。"智脑"功能是指通过综合运用空间数据、人工智能、物联网、大数据、云计算、区块链等数智技术手段，对相关数据进行获取、识别、筛选、分析和评估的全生命周期管理。据此，再次利用海量数据挖掘算法、机器人控制与传感、自动巡护装备、机器深度学习、可视化分析、预测性分析等方法，辅助百山祖园区龙泉片区的管理部门开展智能决策，真正实现国家公园生态保护与可持续发展的"一脑统治"。实现管理人员实时掌握一手资料、一手舆情，"一屏统览"，在比较分析的基础上做出科学化、在地化、精准化的规划决策与判断。"数字驾驶舱"根据不同的管理岗位与行政级别，严格限置平台访问权限，呈现个性化界面和内容，以最大限度保护国家公园的数据安全和生态安全。最后，应持续深挖"国家公园大脑"的自我学习与自我进化潜能，伴随治理工具的蝶变、治理内容的丰富、治理效能的改善而迭代升级。

总之，构筑"国家公园大脑"，需要汇集多元平台的政策合力，统筹相关项目的政策资源，助推百山祖园区龙泉片区数字技术协同治理的优化智能平台集成。涉及（不限于）多类相关项目或规划如下：

一是国家公园智慧管理体系。主要是谋划建设百山祖园区大数据中心，构建以地理空间信息、天地空监测数据为基础，5G、AI、VR/AR、物联网技术、云计算、大数据为支撑的国家公园智慧管理平台。依托大数据中心，建立国家公园智慧安全监控、智慧导览、虚拟体验等系统，打造国家公园智慧化管理先行样板。

二是国家公园大脑平台。以科研、生态产业、自然教育、数字博物馆、虚拟公园、精密地图等为关键服务要素，建立公园全域服务网；充分运用政务云平台、移动互联网、人工智能和大数据等平台和技术，实施综合集成，建成以"一图三网""一舱两端"为框架的百山祖园区数字化大平台——"国家公园大脑"。

三是推进党政机关整体智治系统建设。在全面梳理党政机关核心业务基础上，充分利用政府数字化转型成果，建设党政机关整体智治综合应用，着力打造全局"一屏掌控"、政令"一键智达"、执行"一贯到底"、服务"一网通办"、监督"一览无余"等数字化协同工作场景，构建综合集成、协同高效、闭环管理的工作运行机制，实现党的全面领导在"制度""治理""智慧"三个维度纵深推进，开创党政机关整体智治新格局。

四是推进数字社会系统建设。以城市大脑（与数字社会相关的数据、模块及应用）为支撑，以满足群众高品质生活需求和实现社会治理现代化为导向，打造一批跨部门多业务协同应用，为社会空间所有人提供全链条、全周期的多样、均等、便捷的社会服务，为社会治理者提供系统、及时、高效的管理支撑，发挥"民生服务+社会治理"双功能作用，让城市和乡村变得更安全、更智能、更美好、更有温度。

第五节　强化国家公园法治保障体系建设，促进人与自然和谐共生的现代化

钱江源-百山祖国家公园是我国首批10个国家公园创建体制试点之一。为了更好地加强国家公园建设，自觉践行习近平生态文明思想、习近平法治

思想，充分发挥法治在百山祖园区建设和管理中的引领与保障作用，要理顺行政监管体制，强化部门之间和地区之间的协同治理，可以通过丽水市与衢州市的协同立法，自然资源与文化资源保护并重，构建"1+X"的百山祖园区地方立法体系，优化多元主体良性互动和社会参与下的百山祖园区政策制度体系。同时要坚持能动司法、预防性司法、系统治理理念，强化百山祖园区司法保障体系建设，促进钱江源-百山祖国家公园从"一园两治"迈向"一园共治"。

一、加快构建"1+X"的国家公园地方立法体系

（一）加快制定"一园一法"，形成国家公园法治的"浙江模式"

"一园一法"是指在国家公园法基础上加快制定浙江省级的钱江源-百山祖国家公园条例。国家公园是国家履行环境保护义务而运用区划工具进行管理和治理的一种公物法制度，而国家公园法应作为自然保护地法体系中的"标杆法""基础法"。2024年9月10日，《国家公园法》（草案）首次提请全国人大常委会会议审议，这是我国首次从国家层面针对国家公园专门立法，将为国家公园的规划和设立、保护和管理、参与和共享、保障和监督等提供法律依据。2024年12月21日，国家公园法草案提请十四届全国人大常委会第十三次会议二次审议。在丽水市和衢州市地方层面，已有的相关法规已不能充分适应钱江源-百山祖国家公园建设需要，管理体制不顺、保护与发展矛盾、执法力度不足、公众参与度低等问题，制约了国家公园的高标准保护和高质量发展。在此背景下，浙江省有必要对与钱江源-百山祖国家公园有关领域的地方人大和地方政府规章的"立改废释"情况进行全面梳理或清理，将《钱江源-百山祖国家公园百山祖园区管理办法（试行）》[该办法（丽政发〔2020〕19号）属于地方政府规章，由丽水市人民政府于2020年9月2日发布实施。本办法自发布之日起施行，有效期一年。在此基础上，浙江省林业局还于2020年颁布实施了《钱江源-百山祖国家公园管理办法（试行）》（浙林保〔2020〕49号）。]《百山祖国家公园建设项目管理办法（试行）》《百山祖国家公园设立方案》《钱江源-百山祖国家公园百山祖园区森

林火灾应急预案（试行）》《百山祖国家公园"三员管护"制度（试行）》《百山祖国家公园集体林地设立地役权的改革实施方案》《百山祖国家公园林地地役权补偿收益质押贷款贴息办法（试行）》等相关规定进行体系化重述和整合型立法，升级为一部更加综合性的省级专门地方性法规《钱江源-百山祖国家公园条例》（以下简称《条例》）。《条例》主要内容可以考虑设置总则、管理、规划、设立、保护、监督监测、社会服务、公众参与、法律责任、附则等章节，规定国家公园分区管控制度体系，对国家公园范围内全民所有自然资源资产所有权的行使方式、权力配置、财政措施以及统一和综合执法制度等做出系统规定。

总之，浙江省要加快制定适合钱江源-百山祖国家公园"一园一法"《条例》，使其真正发挥钱江源-百山祖国家公园"基本法"的综合性地方性法规的作用，为长三角区域乃至全国提供国家公园立法的"浙江样本"，助力美丽浙江和法治浙江建设。

（二）加快丽水和衢州的跨市协同立法，促进国家公园"一园两治"迈向"一园共治"

以国家公园为主体的自然保护地立法应定位于生态环保法律体系中的生态区域保护立法，以该特殊空间区域的自然生态系统整体为保护对象，塑造多维法律关系、构建法律制度，最终形成以自然保护地法为主干、国家公园法等各类型自然保护地专门立法为重要组成部分的相互协调、相互配合的法律体系。[①]2014年修订后的环境保护法新增了关于环境保护区域联防联控的规定；2023年修改后的立法法规定了区域协同立法制度，即国家公园所在省、自治区、直辖市可以就国家公园保护和管理开展区域协同立法。这些法律规定为钱江源-百山祖国家公园的跨市域协同立法提供了法律基础。

正在制定中的国家公园法对于调整和规范自然与人文遗迹保护有积极意义。因此，丽水市委市政府要以"丽水之干"担纲"丽水之赞"[②]，打破市

① 吕忠梅,刘佳奇.自然保护地体系立法理路[J].世界社会科学,2024(1):63-80.

② 2018年4月,在深入推动长江经济带发展座谈会上,习近平总书记点赞丽水,充分肯定丽水率先推进绿色发展、生态富民的实践和成果。习近平总书记的"丽水之赞"使丽水这个身处浙西南的山区市,历史性地走到了全国生态文明建设的最前沿。

域立法常规工作格局，丽水市和衢州市人大常委会要牵头组织领导，成立市人大法制委、农业农村委和市人大常委会法工委、农业农村工委等组成的立法工作领导小组和工作专班。在国家公园法草案提请全国人大常委会审议的背景下，加快研究和颁布实施《丽水市钱江源–百山祖国家公园百山祖园区条例》《衢州市钱江源–百山祖国家公园钱江源园区条例》，既重自然资源保护，又重文化资源保护，协同解决跨市存在的部分管理和保护领域尺度不一、宽严各异的"一园两治"问题，从而为制定更加综合和体系化的省级条例《钱江源–百山祖国家公园条例》提供丽水市经验和样本。

此外，丽水市、衢州市人民政府或钱江源–百山祖国家公园管理局还可以出台国家公园管护有关的政府规章，比如《丽水市钱江源–百山祖国家公园百山祖园区实施办法》《衢州市钱江源–百山祖国家公园钱江源园区实施办法》，作为国家公园法和前述条例的细化和补充，整合自然与人文遗迹保护的基本价值理念和成功经验，解决立法标准不统一、跨区域管护程序不明晰、立法实施与监督难等问题，从而协同推动钱江源–百山祖国家公园共保、共管、共享。

（三）加快地方性法规和规范性文件的"立改废释"及立法评估工作

1.及时废止不利于发挥市场主体作用的制度设计

丽水市在地方环境资源与生态保护方面的立法仍存在"管制手段过强、经济手段过弱"的现象，不利于百山祖园区的可持续发展。地方性法规和部门规章应当尽可能对百山祖园区乃至生态文明建设相关的市场行为予以"放权"，废止过于标准化或硬性僵化的定价规定、过于复杂的市场准入条件等规定，充分发挥有效市场和有为政府的双重作用，营造更加法治化的营商环境，构建社会公众参与国家公园建设长效机制。

2.及时废止不利于百山祖园区保护和管理的政策制度

由于不同行政区域有不同利益需求，因此不同区县市或乡镇街道有可能会制定不同甚至相互冲突的政策制度。为此，要及时废止不同区县市、主管部门发布的有争议与相冲突的，不利于构建统一保护、联合执法的百山祖园区政策制度，从而构建更加法治化的国家公园治理体系，形成可复制可推广的百山祖园区模式与经验。

3.淘汰不利于百山祖园区生态文明建设与绿色发展的政策制度

国家公园的法律制度或者地方规范并非越多越好，而应当分析已有的制度能否保障生态文明建设，能否有效实施和实现百山祖园区创建之目的。例如已有的环境资源税制度、生态产权制度具有替代选择性，环境税收制度本质上是违法行为合法化，不能将环境资源税收制度统一适用于百山祖园区生态产品价值实现的各个领域，因此要防止"税费偏好"，要从侧重环境资源税制度转向生态环境权属交易制度，发挥强制性制度和引导性制度的耦合效应。

4.加强百山祖园区创建相关立法前评估与后评估工作

通过立法实施和制度绩效评价，对国家公园管护过程中效能较差的制度予以废止或予以优化、补充，可结合政府、市场、公众的"反馈"对制度进行"立改废释"。例如，在保障国家公园运行的创制性立法方面，可以根据国家相关法律、行政法规等研究制定《丽水市生物多样性保护条例》《丽水市生态环境损害赔偿条例》《丽水市生态保护补偿条例》《丽水市国土空间规划条例》等地方性法规。再如，以生物多样性保护为例，可以在2022年9月30日丽水市人民政府办公室颁布的《丽水市生物多样性保护管理办法》以及全国首份地市级生物多样性保护白皮书《丽水的生物多样性保护》等基础上，及时总结法治经验与联合国生物多样性魅力城市、生物多样性体验地等试点经验，将丽水市遗传多样性、物种多样性和生态系统多样性等方面以及百山祖管理局颁布的相关规定和实践创新进行综合化与体系化。此外，制定《丽水市自然保护地管理条例》，为构建具有丽水市特色的以国家公园为主体的自然保护地体系提供更加全面的地方法治保障体系。

总之，结合钱江源-百山祖国家公园实际情况和发展需求，加快推进影响国家公园建设、保护和管理的"制度缺失"领域的专门配套制度"立改废释"，尤其是针对"制度拥挤"要加强相关制度整合，针对"制度冲突"加强相关制度协调，针对"制度缺失"加强相关制度补充，针对"制度含糊"加强相关制度解释，针对"制度短板"加强相关制度绩效。[①]

---

① 参见陈真亮.自然保护地制度体系的历史演进、优化思路及治理转型[J].甘肃政法大学学报,2021(3):36-47;沈满洪,陈真亮,杨永亮,等.生态文明制度建设的杭州经验及优化思路[J].观察与思考,2021(6):98-105.

（四）加快将生态文明建设相关规定整合升级为地方性法规

"以国家公园为主体的自然保护地体系"建设是内嵌于我国生态文明建设系统工程中的重点领域，是我国生态文明体制改革和环境法治建设的重要组成部分。国家公园创建和管护工作需坚持"生物多样性"和"文化多样性"二元协同保护与兼顾并重发展原则。①丽水市应整合环境污染、自然资源、生态保护等领域的市级地方性法规和政府规章，制定更加体系化和综合化的《丽水市生态文明建设条例》。

此外，百山祖园区文化遗产资源的保护和开发利用，既要根植本土特色资源和深厚乡土文化，将其优秀的多元化价值活态传承下来；同时又要创新发展形式，适应现代社会发展以及满足村民现代化生产生活方式的需要。②在乡村振兴战略背景下，要激发多元主体的文化自觉，充分挖掘和整合乡村资源，合理重构乡村集体记忆，有效推动产业兴旺、促进乡村全面振兴。③可以借鉴《丽水市传统村落保护条例》《丽水市革命遗址保护条例》等地方性法规中与文化遗产资源有关的立法经验，将行之有效的文化遗产资源利用、保护和管理制度以及试点经验上升为法规规章。具体而言，要在整体的"生态人文主义"导向下，强化"生物多样性"和"文化多样性"二元协同保护与兼顾并重发展，对环境资源法律价值、基本原则、基本制度等进行发展完善，将《丽水市古民居保护管理办法》《丽水市非物质文化遗产传承基地管理暂行办法》《大窑龙泉窑遗址保护管理办法》《非物质文化遗产代表性传承人申报与认定办法》《丽水市人民政府办公室关于加强非物质文化遗产保护工作的实施意见》等进行整合、查漏补缺，升级为《丽水市文化遗产保护办法》或《丽水市文化遗产保护条例》，从而和未来的《丽水市钱江源–百山祖国家公园百山祖园区条例》《丽水市生物多样性保护条例》等形成相互支撑和补充、相互协同实施的治理体系。

---

① 王雨阳,李伟红,陈真亮.生态环境与文化遗产协同保护与并重发展原则的逻辑展开及规范表达——基于国家公园和国家文化公园的双重观察[J].江西理工大学学报,2022(3):33-43.

② 鲁可荣,胡凤娇.传统村落的综合多元性价值解析及其活态传承[J].福建论坛(人文社会科学版),2016(12):115-122.

③ 鲁可荣,曹斐浩.乡村传统民俗文化的集体记忆重构及价值传承——以妙原村"立春祭"为例[J].浙江学刊,2020(2):225-231.

二、强化国家公园相关管护制度与执法的协同配合

（一）整合优化相关制度，促进"保护优先"原则落实落地

一是将分散于各个地方性法规或政府规章当中的国家公园产权管理之效果重复的、带有秩序性特点的条文归纳到相同或者相似的规范之中，提取公因式，合并精简，促进类似制度的整合与体系优化。习近平总书记强调"用最严格制度最严密法治保护生态环境"①。国家公园范围内及其毗邻区域自然资源制度的体系化并非只是表层描述的同类型制度的简单合并，而应当根据制度功能和内在价值的差异进行整合。

二是充实国家公园下位法律规则和具体制度构建，通过细化规制结构促进"保护优先"原则指导实践功能的落地。丽水市以及百山祖园区管理局的地方立法要注重上位法规范和下位法规范相区分、共同规则和具体条款相区分、一般条款和但书条款相区分等的立法技术，将自然资源产权和生态环境管护的制度类型化为多个制度群，再基于制度的内在一致性划分，统筹考虑制度群内部各项具体法律制度之间的关联性与融洽性。此外，要运用体系思维与方法，建构统筹数据管理、数据共享、数据开放等在内的法律制度体系，促进智慧监管与法治化治理深度融合发展的转型。②

三是归并提取与百山祖园区有关的共性制度并进行立法具体化。丽水市地方立法或政策制定要注意上位规范和下位规范、具体规范和但书规范等之间的内在联系。对于上位法已有规定的，或者上位法要求地方予以细化完善的，丽水市政府及其主管部门以及百山祖园区应当进行及时的立法具体化。同时，要加强水权、碳汇权、排污权、用能权和原产地使用权交易过程中的法律适用研究，规范百山祖园区环境资源开发利用行为。

（二）促进国家公园不同类型管理制度的协同配合

一是强化国家公园制度的内部协调。国家公园创建过程中存在对于同一

---

① 习近平谈治国理政(第3卷)[M].北京:外文出版社,2020:363.
② 陈真亮,王雨阳.数字时代自然保护地监管制度的智慧转型[J].行政与法,2023(9):50-65.

行为的多种制度安排，制度之间容易产生矛盾。因此，要通过制度选择统一将复杂性组织起来，实现制度体系化。但在制度选择的过程中应当注意国家公园制度与生态文明制度的交叉重叠，以及与环境法律制度的竞合问题，要通过法定程序和立法协同来破解百山祖园区建设和管理中的制度竞合、制度冲突，从而实现制度之间的耦合强化。

二是加强地方性法规与党内法规的协同配合。要对地方相关党政文件类型化，厘清总体改革性文件、具体制度类文件、责任制度类文件、执行类文件等，有的放矢地实现地方党内法规与地方层面的百山祖园区立法和政策制度的有机衔接，形成适应百山祖园区需要的整体法规范秩序。

三是强化正式制度与非正式制度的协同配合。注重建立百山祖园区"硬法"与"软法"相容的规范体系和实施体系，形成"软硬结合"的"混合法治模式"。但是针对百山祖园区建设过程中纠纷解决制度存在的正式制度不完善、非正式制度难以与正式制度配合之困境，需通过法治手段实现非正式制度与正式制度相协调。要注重"软法"规范的体系性和实效性，制定或修订市民公约、乡规民约、行业规章、团体章程等，形成具有地方特色、符合百山祖园区实际的"软法"规范体系，从而发挥政府的制度行为规范、企业参与以及社区地方性知识约束等方面的作用。

三、加强多元主体良性互动和社会参与下的制度体系构建

（一）加强多元主体的良性互动与合作治理

一是坚持以习近平生态文明思想为指导，坚持系统观念，践行绿色发展理念，以协同高效保护生态环境为前提，推进多方协调机制建设。目前，国家公园在管理机构设置、范围分区划定、矛盾冲突处置、人类活动管理等领域仍存在诸多法律政策和技术方面的挑战。因此，全面推进以国家公园为主体的自然保护地体系建设，要进一步加强多部门和多领域之间的沟通与合作，通过完善法律法规与政策、研发新技术与新应用，协同解决现阶段面临的问题与挑战。同时，百山祖园区管理机构要与地方政府、社会力量等多方形成合力，共同解决百山祖园区建设中面临的问题。

二是着力推进百山祖园区高水平保护，以出台国家公园法和生态环境法典为契机，构建丽水市以及浙江省以国家公园为主体的自然保护地法治保障体系，健全国家公园管理机构统筹、多部门联动的统一管理和执法体制。地方立法要完善政策制度设计，推动多层级、部门间、区域内的协同联动，统筹协调好国家公园发展和保护的关系。百山祖园区应坚持依法治园理念，推动完善丽水市《"一支队伍管执法"进百山祖国家公园实施方案》，积极构建"综合行政执法+部门专业执法+联合执法"体系，成立钱江源-百山祖国家公园龙泉、庆元、景宁分区综合行政执法队。

三是明确国家公园管理中政府各部门之间、政府与企业之间、企业与企业之间的规则体系，根据生态物质产品、生态调节服务产品和文化服务产品的特点，探索建立生态产品价值转化途径。在试点过程中，钱江源-百山祖国家公园在促进生物多样性保护和生态价值转化，助推山区共同富裕等方面取得了明显成效。未来要继续用好国家公园数字孪生应用项目"江浙之巅"，提高决策和管理保护工作的科学性；建立健全以国家公园管理员、护林员、野生动物保护员"三员管护"为主体的生态公益岗位，让更多企业、群众、非政府组织以及社区更加积极主动地参与百山祖园区建设，引导国家公园与原住居民形成互惠共生关系，促进国家公园与原住居民、社会公众形成利益共同体、情感共同体，实现共建共治共享。[1]

（二）完善国家公园建设、保护和管理的市场化参与

《建立国家公园体制总体方案》提出，国家公园由国家确立并主导管理，建立健全政府、企业、社会组织和公众共同参与国家公园保护管理的长效机制，探索社会力量参与自然资源管理和生态保护的新模式。其中生态系统的原真性、完整性保护是国家公园建设管理的首要任务。在推进国家公园建设过程中，须牢固树立尊重自然、顺应自然、保护自然的生态文明理念。要促进行政化的生态保护补偿向市场化的生态保护补偿演替，完善国家公园建设、保护和管理的市场化制度。明确各种层级的资源、产品的占有、使用、收益与处分的权利边界，对水权交易、碳汇权交易、排污权交易等进行合理

---

[1] 鲁冰清.论共生理论视域下国家公园与原住居民共建共享机制的实现[J].南京工业大学学报（社会科学版），2022（2）：37-46.

管制，辅以建立生态资源指标管控和产权交易制度，解决产权主体界定不明、权能交易不规范、监管机制不健全等问题，构建"生态+"导向下的兼顾生态与经济的双重政绩考核制度体系。

（三）完善百山祖园区综合执法体系

决策权、执行权、监督权分设是国家行政体制改革的重要内容，其对人地关系复杂的中国自然保护地尤为重要。国家公园管理机构作为国家公园自然生态系统保护的责任主体，履行国家公园范围内的资源环境综合执法职责。[①]《国家公园管理暂行办法》明确"国家公园管理机构可以按照所在地省级人民政府授权履行自然资源、林业草原等领域相关执法职责。支持公安机关、海警机构、生态环境综合执法机构等单位在国家公园设置派出机构，依法查处违法行为"。《国家公园法（草案）》（征求意见稿）规定"国家公园管理机构履行国家公园范围内自然资源、林业草原等领域行政执法职责，实行统一执法。国家公园管理机构可以经国务院或者省级人民政府授权承担国家公园范围内生态环境等综合执法职责"。

根据"一园一法"的立法思路，建议加快制定《浙江省钱江源-百山祖国家公园条例》，理顺国家、省级、市级不同法律规定的适用关系，明确百山祖管理局行政执法主体资格和职权范围，促进依法治园。要适度打破原有"山水林田湖草"的"九龙治园"格局，从中央到地方在执行层面进行机构整合和综合执法改革，统筹配置自然保护地执法职能和执法资源，推进生态环境和自然资源保护综合行政执法，是促进自然保护地治理体系和治理效能现代化的重要举措。[②]因此，未来还需要进一步厘清各级政府的事权，提升百山祖园区治理能力和深化综合行政执法机构改革。强化政府各职能部门与百山祖管理局之间的沟通协作、依法依规履行综合执法职责，开展国家公园管理机构与地方政府的联合执法、专项执法。探索钱江源-百山祖国家公园跨行政区域联合执法模式，通过签订跨区域联合保护协议，开展联合执法专

---

① 赵鑫蕊,苏红巧,苏杨.国家公园日常管理和生态监管的职能分工研究及其制度设计[J].自然资源学报,2023(4):1104-1105.

② 陈真亮,王潋晴.自然保护地综合行政执法的实践样态、困境与优化路径[J].行政与法,2024(7):63-78.

项行动，解决跨行政区域执法不畅等治理协同问题。

（四）强化国家公园司法保障体系建设

1.建立健全国家公园司法保障制度，促进钱江源–百山祖国家公园一体化保护

兼顾生态整体主义与协同发展双重理论关切的整体性司法协作将成为国家公园治理的重要面向和关键因素。[①]地方性司法解释是根据法律授权，由地方司法机关就如何具体应用法律问题所作出的具有普遍效力的阐释和说明。从司法解释的法源依据和解释主体看，地方性司法解释是法律解释的一种有机组成部分，属于有权解释，具有一定的法律效力。因此，要建立健全地方司法文件，助力百山祖园区创建工作。2020年，丽水市中级人民法院出台《关于服务保障百山祖国家公园创建工作的意见》，要求全市法院坚持绿色发展，严守生态环境理念，积极创新工作机制，全面提升服务水平，努力做好国家公园创建工作的守护者和保卫者。建议研究制定丽水市中级人民法院、丽水市人民检察院《关于为百山祖国家公园提供司法服务和保障的意见》。此外，及时总结《钱江源–百山祖国家公园生态环境资源保护"3+1"司法协作框架协议》运行经验和问题，更新升级为新的司法协作框架协议"2.0版"，探索建立涉百山祖园区重大、敏感案（事）件信息通报和督促指导的一体化信息互通制度，从而形成跨部门跨市域的环境司法保护合力。

2.以数字化为引领，积极打造"百山祖园区生态检察"品牌

随着数字经济的加速发展，在司法实践中不断涌现的数字司法创新，演绎出数字司法的时代逻辑，形成了新型的数字司法运行机制，使得司法质效获得了空前提升。[②]其中，数字检察旨在通过数字化赋能法律监督，以解决以往法律监督"被动性""碎片化""浅层次"等问题，是一种穿透式、类案式、一体化的法律监督。[③]五年来丽水市人民检察院立足法律监督主责主业，致力于打造"百山祖园区生态检察"品牌，创新监督模式，高标准助力丽水

---

① 黄辉，罗维.从"独立运作"到"互助合作"：国家公园体制建设中的司法协作研究[J].福建论坛（人文社会科学版），2024（4）：122–135.

② 马长山.数字司法的法治边界[J].东方法学，2024（4）：127–142.

③ 张迪.数字检察的法治边界[J].兰州大学学报（社会科学版），2024（2）：77–87.

建设"诗画浙江大花园最美核心区"，打造"共同富裕美好社会山区样板"。建议建立健全龙泉、庆元、景宁三地检察机关区域联动机制和浙闽三县跨区域常态化协作机制，形成全市乃至跨行政区域检察机关系统化推进百山祖园区创建和管护的工作体系。此外，还要注重环境司法能动与司法谦抑、数据业务与数字正义、数字技术与法治人文等方面的平衡。建议进一步建立健全行政执法与刑事司法高效联动机制，提升行政执法取证规范化水平，通过设立驻国家公园检察官办公室、生态法庭、巡回审判点，以及新时代枫桥式百山祖园区检察室，完善地方层面的环境公益资源诉讼及司法实现保障机制。

3.探索设立百山祖园区专门法庭，发布百山祖园区典型案例，规范环境公益诉讼和检察监督机制

一是探索设立百山祖园区生态法庭，对国家公园范围及毗邻区域环境资源刑事、民事、行政案件及相关执行案件实行"四合一"集中管辖，践行预防、修复、治理系统性环境保护理念，可以在重点生态区域内设立巡回法庭、工作室等，优化环境资源司法资源配置，升级进村入户设庭审案，现场办案、开庭、宣判等模式，促进纠纷多元化解。如武夷山国家公园人民法庭、普达措国家公园法庭等，多元化恢复性司法方式的实施最大限度地保护了受损的生态环境和自然资源[1]，百山祖园区所在的地方法院可以充分发挥国家公园法庭的优势和司法能动性，建立健全"专业法律惩治+生态补植修复+社会综合监管"的人民法院国家公园环境资源审判新模式，为百山祖园区提供强有力的司法保障。

二是人民检察院办理案件运用指导性案例、典型案例或案例库时，需要强化符合国家公园司法规律的更加系统严密及精巧有效的司法管理性设计。具体可以从构建百山祖园区检察案例群或案例库，加强数字技术赋能检察案例的运用，发挥行政案例、司法案例的比照援引效力，定期、持续地发布百山祖园区典型案例和环境司法白皮书，为下级人民法院或者检察院提供指引和参考。

三是构建生态环境损害赔偿诉讼与环境公益诉讼的衔接机制。在实践中，一些地方存在生态环境损害赔偿与检察公益诉讼关系认识不清、检察机关支

① 马芳.生态环境恢复性司法的实践探索及完善路径——以祁连山国家公园为例[J].青海民族大学学报(社会科学版),2024(4):100.

持生态环境损害赔偿工作限度不清、两项制度衔接过程中沟通不畅、与生态环境损害赔偿衔接程序有待完善、生态环境修复环节各部门衔接工作有待加强等问题。对此，最高检与生态环境部在2024年12月联合印发《关于加强生态环境损害赔偿与检察公益诉讼衔接的意见》，明确检察机关与生态环境部门在开展生态环境损害赔偿工作中的互相通报和介入机制。因此，地方司法机关要积极延伸环境资源审判职能，主动融入百山祖园区建设进程，向相关行政主管部门发出司法建议，发挥好诉前磋商、司法确认、法律监督等制度优势。

四是建立跨区域的国家公园环境司法协作。需要从纵向协作迈向纵横协作结合、从协议型协作迈向立法型协作、从低位阶协作迈向高位阶协作，探索"共享法庭"及其配套治理体系与能力的纳入与应用，推动大数据、区块链、人工智能等新兴技术与司法的深度融合，对国家公园环境司法协作进行全面的规范性补强、结构性调适、协同配合机制的建构及数字化司法转型。[①]上级检察机关，生态环境、自然资源等部门可以开展联合挂牌督办涉及百山祖园区生态环境损害的相关案件线索，共建生态环境修复基地，联合开展普法宣传、警示教育、典型案例评选等活动，引导群众参与和支持生态环境保护工作，营造百山祖园区全民共建共治共享的良好氛围。

总之，丽水市各级司法机关要用高质量的司法服务保障百山祖园区各项工作，推动百山祖园区行政管理从分治走向共治，促进地方法治建设从单兵突进到协同运转，从而为百山祖园区生态环境的完整性和原真性保护提供全方位、立体式、系统性的司法保护，加快形成百山祖园区司法保护的"丽水样本"。

[①] 沈秋豪,陈真亮.区域环境司法协作的实践表征及发展理路探析[J].中国环境管理,2023（1）:119-126.

后记

呈现在读者面前的这本书是"百山祖园区龙泉片区生态人文调查与保护传承方案"项目最终成果。龙泉保护中心于2024年8月底发布"百山祖园区龙泉片区生态人文调查与保护传承方案"项目招标公告。我们研究团队于9月初成功竞标该项目后，立刻组织浙江农林大学文法学院陈真亮教授、鲁先锋副教授、蒋培副教授、李琳琳副教授、汪雪芬博士、万莼博士、郑海晶博士、臧晓霞博士、林雅静博士、仲妮博士以及相关专业研究生等15人成立专门项目组，分工协作，制定项目实施方案。10月至11月期间，项目组分为5组相继开展了为期20余天的部门访谈、资料收集、实地调查等工作。经过项目组全体成员高强度高效率地整理分析资料、撰写研究报告，于12月初完成研究报告提交项目委托方进行结题评审，并顺利通过结项。结合项目评审会上专家们提出的相关建议，项目组又认真对研究报告进行修改完善，并按照学术专著的要求进行重新编著，最终形成现在的这本专著。

本书由鲁可荣、余英和叶飞拟定总体研究框架和章节内容，并负责统稿和修改工作。具体分工如下：第一章鲁可荣、陈真亮，第二章陈真亮、林雅静，第三章仲妮、万莼、郑海晶、鲁先锋、汪雪芬，第四章陈真亮、蒋培、万莼、鲁先锋、汪雪芬，第五章蒋培、李琳琳、臧晓霞、陈真亮，第六章余英、仲妮，第七章叶飞、郑海晶，第八章余英、万莼，第九章蒋培、李琳琳、臧晓霞、陈真亮。封面及插页照片由龙泉保护中心提供。

本书能在较短时间内较高质量地完成撰写且顺利出版，除了项目组全体成员的精诚合作和辛勤付出，更关键的是得到了龙泉保护中心主要领导，龙泉市发改局、宣传部、农业农村局、林业局、住建局、文旅广电局、党史研究室等相关职能部门，以及屏南镇、龙南乡、兰巨乡等乡镇、村主要负责人的全面指导和大力支持，在此一并表示感谢。同时，要特别感谢本书编委会全体成员以及结题评审会专家们的精心指导。

真诚欢迎读者在阅读过程中就其中存在的问题给予批评指正，以期未来修订完善。

鲁可荣

2025 年 1 月于浙江农林大学文法学院